U0278449

HERMES

在古希腊神话中，赫耳墨斯是宙斯和迈亚的儿子，奥林波斯神们的信使，道路与边界之神，睡眠与梦想之神，亡灵的引导者，演说者、商人、小偷、旅者和牧人的保护神……

西方传统　经典与解释 Classici et Commentarii HERMES

政治史学丛编

刘小枫◉主编

自然科学史与玫瑰

Rose-Croix Histoire et Mystères

[法]雷比瑟 Christian Rebisse　|　著

朱亚栋　|　译

華夏出版社

古典教育基金·“传德”资助项目

“政治史学丛编”出版说明

古老的文明政治体都有自己的史书，但史书不等于如今的“史学”。无论《史记》《史通》还是《文史通义》，都不是现代意义上的史学。严格来讲，史学是现代学科，即基于现代西方实证知识原则的考据性学科。现代的史学分工很细，甚至人文－社会科学的种种主题都可以形成自己的专门史。所谓的各类通史，实际上也是一种专门史。

普鲁士王国的史学家兰克（1795—1886）有现代史学奠基人的美誉，但他并非以考索史实或考订文献唯尚，反倒认为“史学根本不能提供任何人都不会怀疑其真实性的可靠处方”。史学固然需要探究史实、考订史料，但这仅仅是史学的基础。史学的目的是，通过探究历史事件的起因和前提，形成过程和演变方向，各种人世力量与事件过程的复杂交织，以及事件的结果和影响，像探究自然界奥秘的自然科学一样“寻求生命最深层、最秘密的涌动”。

兰克的这一观点并不新颖，不过是在重复修昔底德的政治科学观。换言之，兰克的史学观带有古典色彩，即认为史学是一种政治科学，或者说，政治科学应该基于史学。因为，“没有对过去时代所发生的事情的认知”，政治科学就不可能。

亚里士多德已经说过：“涉及人的行为的纪事”，“对于了解政治事务”有益（《修辞术》1360a36）。施特劳斯在谈到修昔底德的政治史学的意义时说：

> 政治史学的主题是重大的公众性主题。政治史学要求这一重大的公众性主题唤起一种重大的公众性回应。政治史学

属于一种许多人参与其中的政治生活。它属于一种共和式政治生活，属于城邦。

兰克开创的现代史学本质上仍然是政治史学，与19世纪后期以来受实证主义思想以及人类学、社会学等学科影响而形成的专门化史学在品质上截然不同。在古代，史书与国家的政治生活维系在一起。现代史学主流虽然是实证式的，政治史学的脉动并未止息，其基本品格是关切人世生活中的各种重大政治问题，无论这些问题出现在古代还是现代。

本丛编聚焦于16世纪以来的西方政治史学传统，译介20世纪以来的研究成果与迻译近代以来的历代原典并重，为我国学界深入认识西方尽绵薄之力。

刘小枫

2017年春

古典文明研究工作坊

目　录

中译本说明

刘小枫

出生于加拿大的美国人哈尔(1901—1990)出版大部头《古往今来的秘密》(1928)时年仅27岁,距今已经90年。这部让他留名青史的启蒙读物前不久有了中译本(三卷本),其中一个“有争议”的话题让笔者吃了一惊:现代科学的伟大先驱培根(1561—1626)和英国绝对王权时期的大诗人莎士比亚(1564—1616)都是“玫瑰十字会”会员![1]

笔者不禁想起自己早年读书时的一段经历。

1980年代初,笔者刚到北大哲学系念硕士不久,1960年代《哲学译丛》上的一篇译文让笔者感到好奇:文中说,普鲁士王国的大哲人黑格尔(1770—1831)的《精神现象学》中隐藏着玫瑰十字会的秘密教义。别的不说,单单“玫瑰十字”这个语词散发出的某种莫名的神秘气息就让笔者着迷:什么是“玫瑰十字会”及其教义?

当时的中译文没习惯给专有名词附原文,笔者试图寻找“玫瑰十字会”的踪迹无从下手。1990年代初,笔者到欧洲念书,偶然在洛维特(1897—1973)的《从黑格尔到尼采》中读到:不仅黑格尔,德意志大诗人歌德(1749—1832)也与“玫瑰十字会”有瓜葛。[2]

据说,歌德的小说《亲和力》(*Die Wahlverwandtschaften*,1809)的书名来自炼金术术语,指各种金属元素彼此之间不同程度上有某种本能性的相互吸引力。难道“玫瑰十字会”与炼金术有什么关系?

---

① 哈尔,《失落的秘籍》,薛妍译,长春:吉林出版集团,2019,页115-133。

② 洛维特,《从黑格尔到尼采》,李秋零译,北京:生活·读书·新知三联书店,2006,页18-38。

培根、莎士比亚、黑格尔、歌德真的都是“玫瑰十字会”成员？这些欧洲现代文明的代表人物与“玫瑰十字会”有瓜葛意味着什么？“玫瑰十字会”究竟是怎么回事？

后来笔者又看到一种说法：“玫瑰十字会”在一开始仅仅是一种“传说”，或者说一种文学现象，与如今的“科幻”文学没什么差别。但正如“科幻”作品中的想象有可能成为现实，“玫瑰十字会”的文学作品让传说变成了世界历史。

耶茨的《玫瑰十字会的启蒙》名气很大，但在一些业内人士眼里，该书堪称“名声狼藉”，因为耶茨对“玫瑰十字会”现象的理解过于简单。看来，史学上的事情要达成共识很难。即便史实明摆在那里，辨识史实时的个体见识也还有高低之别。

耶茨主张慎用“玫瑰十字会”这个语词，因为它仅仅是一种 triumph of rhetoric[修辞上的胜利]，历史上找不到实实在在的对应者。文艺复兴以来，赫耳墨斯教的复兴催生出现代自然科学，所谓“玫瑰十字会”现象不过是这一历史过程的阶段性表现。①

相反的观点则认为，“玫瑰十字会”现象与赫耳墨斯教复兴有关系，不等于它不是一个独立的政治史现象。两者的决定性差异在于：“玫瑰十字会”现象提出了具体的政治理想，并产生了一系列如今所谓的“乌托邦”作品。②

在笔者看来，这种反驳观点的理据未必充分，毕竟，所谓“乌托邦”作品在“玫瑰十字会”现象出现之前就有了。但是，耶茨贬低“玫瑰十字会”现象在政治史学中的独特性也并不恰当。毋宁说，我们必须承认，17 世纪西欧的政治 - 文化现象的确极为复杂难辨，要认清其真实面目还需要史学界人士付出更多的辛劳。

---

① F. A. Yates, *The Rosicrucian Enlightenment*, New York, 1972, pp. 109 - 125, 278 - 293.

② D. R. Dickson, *The Tessera of Antilia: Utopian Brotherhoods and Secret Societies in the Early Seventeenth Century*, Leiden, 1998, p. 20.

这个问题因另一个秘密组织——共济会在17世纪中期至18世纪初期浮出水面而变得更加复杂难辨。既然共济会以致力于构建如今被称为"公民社会"的新政治体著称,那么,"玫瑰十字会"现象与共济会是什么关系?

2011年,我国最为权威的文学出版社(人民文学出版社)出版了一本美国人写的小册子《共济会的秘密》,笔者看了大吃一惊。①

笔者感到吃惊,并非因为文学出版社竟然会出版这样的政治书。毕竟,与"玫瑰十字会"传说一样,共济会在历史上不仅是政治现象,也是文学和艺术现象。众所周知,18至19世纪的不少欧洲诗人、作家、作曲家都是共济会员。② 笔者感到吃惊是因为,中译本的封面设计带有共济会的秘密味道。橘黄色的套封封面上见不到"共济会的秘密"这个书名,因为书名与封面是同一种颜色,仅以凸凹压膜形式呈现。除非用手触摸,人们很难凭眼力辨识出书名,有如盲人读物。取掉套封,读者又会看到一个全黑色的封面,"共济会的秘密"六个字以浅黑色若隐若现地呈现在正中,宛若黑暗中透出的一线微弱光亮。

据说共济会成立于1717年的"圣约翰日"(6月24日),地点在伦敦圣保罗大教堂附近的烤鹅大厦(Goose and Gridiron Ale-house)。我们应该意识到,英国的"光荣革命"刚好过去30年,那是一个如今好些史学家称为"激进启蒙"的时代。③

---

① 布莱克斯托克编著,《共济会的秘密》,王宇皎译,北京:人民文学出版社,2011(以下随文注页码)。

② 参见 O. Antoni, *Der Wortschatz der deutschen Freimaurerlyrik des 18. Jahrhunderts in seiner geistesgeschichtlichen Bedeutung*, Saarbrucken, 1967; J. Chailey, *The Magic Flute, Masonic Opera*, New York, 1971.

③ A. Hamilton, *The History of the Tuesday Club*(成书于约1752—1756), R. Micklus 编, University of North Carolina Press 1990/2011; A. Pike, *Morals and Dogma of the Ancient and Accepted Scottish Rite of Freemasonry Prepared for The Supreme Council of the 33rd Degree for the Southern Jurisdiction of the United States and Published by its Authority*(1871 首版), Charleston, 1928/1942/1964/1966.

所谓“激进启蒙”首先指政治上的激进“共和主义”,有时还与“激进新教”是同义词,同时也指现代自然科学从古老的炼金术和占星术中分化出来。[①] 由于共济会的信仰基础是机械论式的新自然哲学,据说,共济会的真正教父是培根和笛卡尔。如今威力无比的洲际导弹得凭靠牛顿(1643—1727)发明的力学原理,制造达成国际战略平衡不可或缺的核弹,其原理则恐怕得溯源到史称第一位伟大的理性化学家波厄哈维(Boerhaave,1664—1734)的发明。1717 年伦敦成立共济会总会时,其中不乏这两位现代自然科学先驱的朋友。

我们更应该意识到,无论牛顿还是波厄哈维,据说都对炼金术深信不疑。[②] 倘若如此,人们的确有理由说,现代自然科学(物理学、化学和生物学)的诞生实现了“玫瑰十字会”《告白》的呼吁,而共济会则致力于实现其政治诉求。

在半公开地露面之前,共济会八成已经神秘地存在了相当长时期,尽管史学家们迄今没法搞清,它究竟何时出现,秘密存在了多久。但有一点可以肯定:共济会出现于“玫瑰十字会”传说在欧洲疯传之后。从眼下这本《共济会的秘密》小册子来看,共济会的起源、宗旨和规章制度乃至行为准则,的确与“玫瑰十字会”《传说》和《告白》中的说法颇为相似(《共济会的秘密》,页 71 – 80)。

这种相似性并不能坐实共济会是“玫瑰十字会”成员的缔

---

① 参见 M. C. Jacobs, *The Radical Enlightenment: Pantheists, Freemasons, and Republicans*, London, 1981; J. R. Jacob, *HenryStubbe, Radical Protestantismand the Early Enlightenment*, Cambridge University Press, 1983/2002; C. Bourgeault, *The Holy Trinity and the Law of Three: Discovering the Radical Truth at the Heart of Christianity*, Shambhala, 2013.

② B. J. T. Dobbs, *The Foundations of Newton's Alchemy*, Cambridge University Press, 1975/2008, p. 44; B. J. T. Dobbs, *The Janus Faces of Genius: The Role of Alchemy in Newton's Thought*, Cambridge University Press, 1992.

造，即便在18世纪后期，不少共济会员的确同时就是“玫瑰十字会”会员。毋宁说，所谓“激进启蒙”与新派自然科学智识人群体的形成相关，无论“玫瑰十字会”还是共济会都是这类新科学知识人的组织。共济会与“玫瑰十字会”一样注重革新教育，致力于把新的理性知识教给世上所有的人。他们以地方分会的方式筹集资金，资助科学实验，传播各种基于新自然科学的哲学知识，并直接催生了法国的启蒙运动。据说，达朗贝尔(1717—1783)在1750年的《百科全书前言》中提到的“秘密团体”，很可能指的就是共济会。①

尽管如此，共济会与“玫瑰十字会”仍然不无差异。共济会的精神领袖是“石匠大师傅”，而非精通炼金术和占星术的“罗森克鲁茨”——与此相应，共济会强调几何术。

共济会的组织标志为圆规、曲尺和书本(即法典)，几乎每个共济会会所都饰有这种三合一符号。这些既是石工行业常用的“家当”，也是共济会员完善自身、突破三重黑暗、重见理性光明的修炼过程必不可少的工具，因此被称为“三重伟大之光”。

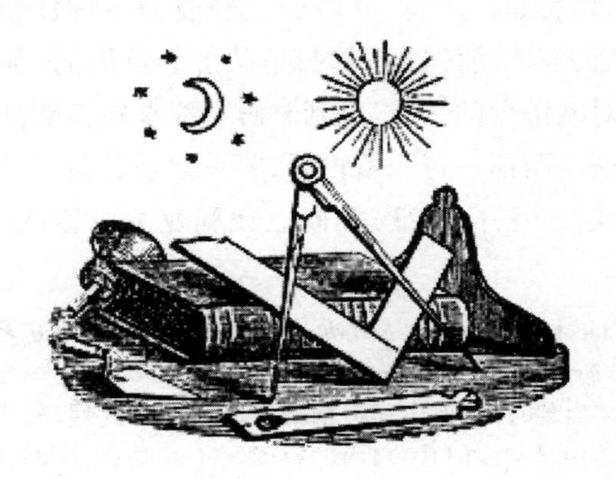

① 比较 J. I. Israel, *A Revolution of the Mind: Radical Enlightenment and the Intellectual Origins of Modern Democracy*, 1650 - 1750, Princeton University Press, 2010。

左下角折断的柱子象征共济会传说中“哲学的死亡”和“理性的新生”，太阳和月亮象征世界和人的二重性，书本象征所凭靠的“法典”。

共济会的基本宗旨是倡导博爱和慈善，主张个人自由至上，致力于在世上建造出一个完美社会。用“光明王国”取代“黑暗王国”是共济会的政治修辞，翻译成20世纪的语汇即：反抗任何统治形式，通过渐进的革命性改革建立起一个能够给所有人带来幸福的由公民自主的政治体，听起来很像今天的“自由主义”政治理想。[①]

这件史实让我们值得意识到，近代欧洲的启蒙运动作为历史现象极为复杂难辨，要搞清楚其真实面目实在不容易。我们读过盖伊的大部头《启蒙时代》后，会以为他对这段历史的描述，真是再清楚不过了。[②] 一旦我们又读到伊斯雷尔的同样大部头的《激进启蒙》，马上就会感觉到，我们对启蒙运动的了解太过平面、太过简单，而且忽略了诸多重大的历史现象。[③]

1738年，教宗克莱门斯十二世颁布通谕，禁止天主教徒加入共济会，违者革除教籍。可见，共济会已经成为一种社会现象。法国大革命爆发后，各地谣传这场革命是共济会员搞的，各君主制王国纷纷颁布针对共济会的禁令，直到拿破仑挥军横扫欧洲旧制度时才解除禁令。法兰西第一帝国覆亡后，罗马教廷随即（1817）同普鲁士王国签订协议，4年后（1821）又同巴伐利亚王国签订协议，共同禁

---

① M. C. Jacobs, *Living the Enlightenment: Freemasonry and Politics in Eighteenth - Century Europe*, Oxford University Press, 1991.

② 盖伊，《启蒙时代：现代异教精神的兴起》，刘北城译，上海：上海人民出版社，2015；盖伊，《启蒙时代：自由的科学》，王皖强译，上海：上海人民出版社，2016；比较希梅尔法布，《现代性之路：英法美启蒙运动之比较》，齐安儒译，上海：复旦大学出版社，2011。

③ J. I. Israel, *Radical Enlightenment: Philosophy and Making Modernity*, 1650 - 1750, Oxford University Press, 2001.

止包括共济会在内的各种秘密社团。

共济会传说中最为著名的“八卦”要数共济会与北美殖民地独立并立国的关系：据说，华盛顿（1732—1799）是共济会的大师级“石匠师傅”（《共济会的秘密》，页 107－133）。著名的富兰克林（1706—1790）从小喜欢阅读自然科学和技术方面的通俗读物，长大后自己也搞实验，还编写过《共济会会规》（The Constitutions of the Free－Masons）。

这个“八卦”很可能是真的，因为，18 世纪的德意志著名戏剧诗人、古典学家莱辛（1729—1781）曾与共济会组织有过深度接触，从他病逝前不久写的著名对话作品《恩斯特与法尔克》中，我们可以读到这样一段对话：

> 恩斯特　他们终于走了！呵，这些饶舌者！难道你没有看出，或者你不愿注意到，那个下颏长着肉瘤的人——他叫什么名字无关紧要！——是共济会员？他不断这样叩手指头。
>
> 法尔克　我注意听他讲话。我甚至从他的话中听出了没有引起你足够注意的东西。他属于那些在欧洲为美国人辩护的人——
>
> 恩斯特　在他身上，这也许还不算最坏的事。
>
> 法尔克　他想入非非，认为美国国会是一个共济会分会；共济会员最终将在那里以武装的双手建立自己的国家。
>
> 恩斯特　竟有这样的梦想家？
>
> 法尔克　这是必然的嘛。
>
> 恩斯特　你从哪里看出他有这种怪念头？
>
> 法尔克　从他的一种表情，将来你也一定会更清楚地认识到这种表情。
>
> 恩斯特　天哪！我怎么就不知道，竟如此错看了这些共济会员！
>
> 法尔克　不必担心，共济会员沉静地等待日出，同时让火烛尽其所愿和所能地闪亮发光。掐灭火烛，或者在其熄灭时突

然意识到应该插上新的蜡烛、提供新的光明，并非共济会员的行为方式。（《恩斯特与法尔克》对话五）①

“美国国会是一个共济会分会”——这个说法是否具有史料价值，如今断难搞清楚，尽管早在19世纪，共济会与美国立国的关系就成了一个史学话题。② 问题在于，即便是文学性说法也具有政治思想史意义。

莱辛的这部对话作品让人们看到：共济会的政治理想是打造一个完美的“市民社会”式的国家。这意味着共济会员相信，通过普遍的理性教育，所有人的德性都能够达到完善。同时，莱辛又试图让人明白：共济会的政治理想从本质上说是乌托邦，这种政治理想会制造出更多的世间恶。③

有的共济会大师傅说，莱辛破碎了共济会的理念，有的大师傅则说，莱辛最为精当地表达了共济会的理念。对今天的我们来说，问题会截然不同。科学技术文明极大地改善了人类的生活品质，就此而言，人类的生活方式的确有了有目共睹的进步。问题在于：即便在技术文明发达的国家，人的德性达到共济会理想所企望的普遍完善吗？共济会的政治理想早已经在美国实现，仍然有美国的政治学家认为，莱辛的思考没有过时。④

自1980年代末以来，笔者断断续续追踪“玫瑰十字会神话”

---

① 莱辛，《恩斯特与法尔克》，见莱辛，《论人类的教育》，刘小枫编，朱雁冰译，北京：华夏出版社，2008，页183－184。

② P. A. Roth, *Masonry in the Formation of Our Government*, 1771－1799, 1845/1995(影印版)；B. Faÿ, *Franklin: The Apostle of Modern Times*, Boston, 1929；B. Faÿ, *Revolution and Freemasonry*: 1689－1800, Boston, 1935/2011(影印版)；H. Schnerder, *Quest for Mysteries*, Cornell University Press, 1947.

③ 参见拙文《学人的德性》，见刘小枫，《施特劳斯的路标》，北京：华夏出版社，2013，页264。

④ 马斯勒，《为什么必须读〈恩斯特与法尔克〉》，见刘小枫编，《古典诗文绎读：·西学卷·现代编》(下)，北京：华夏出版社，2009，页30－36。

(Rosenkreuzermythos)的来龙去脉,差不多10年才慢慢搞清楚大致是怎么回事。现在看来,这件事情其实应该算是历史常识:所谓“玫瑰十字会”会员不过是现代自然科学和社会科学的先驱。

我们知道,西方的自然科学发端于希腊化时代的埃及(以著名的亚历山大里亚城为表征),其源头在伊奥尼亚的自然哲人。[①] 接下来是我们耳熟能详的所谓欧洲的“黑暗”中世纪,由于与基督教的世界观相悖,自然科学知识受到压制。自文艺复兴以来,自然科学的追求才重获新生。由于撞上了欧洲基督教的大分裂(所谓“宗教改革”),新教精神给自然科学精神提供了出人意料的另一种原动力。

如今的高中生都知道这个世界历史的大故事。他们上大学后还知道,为了重新获得探究自然奥秘的自由权利,文艺复兴以来的新自然科学家们曾与教权意识形态进行了不屈不挠的斗争:不妨想想哥白尼和伽利略的故事。

> 事实证明,常被称为“科学革命”的16—17世纪,即哥白尼、伽利略、笛卡尔、波义耳和牛顿的时代,也是炼金术的伟大时代。[②]

“玫瑰十字会”传说是这一欧洲历史的偶然事件的产物,并成为欧洲政治文化变迁的一个重要枢纽和标志。搞清这一历史事件的来龙去脉,对于认识欧洲近代启蒙文化的兴起和发展具有重要意义。但必须承认,直到今天,我国学界并没有对新自然科学与教权意识形态斗争,及其与欧洲民族国家成长的历史纠葛的种种细节给

---

① 萨顿,《希腊黄金时代的古代科学》,鲁旭东译,郑州:大象出版社,2010;比较陈恒,《希腊化研究》,上海:上海三联书店,2006。

② 普林西比:《炼金术的秘密》,前揭,页119;比较多尼克,《机械宇宙:艾萨克·牛顿、皇家学会与现代世界的诞生》,黄珮玲译,北京:社会科学文献出版社,2016。

予足够关注。否则,我们不可能不注意到,新自然科学家们曾不得不长期以秘密团体成员身份从事自然科学研究。

"玫瑰十字会"如今被看作文艺复兴与启蒙运动的连接纽带:这个运动标志的是摆脱基督教欧洲的传统教义和知识体系,尤其摆脱罗马教会的治权,需求一种新的知识体系:新自然科学与传统宗教的结合,旨在全面改造世界——"玫瑰十字会"是现代启蒙运动的最早先声。倘若如此,我们就不能说,德意志地区的启蒙运动晚于欧洲的其他地方(尤其英格兰和法兰西)。

自然科学与宗教的关系并不像教科书上讲的那样简单,"玫瑰十字会"传说是显而易见的史例。近代欧洲确实有教会机关压制自然科学探究的情形,但自然科学与所谓基督教的异端又有着密切联系:我们显然不能说,某种宗教"异端"不是一种宗教。

从科学史学的角度讲,我们应该了解现代自然科学在其诞生时期所经历的艰难。[①] 问题的复杂性在于,"玫瑰十字会"表明,现代自然科学的先驱们并非都仅仅热爱探究自然原理。探究自然奥秘的热情与分离主义的基督教"异端"精神结合催生出一类特殊的宗教知识人,他们渴望凭靠自己的神秘技术知识济世救人,在现世中实现理想世界:不仅要改造世人的灵魂,而且要改造世界本身。

在我们所生活的当今世界,新自然科学早已占据支配地位,"科学发展观"也成了我们的基本指导原则。如前所言,严格来讲,安德里亚的政治理想在美国和欧洲都已经实现。可是,为何直到今天,"玫瑰十字会"传说式的神秘精神诉求仍然不时在美国和欧洲显得十分活跃?[②]

由此引出了世界政治史上的一大问题:探究自然奥秘的旨趣与宗教旨趣在各大宗教传统中都并不抵牾,为何偏偏在近代的欧洲,

① 怀特,《科学－神学论战史》(第一卷),鲁旭东译,北京:商务印书馆,2012。

② 哈内赫拉夫:《西方神秘学指津》,张卜天译,北京:商务印书馆,2018。

两者会出现如此尖锐的冲突？探究自然奥秘的旨趣获得解放，并成为现代世界“进步”的推动力，[1]为何“玫瑰十字会”传说式的神秘精神诉求仍然感到自己遭受压制？

政治思想史家沃格林已经思考过这一问题，他在考察新自然科学（天文学、化学）从旧科学（占星术、炼金术）中分化出来的历史时刻时说过这样一段话：

> 炼金术虽然不是一门科学，但在灵性生活中却有重要的功能。基督教的圣灵本位态度把灵性及其救赎的问题严格限制在人的领域；那些更为综合性的关于自然中灵性生活的问题，以某些东方宗教运动（例如摩尼教）尤其关注的把灵性从物质中解放出来的问题，统统遭到了压制；基督是人类的救主，而不是自然的救主。
>
> 在基督教的世纪里，这种救赎工作的另一面在炼金术士的工作中获得了最为重要的表达；炼金术士的作品实质上是尝试把救赎的工作扩展到物质上。当炼金术由于非科学性变得清楚可见而招致骂名的时候，其作品中那种自行表达的灵性欲望被迫去寻找其他的表达形式。因此，随着炼金术在 18 世纪的垂死挣扎和在 19 世纪的消亡，我们发现这种无家可归的欲望重新出现，成了那些最出人意料的文本中的一个活跃因素。[2]

沃格林的意思是：天文学和化学从占星术和炼金术中分化出来时，逐渐抛弃了原本蕴含在占星术和炼金术中的灵魂自我解救诉求。问题在于，只要人类存在，这种灵魂自我解救诉求就会不死——麦耶尔用 Phoenix［不死鸟］来表征这种诉求。

沃格林更为关注某种“异端”信仰对欧洲民族国家成长过程中

---

① 比较哈里森，《科学与宗教的领地》，张卜天译，北京：商务印书馆，2016。

② 沃格林，《宗教与现代性的兴起》，霍伟岸译，上海：华东师范大学出版社，2009，页 199－200。

的政治行动的影响,但对我们来说,这个问题未必合身。倘若如此,我们就得重新通盘考虑现代中国与欧洲文明的关系问题。毕竟,向欧洲文明学习是现代中国的命运,幸运也好、不幸也罢都得承受。问题在于,我们必须审慎辨识值得学习的东西是什么。近代欧洲的"宗教改革"让形形色色的"异端"脑筋获得彻底解放,而"异端"精神未必是值得我们学习的东西。否则,我们难免违背"玫瑰十字会"高人的告诫:"不要给笨猪戴珍珠项链,不要给蠢驴送玫瑰。"

1990年代以来,西方学界研究"玫瑰十字会"的文献猛然剧增,反映出学界重新认识自然科学意识形态的史学诉求。据笔者目力所及,本书在诸多研究著作中显得颇有特色,即从文史角度呈现"玫瑰十字会"没有秘密的秘密。认识西方自然科学的来龙去脉,迄今仍然是我国学界面临的重大史学课题。笔者相信,本书中译本为我们提供了清晰的历史线索。

2019年3月

古典文明研究工作坊

霍拉旭,天地之间有许多事情,是你们的哲学做梦也做不到的呢!

——《哈姆雷特》第一幕第五场

引　言

[9]玫瑰十字修会是西方启示修会中最为神秘者之一。歌德便这样问道:“是谁让玫瑰与十字结姻?”玫瑰十字符号结合了两大对立元素:十字象征着物质世界,它的四端象征着罗盘的四方,玫瑰则因其微渺的香气象征着未知,亦即灵魂的世界。因此,玫瑰十字象征着对立面的结合,肉体和灵魂的联姻。

玫瑰十字符号之独特并非仅仅体现在人类进化史中,其在受造物的整体之中亦然。毫无疑问,在玫瑰与十字的婚姻中,所谓玫瑰十字会运动黄金时代的17世纪,见证了人类协助自然探索重生之法的过程。这也许就是佩拉丹(Joséphin Péladan)著作封面上的如下格言所蕴含的意义。

> 通过十字,通向玫瑰,通过玫瑰,通向十字,在它(玫瑰)内,在它们(玫瑰与十字)内,我如宝石般显现。

通过玫瑰和十字、人类和受造物的联姻,神圣在雄壮中揭示,并更加辉煌。这寥寥数元素就能让我们理解自17世纪以来玫瑰十字符号拥有多么大的诱惑力,引人探索上主、人类和宇宙的神秘。

所有的一切始于1614年一篇怪异的文本《兄弟会传说》的发表,它向欧洲揭示了玫瑰十字兄弟会的存在。这部文本邀请所有求知者加入罗森克鲁茨所建立的兄弟会,[10]当时,世界似乎正被引发恐慌的科学发现、血腥的宗教战争以及灾难般的流行疾病所撕裂。玫瑰十字会将美妙的知识交与他们,它能让他们从充满危机的社会中恢复。第二份玫瑰十字会宣言紧随第一份而至,其名为《兄弟会自白》(*Confessio Fraternitatis*),之后又有了第三份,《基利斯廷·罗森克鲁茨的化学婚姻》(*Noces chymiques de Christian Rosenkreutz/Chymical Wedding of Christian Rosenkreutz*),两书分别出版于1615年和1616年。这三份文本获得了巨大的成功。它们传遍了欧洲,并且致使该主题书籍的出版量达到现象级的数字。1623年,巴黎人民可以在城墙各处看到一张海报,它宣告"可见与不可见"的玫瑰十字兄弟会此时正在首都驻留。

这些难找的而且似乎是隐形的玫瑰十字会士到底是谁?他们从哪儿来?他们是不是如约阿希姆(Joachim de Flore)所称,前来建立"圣灵时代",亦即他认为的极乐时代的新宗教?他们是不是在帕纳克尔苏斯的预测中,能够为人类揭示所有自然奥秘的宗师厄里亚(Élie Artiste)的化身?这一兄弟会所声称拥有的这门神秘而普遍的科学是什么?这些问题是17世纪许多求知者全力思考的核心,其中包括哲人和博学之士,诸如笛卡尔、牛顿等人。

对于一些人来说,玫瑰十字修会几乎与这个世界本身一样古老。而另一些人则提出,玫瑰十字会自法老时代产生,并众采毕达哥拉斯学派、厄琉西斯、波斯占星术师、艾赛尼派、圣殿骑士团以及黄金羊毛修会的遗产。有些人甚至认为,它诞生于一个耶稣会的密谋!很多人相信这一修会从未真实存在,这只不过是17世纪一群知识分子所编的故事,为的是迫使他们的同时代人去探索关于他们时代的根源。最后,一些人认为兄弟会属于不可见世界,由"不具名的大师"所组成,他们监视着人类的命运。

自17世纪以来,无数学者曾经研究过玫瑰十字会的历史。他们的著作证明了围绕修会源起之神秘的复杂性。许多人将传说与历史混杂,较少进行理性思考。[11]另一些人满足于独断的文献中所阐述的内容,忘记了传说和潜在历史背景的重要性和价值。最近的数十年里,一些大学中的研究为理解玫瑰十字会运动的不同方面带来一道引人注意的光,它让我们能够总体地反思从前表达过的大量观点。然而,很多人仍然不为所动。不过,有件事情却始终如一,那就是，当我们将玫瑰十字会运动追溯至不可征的历史，当我们发现它的起源，我们便会遇到一个谜题：那就是人类的起源，甚至创世本身……

呈现在读者眼前的这本书并不求面面俱到。它试着在传说和历史、事实与神秘之间寻找中间地带。它由两个根本目的组成：把玫瑰十字会运动置于西方内传学说历史中，以使我们能够更好地进行了解，并将古老神秘的玫瑰十字修会即世所闻名的 AMORC 的诞生置入这一全景图像之中。AMORC 构成了今日世界玫瑰十字会团体中最重要的组成部分，它也是当代最庞大的启示运动之一。这也是我们希望说透其起源的原因。

总体说来，玫瑰十字会运动的历史与西方*内传学说*的历史很好地契合在了一起。形容词“内传”来自希腊文*εσôτεϱικός*(esôterikós)，它是*eis*[在内、向]和*esó*[内部]的派生词。字面意思是“朝向内部”，表示某种无法直接得到的东西，引申为朝向内部自身之运动的观念。最后，它与*灵知*(gnosis)有关，这是一种导向灵魂的变形与重生的知识。

费弗尔(Antoine Faivre)认为，内传学说通过定义一个教条的实体，构成了接近事物的一种方法。[①] 它的基本要素如炼金术、魔法、

---

① 参 Antoine Faivre, *L'Ésotérisme*, Paris, PUF, coll. “Que sais - je?”, 1992, pp. 14 - 22，这些要素可分为六大类。其一为*应和论*(correspondences)，即宇宙间万事万物皆有关联，以及受造物的不同部分有着微妙联系。第一种特征直接相关于第二种：*活的自然*(nature vivante)，此观念认为宇宙间没有事物是固定不变或惰性的。内传学说的第三点在于*想象和冥想*的能力，关于人类是力量的承受者在本体论上的可能性，这种力量通过对符号、仪式、神话的冥想，在宇宙不同等级之间穿行。从这点继续我们得到第四个特征——*炼成*(transmutation)，也就是说令灵魂能够自我重生的启发性经验。在这四种基础要素之上我们还应该添加两种从属性概念：其一是*和谐*(concordance)，它认为所有的宗教和传统都有一个共同的根源，它与“元始传统”或永恒哲学相联系，其二是*传播*(transmission)，它认为，知识可以通过启示，达成从师父到学徒的传递。

占星术、卡巴拉、磁性学以及其余诸相关精神实践并非同时发生。[12]它们一点一点地构建起来,并持续稳定地渗透着西方文明,从属于各种作用之中。我们随着考察的深入走到了它诞生以及观念传播的地方,不管那些地方来自神话还是真实的故事。因而,我们将前往埃及、希腊、阿拉伯地区;穿过欧洲中世纪、文艺复兴(14 至 16 世纪左右)和启蒙运动(18 世纪欧洲,同样被认为是"理性时代"或与之相关),经由法国的美好年代(对 19 世纪末至一战爆发前艺术与建筑领域高等文化新形态进行描述的术语),最终到达美国。在这一路中,我们会见到三倍伟大者赫耳墨斯以及其他一些非凡人物,如斐齐诺、布鲁诺、迪伊、帕纳克尔苏斯、梅斯默、佩拉丹、刘易斯以及作曲家萨蒂等。我们也会遇到许多对西方内传学说历史或玫瑰十字会运动中重要性各不相同的启示团体。

I. HERMETIS ÆGYPTIORVM REGIS ET ANTESIGNANI SYMBOLVM.

SOL EST EIVS CONIVGII PATER ET alba Luna Mater, tertius succedit, vt gubernator, Ignis.

Rimarium apud Aaream Mensam locum HERMETI ÆGYPTIO, tanquam proregi & Vicario suo Regia virgo CHEMIA deputauit & attribuit, vt iam antè commemora-

迈尔《十二支派黄金桌上的符号》

第一章　埃及与原初传统

我们的哲学并无新物，它与亚当在人类堕落后所继承的，以及摩西、所罗门所奉行的正相符合。

——《兄弟会传说》(1614)

[15]德国炼金术士迈尔(Michael Maier)在1617年的著作《喧哗后的沉默》(*Silentium post clamores*)中称，玫瑰十字会从埃及、婆罗门教(Brahmans)、厄琉西斯(Eleusis)和萨莫忒腊刻(Samothrace)秘仪、波斯巫师、毕达哥拉斯学派及阿拉伯人中兴起。在最初的两部玫瑰十字会宣言(Rosicrucian Manisfestos)——《兄弟会传说》(*Fama Fraternitatis*,1614)和《兄弟会自白》(*Confessio Fraternitatis*,1615)出版的若干年后，阿格诺思图斯(Irenæus Agnostus)在对玫瑰十字会兼示赞颂与质疑的论著《真理之盾》(*Le Bouclier de la vérité*,1618)中宣称亚当为修会之中的首位代表人物。《兄弟会传说》也指出了同一渊源："我们的哲学并无新物，它与亚当在人类堕落后所继承的，以及摩西、所罗门所奉行的正相符合。"①

原初传统

当谈到玫瑰十字会的起源时，人们有充足理由将亚当、埃及人、

---

① Gorceix, Bernhard, *La Bible des Rose - Croix*, *traduction et commentaire des trois permiers écrits rosicruciens* (1614—1615—1616), Paris, PUF, 1970, 125p., p. 17.

波斯人、希腊贤哲与阿拉伯人想到一起。因为，在玫瑰十字会的宗旨形成以前，他们都隐隐指涉了某个非常广泛的概念。“原初传统”（Tradition primordiale）这一概念首次出现于所谓“文艺复兴”（意即“重生”）时期，[①][16]特别是在《赫耳墨斯集》（*Corpus Hermeticum*，又译《赫耳墨斯秘籍》《秘文集》）由斐齐诺（Marsilio Ficino）译为拉丁文并于1471年出版之后。一般认为，这组神秘文本出自一位名为三倍伟大者赫耳墨斯（Hermes Trismegistus）的埃及祭司之手（故名之赫耳墨斯秘教[hermertic]）。似乎从他开始，这一由埃及孕育的原始启示的理念便引起了巨大反响。

我们的目的并非完整地描述埃及奥秘学说，而是阐明这宗遗产如何传播。连通埃及与西方的道路十分漫长，也呈现了丰富多彩的景观。我们不会讨论所有细节，因为这些描述将会耗费全书之力。然而，其中一些要点却能让我们理解玫瑰十字会的起源。参与这样一项工程，我们有必要跟从一位值得信赖的向导，赫耳墨斯似乎正好是我们这项任务的合适人选，以这位人物为核心的历史与神话着实含有太多与我们期望的目标相关的信息。

自古代起，埃及文明便备受崇敬，其兼具大学与修院功能的神秘学校，则是其知识的守卫者。在阿赫那吞（Akhenaten，公元前1353—前1336）法老治下，这些学校曾经历过一个显著的繁荣期，尤其在这位法老引入一神论（独一神信仰）概念之后。埃及宗教由于其神秘崇拜特质而显得引人入胜。无法否认，赫耳墨斯的一部分形象是从埃及、从托忒（Thoth）神处得源，但他首先仍是一个希腊神祇。赫耳墨斯为宙斯和迈亚（Maïa）所生，希腊人将他看成牧人、盗贼、商人和旅行者的神。他还是占星术、音阶、体育技艺、度量衡以及橄榄树文化的发明者。当然他最主要的角色还是宙斯的信使，以及带领死者前往哈得斯冥府世界的引渡人。节杖和带翅的凉鞋是

① Faivre, Antoine, *Accès de l'ésotérisme occidental*, Paris, Gallimard, 1986, p. 33.

他的标志物。

埃及神庙中，托忒神享有极高的尊崇。这是一位鹭首人身的神祇，或曰，托忒的外形像个气球（出自《死者之书》），手执墨色盘、芦苇笔和莎草纸，时刻准备着记录来自拉神（Rê）的话语。托忒是最卓越的书写者，人们认为他发明了象形文字，他是文字书写的保护者，也是医学、天文学和艺术的尊者。他懂得魔法的隐秘，[17]是一位启示者（l'initiateur）。公元前1360年左右，阿蒙霍特普三世（Amenhotep III）如是说："我已皈依神之书，我看到了对托忒的赞颂，我通晓了他们的秘密。"

早在古王国时期（前2705—前2180），托忒就被人看作神的信使，这一特质遗传到了希腊世界的赫耳墨斯身上。托忒作为裁判，裁决塞特（Seth）和荷鲁斯（Horus）的争端，他也是荷鲁斯之眼的保护者。

中王国时期（前1987—前1640），托忒是智慧的人格化身。他在何莫波利斯（Hermopolis）特别受尊崇，当地牧师认为《两路书》（*Livre des deux chemins*）便是托忒神所传，该书描绘了通往死后生活的旅途。这一时代出土的石椁碑文还提到了"托忒的神圣之书"。从这一时代起，托忒以神圣文字编纂者的形象出现，他还是无所不知的大师，懂得魔法的秘仪。据说象形文字①就是在托忒雕像的脚上发现的。三倍伟大者赫耳墨斯的墓碑的发现就是提亚纳的阿波罗尼乌斯（Apollonius de Tyane）对这一标志性情节的复现。在《死者之书》（*Livre des morts*）中，托忒又扮演着死者的心灵称重的角色。

新王国时期（前1540—前1075），阿赫那吞法老废除旧神庙以建立阿吞（Aton）崇拜。在他治下，托忒仍享有一定特殊地位。阿赫那吞的埃及一神教终止之后，托忒代表着无所不知的智慧和秘教之主的形象。这段时期内，奥秘文字书写取得了重要的发展。可能正

---

① 象形文字（hieroglyphica）的字面意思就是神圣文字。

是因此,刘易斯(Harvey Spencer Lewis)将该时期统治者的代表雅赫摩斯一世(Amosis I)法老看成启示修会(la fraternité d'initiés)的创始者,而玫瑰十字会就是从这样的启示修会演化而来。刘易斯还将赫耳墨斯视作阿赫那吞时期的哲人。埃及奥秘知识被认为是一种秘传。传授这一知识的机构叫作"生命学院(maisons de vie)",有时亦称作"神秘学院(écoles de mystères)"。专家学者对于法老时代奥秘学说和魔法的重要性的意见有所分化,然而巴塞尔大学的埃及学家霍尔农(Erik Hornung)却认为[18]历史学家对于这一观点的看法太过实证主义。霍尔农指出:"一个不可否认的事实是,最晚在新王国时代,精神学说风气在社会上占主流地位,这恰恰导致了赫耳墨斯秘教智慧的诞生。"我们还可以看到,研究拉美西斯时代的专家阿斯曼(Jan Assmann)对此做出补充:"越来越多的有利条件指向了赫耳墨斯秘教很可能来自埃及。"①

埃及王朝末期(前664—前332),托忒被看作魔法的主人。我们发现一些石碑,标榜其为"二倍伟大者",有时甚至是"三倍伟大者""五倍伟大者"(见《塞特涅传说》,*Roman de Setné*)。托勒密王朝时期,希腊人和罗马人沉迷于何莫波利斯和当地的托忒崇拜。正是在这一时期,埃及文化和希腊文化初步融合发展。

希腊人与埃及

许多证据表明希腊的哲人和埃及古贤有很大的联系。公元前5世纪,希罗多德曾造访埃及并向埃及祭司讨教。他在自己的作品中描绘了在塞伊斯(Saïs)举行的奥西里斯秘仪(mystères d'Osiris,奥西里斯为埃及的一位主神)。对他而言,希腊的秘仪很大程度上要归源于埃及。普鲁塔克将希腊和埃及的众神殿做了对比,他认为希

---

① Hornung, Erik, *L'Égypte ésotérique, le savoir occulte des Égyptiens et son influence en Occident*, Monaco, Éditions du Rocher, 2001, p. 27.

腊的很多神灵都可以在埃及找到原型。伟大的古希腊哲人确实有着前往埃及向尼罗河的大师们求得知识的传统。他们中的很多人都受启示而皈依了埃及秘教,故而促成了埃及的知识学说在希腊世界内的传布。其中,希罗多德只谈到了梭伦(Solon,前640—前558)。同样曾造访埃及的柏拉图就在《蒂迈欧》和《克力同》里复述了梭伦和埃及祭司的谈话。柏拉图在《政治学》中着重指出了埃及祭司的名望。他还在《斐德罗》中提到了托忒。同一时期,伊索克拉底(Isocrates)将埃及视为哲学的源头,并称毕达哥拉斯曾前往埃及学习。罗得岛的阿波罗(Apollo of Rhodes,前295—前230)则声称毕达哥拉斯属于埃塔利得斯(Aithalides,赫耳墨斯的儿子)一支,是赫耳墨斯的直系后裔。

[19]对于埃及神秘学说的影响,西西里的狄奥多罗斯(Diodore de Sicile,公元前80—前20)的著述中有所反映。他记述过,那位虚构的诗人、乐师俄耳甫斯(Orpheus)行游至埃及,皈依了奥西里斯秘仪,待公元前6世纪回乡——应是忒腊刻(Thrace,旧译"色雷斯")——之后,创立了名叫俄耳甫斯秘仪(mystères orphiques)的新仪式。狄奥多罗斯在后来的论述中还说,雅典人在厄琉西斯发现的仪式也与埃及秘仪相似。此后,希腊史家、作家普鲁塔克(Plutarque,50—125)对此评论道,俄耳甫斯秘仪与酒神秘仪(mystères bachiques)事实上都可溯源至埃及和毕达哥拉斯学派。狄奥多罗斯还提到了梭伦和米利都的泰勒斯(Thalès de Milet)的埃及旅行,他们师从埃及祭司并进行金字塔的测量。柏拉图也在埃及居住了三年,并接受埃及祭司的启示。普鲁塔克称,泰勒斯将埃及的几何学带回希腊。他还说泰勒斯曾劝说毕达哥拉斯前往埃及,而正是在埃及期间,毕达哥拉斯构想出了他的灵魂迁移学说。据新柏拉图主义哲人扬布利柯(Jamblique,240—325)说,毕达哥拉斯在埃及神庙修习了22年,离开埃及后,他迁居至意大利的克罗顿(Crotone),在该地建了一所学校,自始至终依埃及秘仪学校的方式进行教学。柏拉图弟子之一,数学家、几

何学家尼多斯的欧多克索斯(Eudoxe de Cnide,公元前405—前355)同样旅至尼罗河谷地,他在此地同时在科学与精神学两方面接受了启示。普利尼(Pline)指出欧多克索斯将包括精确纪年(一年365又四分之一天)在内的重要天文学知识带了回来,他的同心圆假说也是传统天文学的起始点。普鲁塔克是德尔斐的阿波罗僧侣学院的成员,并在该处成为高等祭司,他曾在尼罗河岸寻求知识,并在一位名叫克勒阿(Cléa)的伊西斯与俄赛里斯的女祭司处皈依。普鲁塔克在《论伊西斯和俄赛里斯》(*On Isis and Osiris* [该书有中译本《论埃及神学与哲学》])中曾提及《赫耳墨斯书卷》(*Livres d'hermès*)[20],他强调埃及占星学的重要性,他还提到一些学界权威认为伊西斯是赫耳墨斯的女儿。

托忒－赫耳墨斯

通过在琐罗亚斯德(Zoroastre)和摩西(Moïse)之间建立联系,狄奥多鲁斯引入的概念在文艺复兴时代大为流行,说到那个时代,我们会想到自文明伊始流传下来的智慧所演变而成的长青哲学(philosophia perennis)。公元2世纪以来,希腊人认为托忒的儿子就是阿加托得蒙(Agathodemon),而后者自有一子名为赫耳墨斯。人们视阿加托得蒙为第二位赫耳墨斯,他被称作Trismegistus,也就是“三倍高”的意思。因此,3世纪时,希腊人以赫耳墨斯的名字接受了托忒,并将其称为Trismegistus,也就是三倍伟大者的意思。

托忒既然被人看作言说和书写的主人,希腊人便很自然地将其看成伟大诗人荷马的父亲。3世纪,希罗多德称荷马为赫耳墨斯之子,荷马的妻子是一位埃及祭司。自此之后一代又一代,细节层累,说法叠加,最后形成了埃及是智慧和知识源泉的这一观念。

亚历山大里亚

亚历山大大帝于公元前333年对埃及的征服加速了希腊人吸收埃及文化的步伐，这一活动的中心恰在亚历山大里亚城。这座公元前331年在尼罗河的地中海入海口处建立的城市，作为埃及、犹太、希腊以及基督教文化的交汇处，几个世纪以来都扮演着东地中海地区智识中心的角色。治愈者派（Thérapeutae，又译“忒拉普提派”）、灵知派（gnostiques，又译“诺斯替”）以及其他多次神秘主义运动，都以这座城市为中心展开。城中藏书超过五万卷的图书馆，[21]汇聚了时代的所有知识，与此同时，该地也成了希腊－埃及炼金术（l'alchimie gréco－égyptienne）的坩埚（creuset）。

亚历山大里亚催生出了一门以炼金术为形式的新科学，这是一门延续了埃及实践传统，又经希腊思想改造而获重生的科学。这门科学的独创性主要体现在，它提供了一组具体、普遍、脱离宗教控制的制度。作为亚历山大里亚炼金术的奠基人及炼金术士的代表人物，三倍伟大者赫耳墨斯成为古代赫耳墨斯秘教（Hermeticism）传统的新继承人。在亚历山大里亚的炼金术士中，门德斯的博洛斯（Bolos de Mendès，约前100）值得注意，他经常被描述为希腊－埃及炼金术的奠基者——当然，需要注意，与炼金术形式类似的技艺，在中国与印度已经存在。①

公元前30年，亚历山大里亚成为罗马帝国埃及行省的首府。罗马人将希腊－埃及文化中的赫耳墨斯糅合到了他们的商业与旅行者之神墨丘利（Mercure）身上。墨丘利－赫耳墨斯是诸神的信

---

① 有关炼金术历史的种种观点，读者可以查考：Robert Halleux，*Les Textes alchimiques*，*Brépols*，1979；Jacques van Lennep，*Alchimie*，Dervy，1985；M. Berthelot，*Collection des anciens alchimistes grecs*，Paris，G. Steinheil，1987。

使，是灵魂的引路人或向导。罗马很快接受了埃及及其文化。

赫耳墨斯集

公元前三世纪，一批如今认为为三倍伟大者赫耳墨斯所作，故而冠以"赫耳墨斯集（*Hermetica*）"之名的文本开始成形。这批文献从公元前1世纪起便广泛传布。在尼罗河三角洲，《赫耳墨斯集》的创作一直持续到公元3世纪。[22]很明显，它是一种以希腊文撰写的埃及式神秘哲学。希腊教会的一位神父，亚历山大里亚的克莱门（Clément d'Alexandrie，150—213）提到了埃及人在庆典中使用的42部赫耳墨斯文本。令人惊奇的是，扬布利柯认为，赫耳墨斯文本有两万份。塞琉古（Séleucus）和埃及历史学家曼涅托（Manéthon，约前3世纪）将这个数字提到更为惊人的36525。其中最为著名的17篇写就于1至3世纪期间，现如今以"赫耳墨斯集"为题编为一辑，它们主要基于赫耳墨斯与他的儿子塔特（Tat）以及阿斯克勒庇俄斯（Asclepius）的对话。①

这些著述中的第一章《牧人者篇》（*Poemandres*）论述创世。② 此外《阿斯克勒庇俄斯》（*Asclepius*，又译《至善训诫》）也是一部非常重要的文本，它描述了埃及宗教及其中用以聚引宇宙力量、为神像注入生命而实行的魔法仪式。最后，马其顿人斯铎拜俄斯（Stobaeus，约5世纪）的残篇组成了《赫耳墨斯文本》的第三部分。它们由39篇文本组成，其中包括伊西斯与荷鲁斯之间关于创世及灵魂起源的对话。这些文本总体归名于三倍伟大者赫耳墨斯，并声称由埃及语

---

① Hermès Trismégiste, textes et traductions de A. – J. Festugière, vol. I à IV, Paris, Les Belles Lettres, 1946 – 1954. Voir aussi Festugière, A. – J., *La Révélation d'Hermès Trismégiste*, vol. I, "L'astrologie et les sciences occultes", vol. II, "Le Dieu cosmique", vol. III, "Les doctrines de l'âme, le Dieu inconnu de la gnose", Paris, Les Belles Lettres, 1950.

② *Les Cahiers de l'Hermètisme*, *Présense d'Hermès Trismégiste*, Albin Michel, 1988 and. A. – J. Festugière, *Hermès Trismégiste*, Belles Lettres, 1991.

翻译而来。然而事实上，这些文本几乎不含正统的埃及要素，反而从根本上体现了希腊哲学，甚至犹太教和琐罗亚斯德教的特点。这些文本并未组成一个连贯的整体，反倒呈现出许多教义与学说上的矛盾。我们将在下文回溯这些文本。

罗马的和平

希腊人主要通过文本作品感受古埃及的影响，然而罗马人并非如此。罗马人不满足于游历法老之地。公元前 30 年，克娄巴特拉(Cléopâtre)自杀，埃及臣服于屋大维(Octave)，成了罗马帝国的一个行省。1 世纪开始，罗马人控制了尼罗河谷地。他们拥抱埃及文化，罗马皇帝则自比法老。征服者接纳了被征服者的一部分仪式，伊西斯崇拜走进罗马。

罗马接纳了埃及建筑学。人们至今仍能瞻仰这一时代最后的见证——塞斯提乌斯金字塔(la pyramide de Caius Cestius)，[23]另外还有梵蒂冈墓窟(la nécropole du Vatican)的玫瑰园遗址。罗马城中树立着从卡尔奈克(Karnak)、赫利奥波利斯(Heliopolis)和塞伊斯(Saïs)等地移来的方尖石碑，至今仍存十余座供人瞻仰。有史可考的伊西斯学院出现在公元前 80 年左右，而公元前 105 年，庞培(Pompéi)就已经有崇拜伊西斯的神庙了。罗马战神广场(Champ de Mars)上的伊西斯殿(Iseum)内有供奉伊西斯和塞拉匹斯(Serapis)的神庙，这是罗马时代流行埃及信仰最为重要的历史遗存。不过，埃及宗教和罗马宗教还是会发生摩擦，因为凯撒大帝不喜欢埃及众神。维吉尔(Virgile，前 70—前 19)和贺拉斯(Horace，前 65—前 8)就曾描写过众神之间骇人听闻的战争，如阿努比斯(Anubis)操弄他的武器，在尼普顿(Neptune)、维纳斯(Venus)和密涅瓦(Minerva)面前耀武扬威。奥维德(Ovid，前 43—前 18/17)则以更为奉承的视角来看待这些事物。总之，罗马承认伊西斯崇拜，尼禄(Néron，37—68)设立了伊西斯崇拜节。奥勒留(Marc Aurèle，161—180 在位)则建立了一座埃及赫耳墨斯神庙。

公元2世纪,罗马的和平(Pax Romana)在整个地中海世界建立了安全体系。在这个时代,我们可以发现真正意义上的对古代文明的热衷:印度教文明、波斯文明、迦勒底(Chaldéens)文明,当然,特别是埃及文明,因为埃及神庙既灵验又让人着迷。罗马的富人成群结队前往法老的土地。拉丁语作家阿普列乌斯(Lucius Apuleius,123—170)痴迷秘仪,因此也去了埃及。他在《金驴记》(*L'Âne d'or/The Golden Ass*,原名《变形记》,*Metamorphoses*)中以自己的方式描写了埃及秘教。

炼金术·魔法·占星术

炼金术(alchemy)、魔法(magic)、占星术(astrology)三者并重。居于亚历山大里亚的希腊人托勒密(Claude Ptolémée,90—168)写了四卷本的《占星四书》(*Tetrabiblos*),这本著作(在埃及与迦勒底文明影响下)奠定了希腊占星学的原理,其中包括星座、星宫、相位及四元素说。托勒密不仅仅是一个占星师,他也是提出地心说以及本轮理论的天文学家,这些学说直至17世纪前一直在学界占主导地位,而将希腊天文知识传播到西方的正是托勒密。亚历山大里亚的克莱门在所著《杂编》(*Stromates*)[24]中描绘了与他同时代的埃及占星师的形象,这些占星师必须随时能够复诵这四部赫耳墨斯派的占星书籍。

新柏拉图主义哲人、占星师小奥林匹俄多儒斯(Olympiodore,5—6世纪)将炼金术视为埃及人实行的一种专属僧侣、祭司的技艺。公元2世纪的"莱顿与斯德哥尔摩莎草纸文献"(Les papyri de Leydeet de Stockholm,2世纪)将炼金术冶金工艺流程描述为与魔法准则有关,这一文献反映出炼金程序的演化形成,与更早的一部著作,即上文提及的门德斯的博洛斯的《物理与秘仪》(*Phisika kai mystika/On Physical and Mystical Matters*[旧译《物质和神奇的东西》])中所作的指示相似。[①] 公元前3世纪,帕诺的佐齐莫斯(Zozime de Panapolis)迁居亚历山大里亚并潜心钻研炼金术。他所写的炼金术作品不仅限于实验室工作,它们还提到了灵魂的变形及其与神秘事象的相遇、合一。他是第一位著名的炼金术士作家,为这门学科赋予了概念及符号体系。炼金术在3世纪流行甚广,这让罗马皇帝戴克里先(Dioclétien)饱受可能发生的贵金属贬值的困扰,以至于颁布了一项法令禁止修习炼金术,并大量焚毁炼金术文献。

新柏拉图主义

新柏拉图主义在3世纪的希腊-罗马世界发展起来,基于柏拉图哲学,将其复活并予以重新阐释。这种主义的信奉者对埃及兴趣颇浓。委身于迦勒底、埃及和叙利亚宗教仪式中的扬布利柯便是其中一位谜一般的人物,被称为“神样的扬布利柯(divine Jamblique)”。一些超常力量常被归于这位新柏拉图主义学校的首领,据说,他在祈祷时身体会离地飞升十肘多高,周身的服装及肌肤如沐浴在美丽的金色光芒之中。在他的著作中,埃及始终占有一席之地。扬布利柯在《论(埃及)秘教仪式》(*De Mysterii/Les Mystères d'Égypte*)中将自己伪托为阿巴姆蒙(Abammon),后者是埃及祭司集团的一位大师、赫耳墨斯教义的译介者,他还推进魔法及神通力(théurgie)仪式的操演(作为回归神圣源头的一种方法),以及修习埃及占卜。[②] 另一位新柏拉图主义者普罗克洛斯(Proclus,412—485)身上,也强烈地体现出修习神通力的特点,他和一些基督教思

---

① 有关希腊炼金术士,参 Berthelot, Marcellin, *Collection des anciens alchimistes grecs*, Paris, Georges Steinheil, 1887—1888. 有关炼金术史,参 Halleux, Robert, *Les Textes alchimiques*, *Turnhout - Belgium*, Brépols, 1979。

② Jamblique, *Les Mystères d'Égypte*, texte établi et traduit par Édouard des Places, S. J. Correspondant de l'Institut, Paris, Les Belles Lettres, 1966.

想家，如爱留根纳（Scot Érigène）、埃克哈特大师（Maître Eckhart）及许许多多其他人一样，对伊斯兰教苏菲派（Sufism）产生了巨大影响。

然而，在这个时代，埃及的印记渐渐褪却，基督教势力不断扩大。［25］君士坦丁大帝（the Emperor Constantin）新近强制推行基督教后，亚历山大里亚在昭示这一宗教兴起的诸多论战中扮演了十分重要的角色。3 世纪后，埃及人禁用了象形文字，采用科普特（the Coptes，［译按］使用希腊文字拼写的古埃及语）记录他们的语言，这种文字将法老们的秘密知识转变为基督教教义。在此之前许久，狄奥多西一世大帝（Théodose I）就颁布了一项法令以抵制非基督教崇拜活动，如此一来，埃及的神职人员和宗教庆典便走向末路。

基督徒与赫耳墨斯

基督教对于赫耳墨斯并非毫无感觉，他们也开始接受影响。2 世纪中叶出现了一种基督教赫耳墨斯主义，它的来源便是黑马（Hermas）所作的一部名为“牧人书”（*Le Pasteur*）的书籍。[①] “苦修和悔罪的信使”黑马在这部罗马化的著作中做出了预言。《牧人书》是一部默示文本，其中描述了各种风俗习惯。早期教会时代，耶稣常以牧者的形象出现，这一特质也可以归于赫耳墨斯。不过黑马在著作中所提及的并非耶稣，而是“苦修的天使”。《牧人书》在一段时期内赫然列于正经篇目（Écritures canoniques），但从 4 世纪开始，人们认定该著属于次经作品。

基督教的教父们普遍热爱深入挖掘神话，并在其中揭示福音的开端，三倍伟大者赫耳墨斯因此一直在教父中广受尊崇。拉克唐修

---

① Hermas，*Le Pasteur*，introduction et notes de Robert Joly，Paris，Éditions du Cerf，coll. “Sources chrétiennes”，n° 53 bis，1997.

(Lactance,250—325)在其《圣灵要义》(*Institutionsdivines*)中看到,早在基督教来临之前,基督教真理便在《赫耳墨斯集》中形成完整阐述。声名显赫的教父圣奥古斯丁(Saint Augustin,354—430)在《上帝之城》中断言赫耳墨斯为摩西子孙。他曾读过由阿普列乌斯翻译的赫耳墨斯秘教文本《阿斯克勒庇俄斯》,然而,尽管他十分崇敬三倍伟大者赫耳墨斯,他拒绝接受文本中显出的魔法因素。亚历山大里亚的克莱门则愿将赫耳墨斯的论说与基督的论说相互比较。

[26]"叛教者"尤利安皇帝(Julien l'Apostat)曾尝试回归异教崇拜和秘仪。尽管在位时间很短(361—363),他制订了对抗基督教以及复兴异教的方案。受新柏拉图主义影响,尤利安也赞美古代的神通力修习。然而,这一返归是短暂的,387 年,亚历山大里亚的忒俄斐鲁斯(Théophile)主教批文毁弃埃及神庙,意以将其改建为基督教的崇礼之地。然而,在菲莱岛(Philae)上仍有一座埃及神庙在继续活动,直到 551 年才因查士丁尼一世(Justinien)一声令下正式关闭。值得注意的是,在 1 至 6 世纪期间,这座埃及神庙一直保持活跃,而这一时段恰恰涵盖了赫耳墨斯秘教文本的编纂时期。常有人注意到,这些文本在涉及埃及宗教的未来时显得非常悲观,这让我们想到,这些文本或许是在一个埃及语境之下由一组祭司人员写就。尽管是以一种间接的方式得以表现,埃及智慧的断片也许终会在赫耳墨斯文本中安眠。

亚历山大里亚过去曾作为埃及学说进入希腊罗马世界的起始点而存在,在此地,古老的传统以炼金术、占星术和魔法的形式重新表达出来。在东方继承了此种智慧更伟大的一部分遗产之后,这一文明的起点至六世纪时便已消失,由阿拉伯人继以薪传。

赛伯伊人

亚历山大里亚于 642 年被阿拉伯人攻陷,这一年标志着这座城市难复往日荣光。然而,阿拉伯人并非在征服该城之后才与赫耳墨斯神秘哲学第一次相遇。毋宁说,他们很久之前就注意到了它雄伟的身姿。赛伯伊人(Sabéens)便是其中一例。他们是来自被视作地上乐园(paradis terrestre)的密教王国示以巴(Saba/Shiiba)的住民。在远古时期,示以巴又叫福地阿拉比亚(Arabie heureuse/fruitful Arabia[快乐的阿拉比亚]),被称作不死鸟的土地(le pays du Phénix)。《圣经》曾记载示以巴女王前往耶路撒冷拜访所罗门国王的故事。尽管《圣经》未具体指出女王领土的位置,《古兰经》却指明了它在南阿拉伯半岛(今也门)。几百年后的小说《基利斯廷·罗森克鲁茨的化学婚姻》中的主人公罗森克鲁茨(Christian Rosenkreuz)造访这一地区,他抵达了阿拉伯的达姆卡(Damcar of Arabia),一个存放着大量知识的地方。

[27] 赛伯伊人是著名的占星师。犹太哲人迈蒙尼德(Maïmonide,1135—1204)曾指出这种知识在赛伯伊人中占据主流地位。赫耳墨斯秘教传统认为,朝拜耶稣基督诞生的东方三贤士(Magi)便来自这片传奇的土地。赛伯伊人兼而拥有赫耳墨斯炼金术文献和《赫耳墨斯集》,正是熟悉这种知识的他们,将科学带入伊斯兰教世界,尽管他们并未将这门宗教作为自己学说的核心来发展。赛伯伊人自称出自赫耳墨斯,故对其奉以一种特殊的崇拜。他们中产生了一些据信受到赫耳墨斯秘教启示而成的著作,诸如《关于灵魂的信》(*Risalat fi'n – nafs/Lettre sur l'âme*),以及9世纪巴格达赛伯伊学派(sabéisme)的杰出人物库拉赫(Thâbit ibnQorra,836—901)的《赫耳墨斯礼仪制度》(*Institutions liturgiques d'Hermès*)。

易德里斯-赫耳墨斯

公元7世纪,伊斯兰教宣告诞生。尽管《古兰经》并未对赫耳墨斯文本有任何参考,然而,伊斯兰教诞生后的第一个世纪里,圣徒传著者们都将《古兰经》中提及的先知易德里斯(Idris)与赫耳墨斯、以诺(Hénoch)等而视之。这种同一化的工作有助于在伊斯兰教与希腊－埃及传统之间建立联系。在伊斯兰教的描述中，易德里斯－赫耳墨斯既是先知，也是一位永恒的人物。他有时也被比作基德尔(al－Khezr)，①即接纳摩西入教的神秘中保和大贤者，他以“个人导师”(guidepersonnel)的面目出现，在苏菲派内的地位举足轻重。

阿布－马沙尔(Abu Ma'shar，787—886)是一位波斯占星师，他以阿尔布马札(Albumasar)之名在欧洲享有盛誉。此人追溯了赫耳墨斯的世谱，并构拟了一篇记述。这部名为“千卷书”(*Kitab al－ul-uf*)的文本在伊斯兰教世界有巨大影响，他在其中分辨了三位为人所知的赫耳墨斯。第一位是生活在大洪水之前世代的大赫耳墨斯(Hermesle Majeur)，人们称他为托忒，他被描述成人类的教化者，差使人建了金字塔，并为后世镌刻了神圣的象形文字。第二位赫耳墨斯生活在洪水之后的巴比伦，他是医药学、哲学以及数学大师，曾接纳毕达哥拉斯入教。最后，第三位赫耳墨斯被描述为继续前辈教化伟业的神秘知识的大师。[28]正是他将炼金术带到人间。

《翠玉录》

同一时代，《翠玉录》(*Table d'Émeraude*)②诞生了，这是一篇在赫耳墨斯秘教传统中地位相当重要的文本。《翠玉录》最早为阿拉伯文版本，可以追溯到6世纪。许多人在不知道其真正含义的情况下对文本加以引用，兹在此录其全文。

《牧人者篇》中所见《翠玉录》文字，其中概述了炼金思想之本质。

---

① Corbin，Henry，*L'Imagination créatrice dans le soufisme d'Ibn Arabî*，Paris，Aubier，1993，pp. 32. 49－59. 73. 77.

② [译按]“翠玉录”为该文献较为通用的中文译名，本书沿袭此例，而事实上，emerald为波斯语zumurud之音转，后者汉语音译为“祖母绿”，意为绿宝石中最高贵者，为古代阿拉伯人，乃至后来的默罕穆德所崇。而emerald之译翡翠者，专指祖母绿色泽的翡翠，实为一种形容，而一般意义上的翡翠(jade)则与绿宝石完全不同。文中该词其他非专名场合，皆用“绿宝石”及“祖母绿”作译。

1. 此事绝非诳语,理所当然且真实之至。

2. 下如其上,上如其下,创造一事物之奇迹。

3. 万物本为太一,借太一之玄想,由太一而来,故万物经由分化,自此单一事物而出。

4. 日为其父,月为其母。风之腹将其裹载,大地将其哺育。

5. 世界一切泰莱斯墨(telesme,[译按]可理解为法术、妙法),尽出于此。

6. 其力量或权能在地上为完全。

7. 你当分土于火,萃精于糙,以精巧悉心行之。

8. 它自大地升向天空,而又降于大地,汲物之力,不论高卑。你由此法可得世间之荣耀,故而远离一切蒙昧。

9. 此乃一切力量之力,因它将摧折一切精微者,穿透一切坚固者。

10. 如此,世界被创造。

11. 由此可促成崇高之分化,其意义正在与此。

12. 关于此事,我被称作三倍伟大者赫耳墨斯,拥有全世界的三种贤哲。我所说的太阳的工程成就了,圆满了。①

[29]这一著作被归名于1世纪的哲人、魔匠(thaumaturge/miracle－worker)阿波罗尼乌斯。鲁斯卡(Julius Ruska)指出,它是由纳布卢斯的基督教神父萨吉乌斯(Sâgiyûs)从阿拉伯文翻译过来的。这一版本出现在巴利努斯(Balînûs,即阿波罗尼乌斯的阿拉伯文译名)所著的《创造秘书》(*Kitab Sirr al－Haliqa/Le Livre du secret de la*

---

① 这部文本有许多不同版本(阿拉伯语、拉丁文、法文),参见奥尔图良(Hortulain,14世纪)的《注释》(*Commentaire*)以及阿波罗尼乌斯《创造秘书》的译本,见 Hermès Trismégiste, La Table d'Émeraude et sa traduction alchimique, préface de Didier Kahn, Paris, Les Belles Lettres, 1994。

Création)之中。[1] 在本书中,阿波罗尼乌斯讲述了他发现赫耳墨斯墓地的情形,他声称在这座坟墓里发现一位老人端坐宝座,手握载有我们今日熟知其内容的绿宝石碑,他身前摆着解释造物奥秘及万有之因的知识书卷——我们在许久之后的《兄弟会传说》中会再读到这个故事。

阿拉伯炼金术

中世纪,阿拉伯人将炼金术传至西方,这一点广为人知。在这门技艺之中,我们的很多词汇也遗留了阿拉伯语特征,如化学(alkemia)、熔炉(altannur)等。但伊斯兰所扮演的角色并不仅限于传播者。正如洛瑞(Pierre Lory)在《伊斯兰世界的炼金术与神秘主义》(*Alchimie et mystique en terre d'Islam*,1997)一书中所说,阿拉伯人以他们的方式使炼金术概念形成,并处处声明自己的主张。[2] 阿拉伯炼金术不仅仅是实验室里的一门技艺,它更意在从神秘维度并从哲学维度揭秘创世法则。尽管阿拉伯炼金术自称源于埃及,其哲学与实践行为显然都包含在广义的阿拉伯世界及其639年征服埃及前的视野之内。他们曾从叙利亚人那里接受了希腊炼金术,而他

---

① Ruska, Julius, *Tabula Smaragdina. Ein Beitrag zur Geschichte der hermetischen Literatur*, Heidelberg, Carl Winter, 1926. Voir également sur ce texte Hudry, Françoise, "*De secretis Nature* du PS. – Apollonius de Tyane, traduction latine par Hugues de santala du *Kitab Sirr Al – Haliqa* ", revue *Chrysopoeia* de la Société d'étude de l'histoire de l'alchimie, tome VI, Paris, Archè, 1997—1999, p. 1 – 20 et Hermès Trismégiste, *La Table d'Émeraude*, préface de Didier Kahn, Paris, Les Belles Lettres, 1994.

② Lory, Pierre, *Alchimie et mystique en terre d'Islam*, Lagrasse, Verdier, 1989. Sur ce sujet, voir également Anawati, Georges C., " L'alchimiearabe " et Halleux, Robert, " La réception de l'alchimiearabe en Occident", dans *Histoire des sciences arabes*, t. III, *Technologie*, *alchimieet sciences de la vie*, sous la direction de Rashed Roshdi, Paris, Leseuil, 1997, p. 111 – 141 et 143 – 154.

们的第一批炼金术士则是继承美索不达米亚内传学术传统的波斯人。

已知最早的阿拉伯炼金术士为倭马亚(Umayyad)的王子哈立德(Khâlid ibn Yazîd,？—704),哈立德师从一位亚历山大里亚基督教徒莫利埃努斯(Morienus)学习炼金术。① 自此,炼金术在伊斯兰世界遍地开花,炼金术著作也被大量翻译成希腊文。阿拉伯炼金术界最为杰出的人物是贾比尔(Jâbir ibn Hayyân,？—815),在西方,他以格伯(Geber)之名闻名。贾比尔着重指出了伟大工程中的许多基本概念,他的研究催生了伟大的精神炼金术,[30]化学领域的许多发现也要归功于这位炼金术士。据说《贾比尔集》(*Corpus jâbirien*)收录了超过三千篇文章,但其中绝大多数皆出于伪托,这些文章也许出自根据他的理论而建的学院。阿拉伯炼金术大师辈出,如:阿尔－拉齐(al－Râzî Abu－Bakr Muhammad ibn Zahariyyâ,又称 al－Râzî,Rhazès,864—930)、阿尔－塔米米(Mohammed ibn Umayl al－Tamîmî,又称 Senior Zadith,约 10 世纪)、阿尔－加尔达基(Abd Allah al－Jaldakî,约 14 世纪)。他们的著作很快就通过西班牙渗入欧洲,深刻地影响了西方拉丁语世界。

魔法与占星术

魔法同样也在阿拉伯人的灵性生活中占据中心地位。伊斯兰教利用魔法符文,如希伯来的卡巴拉(kabbale hébraïque)符号,以解

---

① 1144 年,英格兰学者,切斯特的罗伯特(Robert of Chester)将《炼金术构成之书》(*Liber de compositione alchimiae*)从阿拉伯文译为拉丁文,该著讲述了 7 世纪炼金术士莫利埃努斯的故事。莫利埃努斯师从一位名为阿德法(Adfar)的年迈学者研习炼金术的秘密,学成之后,莫利埃努斯游仕于倭马亚王子哈立德的宫廷,他在此处将自己所学的炼金术知识传授给了哈立德王子。参本书英译本:Christian Rebisse,*Rosicrucian History and Mysteries*,Athenaeum Press,2003。

开《古兰经》的秘密。不仅如此,阿拉伯魔法杂糅和囊括的范畴十分广阔,如占星术、医药学、驱魔术(talismanique)等。占星术在伊斯兰教世界一直存在,尽管有源于异教之嫌,在8世纪托勒密的《占星四书》译为阿拉伯语后,依然蓬勃发展起来。占星术不仅归益于希腊,在阿拔斯王朝(Abbasside)第二任哈里发阿尔-曼苏尔(al-Mansour)在位时期(754—775),也受到印度教、叙利亚基督教、犹太-亚兰人(Judaeo-Aramaeans)的影响,当然毫无疑问还有艾赛尼派(Esséniens)的影响。总的来说,如法国东方学家、哲人、神秘学者柯宾(Henri Corbin,1903—1978)所述,这些神秘学派在伊斯兰教中具有举足轻重的地位,特别是在什叶派的眼中。① 因而也很容易理解《化学婚姻》(1616)的作者为何让寓言人物罗森克鲁茨行游阿拉伯世界,去搜集那些构成玫瑰十字会的基本元素。

东方神通学

9世纪左右,瓦赫施雅(IbnWahshîya)在一篇题为"揭开奥秘字符隐藏的知识"(*La Connaissance des alphabets occultes dévoilée*)②的文章中,列出了许多来自赫耳墨斯秘教的神秘字符,他也提到了同为赫耳墨斯后裔的埃及祭司的四大等级体系。[31]三倍伟大者赫耳墨斯把隶属第三等级之人,亦即其姐妹的子嗣称作"光照者(Ishrâqîyûn)",即"东来者(de l'Orient)"之意。索哈拉瓦迪(Sohravardî,Shihab ad-Din Yahya Suhrawardi,1155—1191)是最负盛名的波斯伊斯兰教神秘学家之一,他用"东方神通师"(théosophes orientaux)这一术语重新表述了光照者,以描述那些经历了精神启蒙(illumination)的大师们。他在《东方智慧书》(*Livre de la sagesse*

① Corbin, Henry, *En Islam iranien*, Paris, Gallimard, 1971—1972.

② 参 *La Magie arabe traditionnelle*, préface de sylvain Matton, Paris, Retz, coll. "Bibliotheca Hermetica", 1977。

orientale)[①]中描述了东方神通学以往的传授谱系。在他的思想体系中，哲学与神秘体验牢不可分，对他来说，这类经验与赫耳墨斯秘教紧密相连，后者被他认作先祖、诸贤之父。他将通神的哲人们称作“智慧的支柱(piliers de la sagesse)”，其中有：柏拉图、恩培多克勒(Empedocles)、毕达哥拉斯、琐罗亚斯德以及穆罕默德(Mohammed)。相比于我们之前讨论过的作者，索哈拉瓦迪显得特别值得关注，这是因为他试图在赫耳墨斯秘教与不同文化传统中的贤者之间，不是要建立起一种人人相承的历史源流，而是要建立起一种基于内心体验的、属天的(céleste)启示源流。

三倍伟大者赫耳墨斯留下的遗产丰富多样，其中的宝藏(炼金术、魔法、占星术)横贯不同的文明，构成了传统内传论(ésotérisme)的基本要素，埃及更被认为是所有这些奥秘传统的母体。这份古代遗产在中世纪时于西方世界内渗透蔓延，至文艺复兴时期乃焕然一新，构成了广义上所谓的“东方内传论”。此后，它在西方以一种特殊的方式发展，在《玫瑰十字会宣言》出版前的一段时期，它已变得十分西化。接下来的篇章就将探讨这些话题。

---

① Sohravardi, Le Livre de la sagesse orientale, traduction et notes de Henry Corbin, établies et introduites par Christian Jambet, Lagrasse, Verdier, 1986.

THEATRVM CHEMICVM,

PRÆCIPVOS SE-
LECTORVM AVCTORVM
TRACTATVS DE CHEMIÆ ET LA-
PIDIS PHILOSOPHICI ANTIQVITATE,
veritate, iure, præstantia & opera-
tionibus, continens:

*IN GRATIAM VERAE CHEMIAE, ET MEDI-
cinæ Chemicæ studiosorum (vt qui vberrimam inde optimorum re-
mediorum messem facere poterunt) congestum, & in tres par-
tes seu volumina digestum;*

SINGVLIS VOLVMINIBVS, SVO AV-
CTORVM ET LIBRORVM CATALOGO PRI-
mis pagellis: rerum vero & verborum In-
dice postremis annexo.

VOLVMEN TERTIVM.

URSELLIS

*Ex Officina Cornelij Sutorij, sumtibus
Lazari Zetzneri Bibliop. Argent.*

M. DC II.

M STephanus: Dominici 1612

《化学讲坛》1659年版第一卷的标题页。这部不朽的三卷本文集于1602年由泽兹纳编纂问世。它是炼金术的百科全书,1613至1661年间,该书多次重印,其中最后一版为六卷本版本。

第二章　赫耳墨斯学派与长青哲学

> 文艺复兴时期所有伟大进步的生命力和灵感都来自古代……寻求真理是古人义不容辞的任务，对真理的追寻是古老、珍贵而原始之黄金义不容辞的使命，而它那堕落的替代品不是别的，正是近时或今日的卑劣金属。
>
> ——雅慈《布鲁诺与赫耳墨斯传统》（1964）

[35]在前一章中，我们看到了托忒从埃及走向希腊和希腊化世界。赫耳墨斯的科学——炼金术、占星术以及魔法在亚历山大里亚的园囿繁荣昌盛。6 世纪的阿拉伯人丰富了这份秉承自埃及与希腊理念的遗产，他们在其中加入了自己的独特论述。经此，三倍伟大者赫耳墨斯最终通向了西方基督教世界，并在西班牙，以及之后的意大利施布并发展其赫耳墨斯秘教学说。在这个内传论历史的新舞台上，我们将探讨基利斯廷·罗森克鲁茨的旅途，以及对构成玫瑰十字会宣言的文本作出解读的历史与哲学基础。

西班牙的伊斯兰

711 年，阿拉伯人自北非入侵西班牙，很快，科尔多巴（Córdoba）在倭马亚亲王阿卜杜拉赫曼一世酋长（Abd al－Rahmân I）的统治之下成了“汪达尔人土地（al－Andalus，即安达卢西亚，指穆斯林所控制的西班牙国土）”的中心地带。当时西班牙仍有大批基督徒和犹太人居住，阿拉伯人则允许他们维持自己的宗教信仰。这一状况促进了文化交流,从而产生了积极影响。当时,阿拉伯文明在许多领域较之他们的西欧死敌更为先进,而西班牙则站在阿拉伯文化遗产传播的最前端。该地学者将大量阿拉伯人所藏[36]且此前未知的重要希腊文本译成拉丁文,令其知悉于世。

许多炼金术、占星术以及魔法文本在托莱多(Tolède)这座不久后被誉为"奥秘科学之席"的城市翻译而成。① 9世纪初所谓于西班牙西北部的圣地亚哥-德孔波斯特拉(Compostelle)发现圣雅各伯(St. James)尸体的传言,刺激了此后不久几个世纪的收复失地运动(Reconquista),即从穆斯林及摩尔人统治者手中夺回伊比利亚半岛的事件。迨及11至12世纪,来自全欧,无数前往圣地亚哥-德孔波斯特拉的朝圣之旅,使西班牙重新建立起了与西方基督教国家之间的往来,继而助长了内传文献的扩散。

西班牙炼金术

哈莱克斯(Robert Halleux)在著作《西方世界对阿拉伯炼金术的接受》(*La Réception del'alchimie arabe en Occident*)中指出,阿拉伯炼金术文本的拉丁文翻译,令它在西方世界开始得到发展。② 一般认为,炼金术于1144年正式登上历史舞台,切斯特的罗伯特曾前往托莱多学习阿拉伯文,在这一年,他完成了对《莫利埃努斯》(*Morienus*,*see* ch. 1)的翻译。这部文献的引言部分提到了有关"三重赫耳墨斯"(trois Hermès)的传说。1140至1150年间,另一位西班牙语作者,桑塔拉的乌戈(Hugues de Santalla)翻译了阿拉伯文著作《创造秘籍》。在该著作中,巴利努斯(即提亚纳的阿波罗尼乌斯)叙述了他找到绿宝石碑(即《翠玉录》),以及发现三倍伟大者赫耳

---

① Garcia Font, Juan, *Histoire de l'alchimie en Espagne*, Paris, Dervy, 1976.

② *Histoire de sciences arabes*, vol. III, Paris, Le Seuil, 1988. 他采用了鲁斯卡文章中的想法。

墨斯的坟墓的历程。在托莱多，克雷莫纳的杰拉德（Gérard de Crémone，1114—1187）学习阿拉伯语并大量翻译了贾比尔（格伯）及阿尔-拉齐文集中的著作，与此同时，一位皈依基督的犹太人，托莱多的胡安（Juan de Toledo），则将托名亚里士多德的著作《奥秘之秘》（*Sifr-al-asrâr*）译为拉丁文（*Secreta Secretorum/Le Secret des secrets*）。该文本据信为（整个中世纪阶段公认如此）亚里士多德于亚历山大大帝在波斯征战期间写给他的一封信件，内容有关治国经纶、伦理道德、相术、占星学、炼金术、魔法与医药学等广泛话题，是一部极富影响力的著作。

皮卡特立克斯

12 世纪，魔法也在革新中得到发展，从而与炼金术遥相呼应。中世纪期间，[37]魔法基本上都被视为异教残余，而且它也没有任何直接的知识来源。它所依据的"经典"则大体上只有塞维利亚的圣依西多禄（Isidore de Séville，560—636）所著的百科全书——《词源》（*Etymologies*）上相关主题的几段概述文字。自 12 世纪始而以 13 世纪为尤，魔法的基础性文献经由阿拉伯和希伯来相关论著的引介，陆续出现在了西方世界。在此之后，魔法甚至以学术的形态来到诸侯与国王们的宫廷，后者庇护它们免于教廷指罪。

卡斯蒂利亚国王"智者"阿方索十世（Alphonse le Sage）翻译了《拉结尔之书》（*Sefer Raziel*），这是一本关于希伯来魔法的文集，而不久之后的 1256 年，他又译出《智者之鹄的》（*Ghâyat al-Hakîmfi'l-sihr/But des sagesdans la magie*），这便是著名的《皮卡特立克斯》（*Picatrix*）的西班牙文译本。《皮卡特立克斯》是一部非常重要的著作，它"继承了自上古到中世纪以来魔法与占星术的丰厚遗产，并把它们嫁接在中世纪新柏拉图主义学说和赫耳墨斯神秘学说的理论框架中”。[①] 这部著作的阿拉伯文原版由迈季里提（Abûl' l – Qâsim Maslama al – Majrîti，？ —1007）于 1047 至 1051 年间在埃及写成。《智者之鹄的》问世不久后，埃及迪奥（Ægidius de Tebaldio）又将其译成拉丁文，此书对阿巴诺的皮埃尔（Pierre d'Abano，1250—1315）、斐齐诺（MarsileFicin，1433—1499）以及阿格里帕（Henri Corneille Agrippa 1486—1535）等人产生了重大的影响。该书论述了植物、石头、动物和行星之间的相互作用，以及将其用作魔法的方式。它也讨论到了魔法形象的力量，并将这一发明归于那位三倍伟大者赫耳墨斯。作者又称，赫耳墨斯是阿多岑廷（Adocentyn）这座《圣经》大洪水时代之前便存在于埃及的“理想之国”的奠基人。太阳崇拜是这座城的主导信仰，而赫耳墨斯则亲自担任祭司。后来的意大利文艺复兴时期哲人康帕内拉（Thomaso Campanella）从这本作品中提炼出了若干观念，并在他的乌托邦——《太阳城》（*Civitas soli/Cité du soleil*）中加以讨论。[②]

卡巴拉

尽管 12 世纪初，在法兰西南部的朗格多克（Languedoc）大区，卡巴拉曾以《光之书》（*Sepher ha – Bahir/Livre de la Clarté*）文本为中心得到初步的发展，然而在卡巴拉传播方面，起到重要作用的则是西班牙的犹太移民。许多卡巴拉奥秘学家在这一地区居住，包括纳

---

① Garin，Eugenio，*Le Zodiaque de la vie，polémiques anti astrologiquesà la Renaissance*，Paris，Les Belles Lettres，1991，chap. II，pp. 66；同作者，*Hermétique et Renaissance*，Paris，Allia，2001，pp. 49 – 61.《皮卡特立克斯》刊于《阿拉伯魔法》，马顿（Syvain Matton）导读并注释：*La Magiearabe*，Paris，Retz，Coll. “Bibliotheca Hermetica”，pp. 243 – 317。

② Yates，Frances Amelia，*Giordano Bruno et la tradition hermétique*，Paris，Dervy，1996，pp. 70 – 79，435，指出康帕内拉作品内容的基本来源并非莫尔（Thomas More）。

博讷(Narbonne)法院院长亚伯拉罕(Isaac ben Abraham,? —1180)拉比,以及“盲人以撒(Isaac l'Aveugle,1165—1235)”。[38]此后不久,西班牙境内,卡巴拉在赫罗那(Gérone)及周围地区、卡斯蒂利亚和托莱多,逐步发展壮大。彼时彼地,犹太思想丰富了朗格多克卡巴拉奥秘学的冥想(aspect contemplatif)内涵,而它恰来自希腊-阿拉伯传统,以及普罗提诺的新柏拉图主义学说。在萨拉戈萨(Saragosse),阿布拉菲亚(Abraham Abulafia,1240—1291),一位伟大的出神论卡巴拉学者,使冥想(méditation)技术臻于完善。该技术与呼吸吐纳相关联,并且基于希伯来字母成立。不久后的13世纪,《光辉》(*Zohar*)一书诞生,这一卷帙浩繁的著作在内传论领域产生了无可估量的影响。1305年,西班牙巴拉多利德(Valladolid)的摩西(Moïse de León)宣称自己藏有该著作的原件。①

占星术

阿拉伯著作的拉丁语译者们也推动了占星术在欧洲的发展。尽管西方世界占星术早在6世纪便已存在,然而它仍是一门发展相对滞后的学科。阿尔布马札《千卷书》等著作的译介则令占星术有了更长足的进步。这部叙述三重赫耳墨斯传奇的著作是一部波斯、印度、希腊占星学说的删节本。在稍早于12世纪中期的中世纪欧洲学者看来,阿尔布马札的著述极有可能是亚里士多德自然理论的关键知识来源。② 当人们得以阅读这些古代占星学著作时,这门知识便也枝繁叶茂起来,日历、年历、预测历(prédictions)以及行星意象的各种象喻性用途之物增势迅猛,此即占星学发展的见证。不仅

① 参 Hayoun, Maurice - Ruben, *Le Zohar aux origins de la mystique juive*, Paris, Noésis, 1999。

② Richard Lemay, *Abu Ma'shar and Latin Aristotelianism in the Twelfth Century: The Recovery of Aristotle's Natural Philosophy through Arabic Astrology*, 1962.

如此,占星学大作——托勒密《占星四书》的拉丁译本,恰在14世纪问世。

驱逐犹太人

收复失地运动影响之下,西班牙在13世纪废弃了由穆斯林所建立宗教宽容。这一时期,犹太人举步维艰,若不愿皈依基督教,他们所面对的便只有放逐与死亡。许多人迫使自己接受洗礼才得以躲过1391年的种族屠杀。这些人被统称为"马拉诺人(marannes)"或是"归化者(Converso)",总数有十万之多,[39]他们表面上皈依,暗地里却依然遵奉原来的宗教。然而不久后的1483年,安达卢西亚(Andalousie)就爆发了对犹太人的大驱逐。紧接着的1492年,卡斯蒂利亚王国国王斐迪南(Ferdinand)和阿拉贡王国女王伊莎贝拉(Isabella)更是逐出了西班牙领土内的所有犹太人。他们中的一些人迁往意大利,其伴随而至的隐秘智慧则又一次迎来了繁荣。如此一来,这带着内传智慧意味的隐秘智慧遗产,在意大利渐渐壮大起来。事实上,1439年,面对伊斯兰化突厥人的扩张,如坐针毡的拜占庭基督教徒就在努力寻求其与西方同教盟友的和解之道。出于这一目的,大批拜占庭学者前往佛罗伦萨参加和解会议(concile de réconciliation),例如在意大利文艺复兴中贡献卓著的新柏拉图主义哲人,希腊人普莱桑(Gémiste Pléthon,1355—1452)。学者们也带去了希腊哲人的著作。然而双方为和解所付出的努力毕竟来得太迟,故而它未能阻止不久后致使拜占庭帝国覆亡的那场灾难:1453年,土耳其人攻陷君士坦丁堡。恐怕《化学婚姻》的作者将罗森克鲁茨在异象中收到一场预定婚礼的请柬设在1453年并非巧合。

佛罗伦萨学院

1453年的君士坦丁堡陷落影响广泛而深远,它促使希腊文化将重心转移至意大利，在该地，像柏拉图这样的学者，人们以往只能从一些节录文章里获知他的名字。佛罗伦萨城邦的统治者，美第奇家族的科西莫（Cosme de Médicis），每分每秒都关注着该事件所引发的机遇。于是，在1459年，他创建了佛罗伦萨柏拉图学院（*Accademia Platonica Fiorentina*），委任斐齐诺为学院长，以学院之名，尽一切可能搜罗那些存世的（希腊）稿本。不仅如此，他还令斐齐诺着手翻译那意义非凡的哲人——柏拉图的著作。最终，这位不知疲倦的旅人为西方世界奉上了首部柏拉图译本。此外，他还翻译了普罗提诺（Plotinus）、普罗克洛斯、扬布利柯以及亚略巴古的狄奥尼修（Denys l'Aréopagite）等人的著作。不久后，重大的进展如期而至。我们发现，《赫耳墨斯集》在中世纪时期（参见第一章）不断被人提及，然而在西方世界，它曾在日益强大的基督教势力笼罩之下消失踪影，以致仅有《阿斯克勒庇俄斯》一篇存世。1460年，一位侍奉美第奇家族的僧侣得到了该著的抄本，科西莫非常重视这一文献，当即令斐齐诺中止对柏拉图的翻译，转而全身心投入这份新发现的素材，并于1463年完成了这项工作。到1471年，第一部《赫耳墨斯集》译本出版。该译本至16世纪已重印16次之多，[40]可想见其读者群之广泛。①

长青哲学

斐齐诺确信《赫耳墨斯集》原文是以埃及语写就的。在人们的描述中，三倍伟大者赫耳墨斯是一名埃及祭司，他创造并传播了所有的秘传学术，并且这一知识千百年来以各种各样的形式，在不同哲学之间薪火相继。斐齐诺在1482年首版的著作《柏拉图神学》（*Théologie platonicienne*）中就曾建立过一个赫耳墨斯之后传承秘传学术的哲人谱系，其中有琐罗亚斯德、俄耳甫斯、阿

① Marcel, Raymond, *Marsile Ficin* (1433—1499), Paris, Les Belles Lettres, 1958.

拉奥斐默(Aglaophème)、[①]毕达哥拉斯、柏拉图……[②]他的这种观念催生出一种新概念——“元始传统”,也就是说,最初的天启可以永远存续,从一个时代到另一个时代,从一次启示到另一次启示。这一观点最初是由圣奥古斯丁提出的,在斐齐诺处又一次复活。此后,斯多科(Agostino Steuco,1496—1549)又将之以“长青哲学(philosophia perennis)”——永恒的哲学——这一概念行诸文字。

[41]我们可以在佛罗伦萨找寻到永恒哲学观念的历史回响。据传大洪水之后,诺亚在伊特鲁里亚,也就是托斯卡纳发现了十二座城。甚至有传说称诺亚的遗体就在罗马长眠。这些传言催生出一种观念:相比于发源于埃特鲁斯坎的拉丁语,[③]托斯卡纳方言更为古老,因此也更为高级。这样一来,佛罗伦萨就和文明起源绑定了起来,也和《赫耳墨斯集》的作者绑定在了一起,因为公认三倍伟大赫耳墨斯和诺亚是同时代人。这一观点在佛罗伦萨学院内部引起了论争,但它却得到了美第奇家族的科西莫的青睐,他将这些观点看作佛罗伦萨和托斯卡纳高于意大利其他地区的依据。

自然魔法

尽管唤醒了埃及的隐秘知识,《赫耳墨斯集》在实际用法方面仍然暧昧不明。该著第 13 册中,三倍伟大者赫耳墨斯将神秘重生(régénération mystique)的原理教给了他的儿子塔特,获得这种能力需抑制自己的感官(lessens)以抵消行星的不祥影响,且让神明(la divinité)降生为人。[④] 斐齐诺除占星师外毕竟还是一位人文主义哲

① 塞壬中的一位。

② 摩西和赫耳墨斯孰先孰后有不同说法。

③ Voir Perifano, Alfredo, *L'Alchimie à la cour de Côme Ier de Médicis, savoirs, culture et politique*, Paris, Honoré champion, 1997, p. 144 – 150.

④ *Hermés Trismégiste*, Texts and translation by André – Jean Festugière, vol. II, Paris, Les Belles Lettres, 1983, pp. 200 – 207.

人,他想要通过新柏拉图主义学说来寻求这些原理的现实运用,而这一手段根本上则更要溯源阿尔布马札的《皮卡特立克斯》及阿巴诺的皮埃尔的作品,后者曾经学习过阿拉伯魔法。他最终糅合这些理论,以及基督教语境中受造之物的圣言(the Word,又译"道")的概念,提炼而成一种"自然魔法(magie naturelle)"。这是一次巨大的理论改良。他利用镌写在所有元素、矿物、植物中的行星特征,以及香水、葡萄酒、诗与音乐(俄尔甫斯赞歌,hymnes orphiques)这些交感作用,来捕捉受造之物(the Creation)的微妙能量——"世界之魂(spiritus mundi)"。[①] 斐齐诺是西方内传学说传统中声名显赫的人物,不仅因他担当了许多古代著作的翻译及注释的工作,[42]还因他留下了像《生命三书》(*De Triplici Vita*)那样的著作,该著除有关前文所述原理的医学知识及教诲之外,还对人与神圣学理上的分离提出驳论,并支持《翠玉录》文中"因上循下"这一格言所体现的赫耳墨斯式宇观、微观理念。正如费弗尔所指出,正因有了斐齐诺,内传论在成为启蒙思想不可缺少的部分以前,便把自己塑造成了一种哲学。[②]

天使的魔法

斐齐诺最得意的门生乃天才少年,米兰多拉的皮科(Pic de la Mirandole,1463—1494),他年仅23岁时就已掌握了多种宗教、哲学以及内传论的知识。尽管斐齐诺对卡巴拉(当时拼作Cabala)表现出蔑视,皮科却在卡巴拉传统中找到了对他师父魔法形态的补足。卡巴拉魔法以最高天(l'empyrée,天体在高处的假想球体中的映像)能量为基石,皮科发现,以此增强自然魔法行之有效。希伯来语被

---

① Yates, *op. cit.*, chap. IV and Walker, Daniel - Pickering, *La Magie spirituelle et angélique de Ficin à Companella*, Paris, Albin Michel, 1988.

② *Accès de l'ésotérisme occidental*, Paris, Gallimard, 1986, p. 128.

描述为神的语言，而这种以希伯来原名向天使与大天使祈求的知识，对他而言具有巨大功效。皮科复兴了圣热罗尼莫（St. Jerome）和库萨的尼古拉（Nicolas de Cues，1401—1464）有关耶稣之名的理论，并表明卡巴拉可使基督的神性获得证明。如此皮科便为他的"基督教卡巴拉"建立了根基。① 皮科有普遍论的思想倾向（Esprit universel），他想要论证所有哲学体系的趋同性。为此，他于1486年结集出版了《九百篇卷》（*Neuf cents thèses*）。② 皮科声称，魔法与卡巴拉和基督教是互补关系（第七篇），并提倡对卡巴拉魔法的应用（第九篇）。皮科意图在公开辩论中捍卫自己的文章，然而可想而知，观点遭到激烈抵触，这使他不得不逃离意大利以求明哲保身。不过，教宗亚历山大六世（par Alexandre VI）还是在1493年6月为他恢复了名誉，这是一位对魔法和占星学非常感兴趣的教宗。

沃阿卡杜米

这段时期内，意大利成了内传论学说活跃的中心。威尼斯在卡巴拉、占星术、炼金术以及奥秘数学（la science des nombres）的扩散中起到了重要作用。13世纪之后，从阿拉伯人处传来的炼金术文卷经过了完整的翻译，[43]格朗德（Albert le Grand）、阿奎纳（Thomas d'Aquin）、贝孔（Roger Bacon）、维勒讷沃的阿尔诺（Arnauld of Villeneuve）、鲁尔（Ramond Llull）和弗拉梅尔（Nicholas Flamel）等名人的作品引领一时风气。14、15世纪出现了一阵炼金术新气象，它采用了基督教寓言，却呈现出为人质疑的神秘内涵。而它的含义

---

① Secret, François, *Les Kabbalistes chrétiens de la Renaissance*, Milan – Paris, Archè, 1985.

② 又名《哲学·卡巴拉·神学综论》（*Conclusiones philosophicae, cabalasticae et theologicae*），参本书英文版：Christian Rebisse, *Rosicrucian History and Mysteries*, Athenaeum Press, 2003。

"是宗教术语中所谓的功(practica,即宗教实践),还是炼金术术语中所谓的神秘体验(expérience mystique)"?[①] 阿奎纳的《曙光乍现》(*Aurora consurgens/Le lever de l'aurore*)使这一趋势支撑起了13世纪下半叶开始的运动,这部作品将炼金术的工艺流程描述为一种再生体验。[②] 1530年,潘特奥(Giovanni Agostino Panteo)的一本题为"沃阿卡杜米"(*Voarchadumia*)的巨著在威尼斯出版,该著着重提出了炼金术至高无上的一面。"沃阿卡杜米"是一个威尼斯的秘密结社,相传它有可能自1470年起便已存在。这一单词本身似乎是个发明词,意为"两块完美凝结的金",或是"两次提炼的金",由迦勒底语(Chaldean)词"金"与希伯来词组"自两块红宝石出"组合而成。[③] 总而言之,许多学者去往意大利学习奥秘科学,德国人文主义学者罗伊希林(Johannes Reuchlin,1455—1522)与魔法师、炼金术士阿格里帕也位列其中,此二人对内传学说在全欧的传布做出了贡献。

奇妙的言

西班牙流亡犹太医师、卡巴拉学家阿巴伯内尔(Judas Léon Abarbanel,1465—1523),亦即希伯来人莱昂(Léon Hébreu,1470—1508)[④]于1492年迁居意大利。阿巴伯内尔醉心于新柏拉图主义并转信天主教,后发表了《爱的对话》(*Dialogues d'amour*),这部作品对新柏拉图主义学说和卡巴拉学说进行了综合,随之拓宽了皮

---

① Halleux, Robert, *Les Textes alchimiques*, 1979, Tumhout - Belgium, Brépols, 1979, p. 85.

② 关于这部基础文献,可参看荣格(C. G. Jung)的一位学生的研究:Von Franz, Marie - Louise, *Aurora consurgens*, translated by Étienne Perrot and Marie - Martine Louzier, Paris, La Fontaine de Pierre, 1982。

③ McLean, Adam, *Alchemy Research Notes Archtoes*, July, 1988, (www.levity.com/alchemy).

④ [译按]莱昂生于里斯本,其祖辈在西班牙卡斯蒂利亚屠杀时期流亡。

科和斐齐诺所开启的这一领域。而将这三位先驱的著作进行综合的人则是罗伊希林。罗伊希林于1482年前往罗马学习希伯来语,后又前去佛罗伦萨拜会皮科。回到德国时,他则已转变成一位热忱的基督教卡巴拉推广者。在1494年出版的《奇妙的言》(*De Verbo mirifico*)中,他更为彻底地探讨了皮科对希伯来语词"耶和华(*Ieschouah*)"的思考。这是欧洲第一部完全致力于卡巴拉研究的著作,[44]故而影响极为深远。这部著作在《卡巴拉之艺》(*De Arte cabalistica*)中得到了补充,而后者是基督教卡巴拉的基础性文献之一。罗伊希林给天使学带来了重要发展,他清除了斐齐诺自然魔法的污点:恶魔学的怀疑魔法(la magie des soupçons démonologiques)。

世界大同

自然魔法强调了受造的万物相互之间存在的隐秘交感。在一位威尼斯的芳济会士吉奥尔吉(Francesco Giorgio,1466—1540)的努力之下,这一概念获得了新的维度。1525年,他发表了《世界大同》(*De Harmonia Mundi*),这是一部基督教卡巴拉的基本文献。他的开创性源自毕达哥拉斯秘数学传统、炼金术、维特鲁威(Vitruve)建筑学与皮科、新柏拉图主义(斐齐诺)的结合。这一著作对英格兰玫瑰十字会,尤其对弗拉德(Robert Fludd)产生了巨大影响;它也经由法国诗人勒斐弗尔(Guy Le Fevre de la Borderie,1541—1598)的翻译,对法国作家团体"七星诗社"(La Pléiade)产生影响。

奥秘哲学

罗伊希林为天使魔法赋予了一个更为精确的特质,但仍停留在空想。阿格里帕却用一位医生的实践,将魔法转向更牢靠的维度,他发表了一本纯正的魔法练习手册:《奥秘哲学》(*De Occulta Philosophia*)。这本初版于1510年的著作受到了《皮卡特立克斯》《赫耳墨斯集》和斐齐诺著作的强烈影响。而在其1533年的第二版增修版中,卡巴拉则呈现出显著的影响力。在罗伊希林处,魔法是一种与神圣同一的方法,而在阿格里帕处,魔法则将其自身应用于人类存在的诸问题,从而广泛与其他学科相接触。因而不论是"自然魔法""天体魔法"还是"仪式魔法",它都失去了斐齐诺所赋予的精妙。[45]阿格里帕组建幻方(carrés magiques/voir ci-contre)、行星简图(sceaux planétaires)和植物、矿物、数字、天使等之间互相呼应的表格时,将天使学、奥秘数学以及阿拉伯魔法结合在了一起。尽管教宗比约六世(pape Pie VI)将其著作列入禁书目录,阿格里帕依然取得了巨大成功,名垂至今。[①]

布鲁诺

多明我会神父布鲁诺(Giordano Bruno,1548—1600)行迹广布,他于内传论在全欧洲的传播贡献良多。在斐齐诺、皮科及阿格里帕著作的强烈影响下,他潜心阅读《赫耳墨斯集》。他在《驱逐趾高气扬的野兽》(*Spaccio della Bestia Trionfante/l'Expulsion de la bête triomphante*,1584)中宣称埃及赫耳墨斯主义优于基督教。他在这本著作的开头描述了一场众神为全面革新人类而召集的会议,暗示了埃及宗教的回归。[②] 由于全面改革迫在眉睫,此文影响巨大,尤其在内容上影响了意大利政治讽刺作家博卡里尼(Traiano Boccalini,1556—1613)的作品《帕纳塞斯声明》(*Ragguagli di Parnaso/Les Nouvelles*

① 赛尔维尔(Jean Servier)曾为《奥秘哲学》提供了优质的译本,附带解说和注释:*La Magie naturelle*, *La Magie celeste et La Magie cérémonielle*, Paris, Berg,1982。

② Yates, *op. cit.*, pp. 257-260.

du Parnasse,1612)。[①] 相较于基督教卡巴拉主义者,布鲁诺更接近斐齐诺。他无法容忍犹太教,因而断然拒绝卡巴拉。基督教术士的形象因他而销声匿迹。他偏爱《阿斯克勒庇俄斯》中的埃及魔法,并宣称基督教十字架符号是从埃及窃取的,他还预言,埃及宗教终将回归,他在英格兰、法国,以及德国的神圣罗马帝国皇帝鲁道夫二世(Rodolphe II)的宫廷宣讲这些理论。布鲁诺是一个丰富多彩的人物,他创作了一系列作品,触及大量学科。他借鉴神学家尼古拉的思想开创了宇宙无限说,然而这些神学和科学观念让他惹上麻烦。最终,宗教法庭在罗马对布鲁诺施以火刑。

炼金术与自然

[46]赫耳墨斯秘教学说在德国鲜有传布,然而它潜入了神圣罗马帝国皇帝鲁道夫二世(号称“德国的赫耳墨斯”)的布拉格宫廷,帕纳克尔苏斯主义者(Paracelsian)、炼金术士迈尔和天文学家数学家开普勒(Johannes Kepler,1571—1630)对此影响巨大,而此二人都读过《赫耳墨斯集》。欧洲炼金术有过两大重要时期,分别是其创生的12世纪,以及其快速传播的文艺复兴时期——特别是在16世纪,德国经历了真正意义上的“炼金海啸”(raz de marée spagyrique),[②]它催生出了泽兹纳(Zetzner)《化学讲坛》(*Theatrum chemicum*,1602)等多部著名的炼金文集,并且,第一部炼金术辞典也在当时日益显现的对全面调研与整合的需求下应运而生。值得一提的是,炼金术的内涵在16世纪得到了扩充,它不再关注

① 尽管《兄弟会传说》印本最早出现于1614年,它最初曾作为附录附载于博卡里尼《帕纳塞斯声明》的“声明77”的第一卷中,标题为“全世界范围的普遍统一改革”。参看普莱斯(F. N. Pryce)的研究性介绍:*Fame and Cofession of the Fraternity of R:C:*,Kessinger Publishing,1-56459-257-X。

② Gorceix,Bernard,*Alchimie*,Paris,Fayard,1980.

于生产黄金；相反，炼金术文献与专著表现出了强烈的精神学说取向，强调某种医学方面的应用，并自诩为一种“大一统科学”(science unificatrice)。炼金术寻求拓展，它进而思索有关创世历史和悲剧起源(cosmogonie tragique)问题，其中所谓的“悲剧起源”不仅导致了人类的堕落(la chute)，更导致了自然(nature)的堕落。因此，炼金术士不仅是协助人类精神状况的重生的医师，他们也是自然的医师，因为通过完善而调理自然是他们的永恒使命。新形态的炼金术中，共生(co-naissance)、重生(re-naissance)和自然紧密相连。①

帕纳克尔苏斯

霍恩海姆(Theophrastus Philippus Aureolus Bombastus von Hohenheim，1493—1541)，自封帕纳克尔苏斯(Paracelsus，[译按]意为超越古罗马名医克尔苏斯)，此人可谓科学史长河中最为特立独行的一位。他的著作对所处时代的所有知识付诸实用产生了巨大的推动作用。他深入钻研了占星学、炼金术、魔法和民间传统。② 作为一位医师，他反对至高无上的盖伦(Galen)的观点，因其医术已丧失有效性。帕纳克尔苏斯在《奇妙医书》(*Volumen medicinæ paramirum*)[47]和《奇妙文选》(*Opus Paramirum*)两部著作中揭示了一种全新医术的基础。人体作为微观宇宙的理论在爱尔兰神学家、新柏拉图主义哲人爱留根纳的泛神论里中已为人所知，而在帕纳克尔苏斯处它的意义更为明确。对他来说，哲学是对“隐匿自然”的发现。他相信神同时通过经文与自然向我们言说，这

---

① 原文括号中的内容：“自然”(nature)一词来自拉丁语“natura”，它是“nascor”的未来分词，意为“被生出”(naître)。

② Pagel，Walter，*Paracelse*，*introduction à la philosophie de la Renaissance*，Paris，Arthaud，1963；Braun，Lucien，*Paracelse*，Geneva，Slatkine，1995.

是自然最本质的功能，虚心凝视这本自然之书（le Livre de la Nature）是明智之举。根据帕纳克尔苏斯，自然因无所知觉而尚不完全，故人类的作用就是在光中揭示自然。自然启示或许会在人类中显现，因人乃为成己圆满而生。炼金术士在寻求对自然法则的理解中，参与了一场与创世者的对话。通过这种交换，自然的隐藏之光显现并且照亮人类。而后者若没有准备、没有重生，则无法到达这一结果。正如艾迪霍弗（Roland Edighoffer）所指出的，帕纳克尔苏斯1533年的著作《重生与赞美肉身之书》（*Liber de resurrectione et corporum glorificatione*）以一种特别的方式论述了人的炼成（transmutation）。他一而再再而三地（6页内17次）将十字架和玫瑰的符号组合起来，并将它们与炼金术中的嬗变和重生进行联系。帕纳克尔苏斯写道：

> 烈火淬真金。故而重生之时，不纯的将从纯净中剔离，新的躯体将会诞生，它有更甚于太阳的辉煌，它就叫作荣耀之躯。
>
> ［基督的重生］是我们的形象，我们将借由基督，在基督内复活，正如玫瑰，由相似的种子再度生长。①

帕纳克尔苏斯其人深不可测，而我们着重指出他一方面的思想，是因为其与《兄弟会传说》和《兄弟会自白》之间的关系。

赫耳墨斯之死

文艺复兴人本主义语境之下，宗教、哲学与传统间的相互宽容，这一观念诞生的背后，有着几大文明传统的贡献。［48］库萨的尼古

① Edighoffer, Roland, "La Rose - Croix au XVIIe siècle," *Les Cahiers du G. E. S. C.*, Paris, Archè, 1993, p. 108.

拉在1439的佛罗伦萨大公会议上对如此观念提出了构想。此后，皮科也为这些相异传统寻求调和。另一些人则在这条道路上走得更远，柏拉图主义的拥护者帕特里齐（Francesco Patrizi，1529—1597）探讨过一种统一哲学（philosophie universelle）、一种所谓"泛智论（Pansophia）"，他在《统一哲学新论》（*Nova de Universis Philosophia*，1591）中不无唐突地要求教宗额我略十四世（pape Grégoire XIV）在教会学校中教授赫耳墨斯秘教，用以实现建立一门真正的宗教。令人叹惋的是，这种前卫的观念在那种政治宗教的背景之下只能饱受打压，更何况当时已有过一段时期的宗教禁锢。此后，16世纪爆发的宗教战争最终浇灭了赫耳墨斯神秘学说的发展势头。

另一个当时常被人忽略的因素不久之后促使人们进一步讨论"埃及遗产"问题。古典学者卡索邦（Isaac Casaubon，1559—1614）于1614年写成《信仰与教会十六卷书》（*De rebus sacris et ecclesiasticis exercitationes XVI*），书中论及《赫耳墨斯集》既非源自埃及，亦非三倍伟大者赫耳墨斯所撰，而是早期基督教徒在2世纪的一部著作。这一分析严重削弱了该时代苦心奠基的内传传统，但它并不能抹杀这一知识向西方传播的事实，也不能抹杀自遥远的古代而来的长青哲学，以及埃及屹立于这"光之东方（Orient des Lumières）"中央的事实。尽管如此，构成今日西方内传论大厦的基石：炼金术、占星术、魔法、卡巴拉、奥秘数学、占卜等，都在文艺复兴中奠立。值得注意的是，在卡索邦对赫耳墨斯秘教文本发表见解的同一年，第一部玫瑰十字会宣言《兄弟会传说》公之于世，它成了西方内传论新的起源。罗森克鲁茨继位三倍伟大者赫耳墨斯，而埃及则从舞台淡出，不过，日后它仍将归来，且听后章分解。

魏格尔(Valentin Weigel)《宇宙研究》(*Studium universal*,1695)

第三章　欧洲观念危机

世界没有周场(circonférence)。它如果有中心,则必有周场,故而有自身的起始和终结,并因为一些别的东西而受限。

——库萨的尼古拉《无知之理》(1440)

[53]为追溯玫瑰十字会运动的起源,我们开始逐步对西方内传论的根基和源头发问。我们现在将要考察什么样的土地能让玫瑰盛开在十字架上。这个时代见证了玫瑰十字会运动的繁荣,我们有必要为它勾勒一幅画卷,以便我们理解玫瑰十字会宣言那异乎寻常的影响。17 世纪初,欧洲已面目全非,我们常用"欧洲观念的危机"来描述这一情形。法国哲学家科瓦雷(Alexandre Koyré,1892—1964)谈到这一问题时说:"在这一时期,欧洲精神界经历或者完成了一场意义深远的精神革命(révolution spirituelle),它改变了我们的思维基础乃至框架。"[①]我们提出这一问题,是想指出玫瑰十字会在欧洲历史中独一无二的作用,以及玫瑰十字会的文本如何出现,又如何为这一时代所遭遇的危机提供一个可能的答案。[②]

无限宇宙

诚哉,新宇宙论的发展与 17 世纪凸显的政治与宗教剧变绝非

---

① *Du monde clos à l'univers infini*, Paris, Gallimard, 1973, p. 9.

② 艾迪霍弗早先曾提及这一观点,见 *Les Rose - Croix et la crise de la conscience européenne au XVIIe siècle*, Paris, Dervy, 1998. 本章许多要素出自该书。

毫无关联。太阳中心体系理念(日心说)复活,并为哥白尼及其于1543年问世的著作《天体运行论》(*De revolutionibus orbium coelestium*)所光大。[①] 它不仅彻底否定了当时仍占统治地位的托勒密地球中心论(地心说),更挑战了宗教的正统立场。封闭的世界图景被无限宇宙所取代,[54]地球与人类不再处于其中心。同时,托勒密用于解释行星运动的本轮说(la théorie des épicycles)亦被摧毁。《兄弟会自白》将这一无效理论讥为"徒劳的周心圆和偏离的天文圆轨"。

世界的新视角导致了三种立场鼎立。其一即上述之现状。其二,伽利略(Galilée,1564—1642)奠基了一种新的科学态度,并为宇宙提供了一种合理视角,它将世界降低至几何学层面。根据荷兰最近的一项发现,伽利略曾经建造过一台可以将数学与观测相结合的望远镜。可以想见教会面对他那背离《圣经》的世界视角时的态度。教士们谴责哥白尼天文体系,而伽利略也被迫放弃这些理论。这起事件反映了当时宗教与科学界之间的裂隙,并为盲目的教条崇拜摧毁科学诉求的漫长时期拉开了序幕。诸如布鲁诺、伽利略等人饱受敌意的冲击。

开普勒(Johannes Kepler,1571—1630)开创了第三种立场。这位伽利略的同时代人曾在鲁道夫二世的布拉格宫廷任第谷(Tycho Brahe)的助手。开普勒宇宙观的不同之处,在于它将日心说与文艺复兴的赫耳墨斯神秘学说结合。在《宇宙的奥秘》(*Mysterium Cosmographicum*,1596)中,他将太阳置于世界灵(l'Âme du Monde)的中心,而世界灵又是星灵(l'âme des planètes)行动的源头。而在不久之后的1606年,开普勒的想法又有变化,他认为把这一说法中的

---

① 在古印度的吠陀梵语文献中曾发现过日心体系说及假设宇宙是一个整体的学说(前9—前8世纪),很久之后印度天文学家阿里亚哈塔(Aryabhata,476—550)曾提出过日心模型。提出相似说法还有古希腊的阿利斯塔克(Aristarchus of Samos,约前270)。

“灵”换成“力量”会更为恰切。这一更改也引发了他与弗拉德的那场著名的论战。

这种新宇宙视角促使阿勃德拉的德谟克利特的说法复苏,他最早提出了宇宙在一个真空中运行的概念。尽管在亚里士多德时代,此说被认为无甚价值,而在16世纪,人们却对它报以全然不同的眼光。这一理论挑战到了神的全能,故在此时更具争议。[①]无疑,正因如此,[55]《兄弟会传说》直陈:“真空存在于无处。”所有这些要素改变了人们与宇宙的关系。如今,神秘的面纱掀起,人们将宇宙视作由齿轮组合而成的巨大机器,并能够通过理智对它进行探讨。

世界的目录

陆地世界情况也是如此,它的界限在1492年美洲的发现及1498年印度航线的开辟中得到拓展。这些航海活动催生出了第一批伟大的世界地图,如敏斯特(Sebastian Münster)的《世界志》(*Cosmographie*)等。该著出版于1544年,甫一问世便取得成功。初版于1578年的麦卡托(Kremer Gerhard Mercator)的《地图集》(*Atlas*)亦负有盛名。16世纪,第一本列举了诸多世界自然财富的“目录”问世。瑞士人康拉德(Conrad Gesner)、博洛尼亚(Bologna)的阿尔德罗万迪(Ulisse Aldrovandi)、法国人贝隆(Pierre Belon)、蒙彼利埃(Montpellier)的朗德勒(Guillaume Rondelet)、斯特拉斯堡(Strasbourg)的布隆费尔斯(Otto Brunfels)和图宾根(Tübingen)的福克斯(Leonhart Fuchs)都是这一运动的代表人物。这个时代,欧洲的王公也热爱收集大自然的奇珍,因而藏有各种异宝的“奇珍阁”(carbinets de curiosités)颇具地位。在这方面,鲁道夫二世就对此类奇玩

---

① Perfetti, Amalia and Blay, Michel, “Vide/Plein”, *La Science classique*, Paris, Flammarion, 1998, pp. 664 -669.

的收藏与其或许存在的魔力之间的联系极为热衷。[①]

解剖之人

人们看宏观世界在变，看微观世界也在变。1543 年，哥白尼《天体运行论》出版同年，医学史上的一本地位举足轻重的著作，维萨里（Andreas Vesalius，1514—1564）的《人体的构造》（*De humani corporis fabrica*，1543）出版。这部人类解剖的滥觞之作批判了盖伦的观点，而后者长期以来被认为是医学领域的至高权威。另外一个强烈影响了医学演进过程的文本来自帕纳克尔苏斯。自 1560 年起，胡泽（Johann Huser）就开始对这位医学先驱的手稿进行编撰，最终结为十卷（1589—1591）。[56] 同样对医学进步起到推动作用的还有显微镜，荷兰米德尔堡的眼镜商詹森（Zacharias Janssen）发明了它，这一贡献有时也归给德雷贝尔（Cornelis Drebbel）等人。不久之后，1628 年，哈维（William Harvey，1578—1657）的《心血运动论》（*Exercitationes academicde motu cordis et sanguinis*，1649）出版，这位“医学界的哥白尼”在本书中宣告了血液循环的发现。

以上所有因素都改变着人类对于宇宙的观点。他们不再思考被一位复仇之神放逐这样的创世神秘，也不需借助神学来理解这个世界。人们发现，计算和对统治创世万物的力学的掌握让他们变成自然的拥有者和主宰。

宗教改革

科学日新月异，宗教则有覆巢之危。这一状况并非前所未有，

---

① Béhar，Pierre，*Les Langues occultes de la Renaissance*，Paris，Desjonquères，1996，pp. 163 – 198.

1378 年，基督教就已经历过西方教会大分裂（schisme d'Occident），当时一群充满野心的枢机主教选出二位教宗，一位是在法国阿维农（Avignon）的克雷门七世（Clément VII），另外一位是在罗马的乌尔巴诺六世（Urbain VI），他们彼此对立，并互将对方开除出教籍。对立教宗的尴尬局面直至 1417 年才终结。此外，印刷术的发明使得观点的互通愈发便利，启蒙运动的人文主义思潮也让西方通向它多样的精神渊源。这些条件使得思想家们能够表达出他们对于自己宗教信仰的反思，他们齐声质疑基督教以一种过分专注世俗事务的方式"完成职务"。

打着福音精神回归的旗号，宗教改革再一次将西方教会的统一局面打破。1517 年，德国神学家路德（Luther）将《九十五条论纲》张贴于维腾贝格（Wittenberg）城堡教堂门口，公开谴责赎罪券交易及罗马教廷大兴土木。宗教改革家申明，救赎是由信仰而来的恩典，而非出自行为，他们还提出，《圣经》的权威性应位于人类制订的教条之上。[57]路德还指责教会使人沉湎于迷信。数年之后，亨利八世（Henri VIII）统治下的英国，便利用天时地利，与罗马教廷分道扬镳（1532）。

起　义

宗教改革不幸引起了许多偏激后果。改革如何实现很快引起争论。1522 年到 1523 年，许多德国贵族希望传播他们新的"真正信仰"并因此参加武装起义以反抗他们的上层。此后不久的 1524 年至 1526 年，农夫们同样揭竿而起，德国农民战争爆发。认为王公贵族阻挡了人们通向福音之路的想法，以及重建真正信仰的使命感，使得他们毫不留情地屠杀异己。由此可见，宗教改革引发了动摇神圣罗马帝国平衡的无数政治问题。1556 年以后，查理五世（Charles V）身后登基的皇帝们在宗教宽容（鲁道夫二世）和公教不妥协（intransigeance catholique，哈布斯堡的斐迪南二世［Ferdinanol II de Habsbourg])之间摇摆不定。最后,1618 年发生了人们津津乐道的“布拉格扔出窗外事件”,两名帝国议员被信新教的波希米亚贵族扔出布拉格城堡窗外,以此事件为导火索,德国被拖入了三十年战争,其间德国半数人口消失。

反宗教改革

天主教廷以反宗教改革(la Contre - Réforme)回应新教的批评,这一举措在脱利腾大公会议(concile de Trente,1545—1563)上宣布实施。该大公会议强调严整纪律,宗教裁判所(l'Inquisition)应运而生,此为教廷宗座信理部(crée la congrégation de l'Index)创立之始([译按]据史实对原文稍作修改),它是一个负责出版禁书目录业务的部门,这项工作直到 1966 年才终止。无数文艺复兴时期的内传论及科学著作即位列此目。此类情况无疑迫使内传论的专门作者走向秘密结社,与局外人息交绝游。

宗教战争

[58]1554 年的宗教事务协调及次年的奥格斯堡和约(la paix d'Augsbourg)使得德国再次获得一阵短暂的和平,然而法国却燃起了战火。1562 年,瓦西(Vassy)发生了针对法国新教徒的屠杀,法国宗教战争爆发。1572 年的圣巴尔多禄茂日大屠杀(Suit la Saint - Barthélémy)标志着天主教与新教势力之间的决定性转变。两边阵营都进入守势:天主教徒结成神圣同盟(la Sainte Ligue)与加尔文教徒战斗;而另外一方,全欧洲的新教贵族联合起来与之对立。法国最终在亨利四世(Henri IV)的敕令下回归和平。亨利四世于 1594 年 2 月登基,全欧洲寄予厚望,认为他能够让所有基督教会共融,布鲁诺即其中之一,他曾寄希望于法王亨利三世,如今则认为亨利四

世是时候了,康帕内拉与他抱持同样的想法。[1]

当时的书面舆论说明了这种状况,人们将亨利四世描述为"新的大卫""古代先知"之王,并认为他能够在基督复临之前恢复基督教会的统一。[2] 作为以上说法的例证,亨利曾尝试建立一个新教贵族的联盟。1610 年,亨利四世遇刺身亡让这一希望走向破灭。1612 年博卡里尼的著作《帕纳塞斯声明》就记录了欧洲遭受蹂躏的痛苦。该著作讽刺哈布斯堡王朝所建立的天主教霸权,而以亨利四世为真正的英雄。作者对这一引领欧洲走向和平的普遍改革的确实契机感到幻灭。在博卡里尼的著作中,题为"全世界的普遍改革"(Réforme générale du monde entier)一章的内容,出现在《兄弟会传说》第一、二版(参见第二章)的卷首绝非偶然。

《效法基督》

同一时代的欧洲,自 12 世纪开始的对新型灵魂论的尝试终获硕果,[59]其中包括如自由之灵兄弟会(Frères du Libre Esprit)、上主之友(Amis de Dieu)、伯格音派和伯格哈派(les Béguines et les Bégards,[译按]伯格音派,比法德等地自发性贞女运动;伯格哈派,荷兰男性平信徒运动)等团体。它们的教师包括埃克哈特大师、陶勒(Johannes Tauler)、苏索(Heinrich Suso)以及卢布鲁克(Jan van Ruysbroeck)等一些从事哲学过程和内心探索的有关人物。现代虔信派(LaDevotio moderna,又称平信徒灵修运动)是 14 世纪末在低地国家兴起的一项运动,它力图强调虔诚和内在禁欲主义,在德国也有发展。这一灵修运动的珠玑可见于 17 世纪玫瑰十字会极尊崇的

---

① Yates, Frances Amelia, *Giordano Bruno et la tradition hermétique*, Paris, Dervy, 1996, pp. 401 – 408, 425, 458.

② Wanegffelen, Thierry, *L'Édit de Nantes*, Paris, Le Livre de Poche, 1998, pp. 106 – 108.

一部书籍,即肯培(Thomas à Kempis,1380—1471)所著《效法基督》(*Imitation of Christ*,有黄培永中译本),该书第一部分曾以拉丁文匿名出版(1418)。

神秘婚姻

新型灵魂论的推进之中,特别是在新教运动里,有三个持久响亮的名字我们必须提及。第一,神秘主义作家魏格尔(Valentin Weigel,1533—1588),他对所处时代几种思潮有着特别的关注,以至于他力求将其同一化,其中如源于埃克哈特大师族系的,源于帕纳克尔苏斯魔法炼金术运动的,或来自基督教改革家士文克斐尔(Kaspar von Schwenckfeld,1490—1561)以及宗教作家弗朗克(Sebastian Frank)的。他宣扬一种充分主观化的宗教方法,着力于内在的变形与再生。他引申古谚"认识你自己"而开发出一套知识理论。[1] 第二位是路德派牧师尼可莱(Philip Nicolaï,1556—1608),"新虔敬派(nouvelle piété)"的先锋人物。他强调神秘婚姻(noces mystiques)外衣下的再生进程。在他有关冥想的著作中,《喜乐之镜》(*Freudenspiegel /Le Miroir des joies de la vie éternelle*, 1599)阐述了这种再生的七个阶段。为玫瑰十字会的公开和宣传起到重大作用的安德雷(Johann Valentin Andreae,1586—1654)深受其影响。第三位人物则更值得关注,他就是阿恩特(Johann Arndt),公认的德国虔信派(piétisme allemand,*see* ch. 15)先行者。他的著作《真基督教》(*Le Vrai Christianisme*)发行逾三十版,取得巨大成功。昆拉特(Heinrich Khunrath)的《永恒智慧讲坛》(*Amphitheatrum Sapientiœ Æternœ/de l'amphithéâtre de la Sagesse éternelle*)曾说道这位神学家是一位炼金术士。其著作中关于"自然之书"的一些节录,几乎逐字逐句地出

---

① Koyré, Alexandre, "Un mystique protestant, V. Weigel", *Mystiques, spirituels, alchimistes du XVIe siècle allemand*, Paris, Gallimard, 1971, chap. IV.

现在玫瑰十字会宣言之中。与前述两位相似,阿恩特特别强调重生的迫切性。安德雷则认为阿恩特是他的精神之父。

[60]显而易见,16 世纪的宗教状况非常火爆。新教发展了三代,其自身的疑问开始显现,新教教义也在其证明自身地位的尝试中,堕入了天主教先前同样遇到过的一种神学的过纵。宗教改革家们开始追问,他们是否要进行第二次宗教改革。

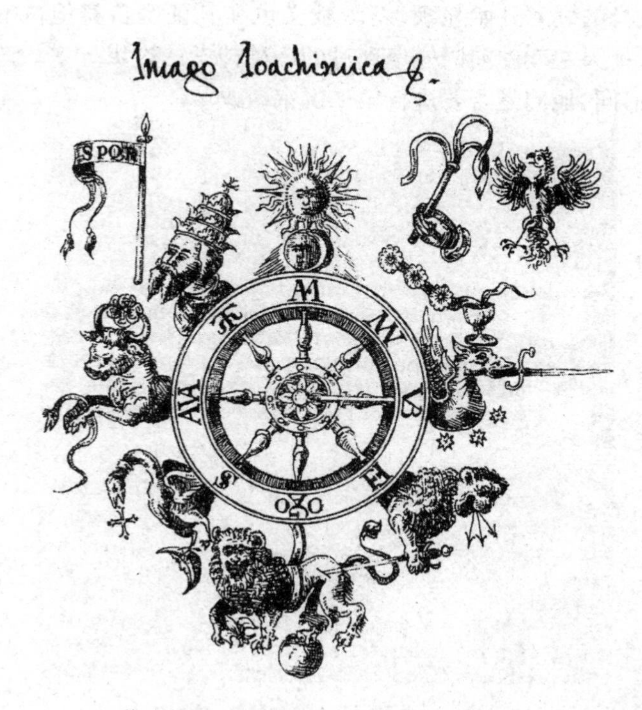

莱德林所作施图迪翁《瑙美特里亚》插画

（斯图加特图书馆藏1604年稿本，第179页）

第四章 《瑙美特里亚》与圣灵时代

看哪，耶和华大而可畏之日未到以前，我必差遣先知以利亚到你们那里去。他必使父亲的心转向儿女，儿女的心转向父亲，免得我来咒诅遍地。

——《圣经》玛拉基亚先知书(5 世纪)

[63]17 世纪初，受极端气候条件影响，德国饱受饥荒和瘟疫之苦。1603 年，木星拱土星，并三连会合(en trigone)，这在星占学上属吉兆。此次会合发生区域为白羊、狮子、射手火象星座三分主星(triplicité)。① 人们认为将会有好事发生。第二年，一颗新星(超新星)在同一三分主星出现。开普勒在其献给神圣罗马帝国皇帝鲁道夫二世的《超新星及其与火象星座三分主星的重合》(*De Stella nova et coincidente principio Trigoni ignei*，1606，布拉格)中预言了眼下即将发生的政治与宗教的巨变。他将这颗新星的出现和一位新的宗教运动的发动者的诞生画上了等号，而此人的目的将会是调和交战中的基督教各教派。这位人物还会发起一场"理性改革"。提及这一事件，

---

① 拱：呈 120°角。三连会合：于南北方向接近并列，一年内发生三次。三分主星：三个同元素星座为一组的三角关系。火象星座三分主星：又称火象三角星座(Fiery Trigon)，指在占星学中属火象的白羊、狮子、射手三星座，其他元素也有其对应的三角星座。按：土星与木星相合(conjunction，即位置接近)或者两星对齐(alignment)每 20 年发生一次，并会在 200 年后移动到下一个三角星座。人们习惯上将这一天文现象与重大历史事件、政治宗教革新或剧变联系起来。而这个特定时期，火星也与之近距相接，形成一个三角相合，对星占学家来说，这兆示着地上将会发生非比寻常之事。

第二份玫瑰十字会宣言《兄弟会自白》暗示，上主已给过我们证据：

> 贤明的人，在蛇夫与天鹅（星座）中，一些新星将会出现并被人看见，它们显现自身并给人们预示，它们是重大事件的有力讯号。①

1604 到 1605 年出现在空中的新星激发了人们的想象，也维持了千年王国（millénariste）的氛围，特别是在宣扬末世到来的预言横飞，因而显得尤其敏感的新教世界。路德本人在他的《世界年历》（*Supputatio annorum mundi*，1540）中回忆[64]“以利亚的预言”。它基于《旧约》最末处先知玛拉基亚（Malachie）的话语：

> 看哪，耶和华大而可畏之日未到以前，我必差遣先知以利亚到你们那里去。他必使父亲的心转向儿女，儿女的心转向父亲，免得我来咒诅遍地。（玛拉基亚书 3:23 –24）

在新约中（默示录 11:3 –6），圣约翰（St. John）也宣告在终末之时以利亚归来，作为基督身边的两位证人之一。这位乘着火焰战车上升天国的先知将要归来，为上主预备子民（列王纪下 2:1 –13）。《塔木德》也包含某几条玛拉基亚预言的引申，特别是根据玛拉基亚所说，宇宙将要持续 6000 年的观念，而在千年王国的标记结束后，终末将会到来。

文艺复兴时期的卡巴拉主义者将这一观念带回到人们的视野，他们的心血都放在了计算出那个决定命运的日子。法国卡巴拉主义者波斯泰尔（Guillaume Postel）相信，世界末日会在 1543 年迫近。皮科也利用以利亚的预言，宣称 1583 年将会是“全能上主之年”（l'année pantocratique）。而对于路德而言，1532 年刚好对应了创世后第 5640 年。《兄弟会自白》参考了这则预言，称其为“第六盏烛

---

① 在此之前，天文学家第谷曾于 1572 年观测到仙后座超新星爆发。《兄弟会自白》提到了第三大的 1601 年天鹅座新星和 1604 年的蛇夫座超新星。而最后的这颗在上文提到的三角星座亮起，并与土星、木星、火星三星相合同时发生，这使得星占学的预言得到极大的加强。

台的下一次点燃”,也就是说,决定命运的六千年时限已近之事。德国再洗礼派先知霍夫曼(Melchio Hoffman)也预言,1533 年将会是千禧年的开端,而王国过后,世界将会走向尽头。

17 世纪,很多人专务此种时间猜测。在此之中,施图迪翁(Simon Studion,1543—1605)卓然不同。他创作了大量“天启作品”,名之《瑙美特里亚》(*Naometria*),他将自己的毕生所思投入其中,经年累月地写作,也未能全部完成。《瑙美特里亚》极为重要,首先,作者写该书时身处符腾堡(Württemberg),彼时彼地,玫瑰十字会出现在了公众视野中;第二,他所解释的某些观念在此后的《兄弟会传说》和《兄弟会自白》上也会出现。还有一些奇妙的巧合:[65]罗森克鲁茨的墓穴具象征意义地开启的日期,正好与《瑙美特里亚》的出版同为 1604 年。这让一些历史学家将施图迪翁的作品视为玫瑰十字会的著作。瓦伊特(Arthur Edward Waite)在《玫瑰十字会的真实历史》(*The Real History of the Rosicrucians*,1887)一书中将玫瑰十字会运动视为施图迪翁在《瑙美特里亚》中提及的十字花福音军团(Militia Crucifera Evangelica)运动的延续,不过他后来放弃了这一假说。

西蒙·施图迪翁

西蒙的父亲雅各布(Jacob Studion)是符腾堡公爵的斯图加特(Stuttgart)宫廷里的一位厨师。[1] 与大部分 17 世纪的玫瑰十字会运

---

[1] “西蒙·施图迪翁教师,拉丁诗人,历史学家,考古学家和天启学者(1543—1605)。” *Schwäbische Lebensbilder*, im Auftrag der Kommission für geschichtliche Landeskunde in Baden - Württemberg herausgegeben von Max Miller und Robert Uhland. 6. Band mit 20 Bildtafeln, W. Kohlhammer Verlag Stuttgart 1957. (“Maître Simon Studion, poète latin, historien, archéologue et apocalyptien”, *Images de la viesouabe*, à la demande de la Commission pour la connaissance historique du Pays de Bade - Wurtemberg; édité par Max Miller et Robert Uhland, Vol. VI, Stuttgart, W. Kohlhammer, 1957).

动参与者一样,西蒙在符腾堡享有盛誉的顶尖学府图宾根大学学习。自1561年,他在那里学习了神学,并在海兰德(Samuel Heyland)的影响下对数学产生了浓厚的兴趣。这位著名的天文学家、占星学家带领他的学生进入了数字的科学之中,对他而言这是发掘创世奥秘的一种方式。施图迪翁曾想做一名牧师,然而在1565年他因口吃而放弃初志。1572年,他最终成了马尔巴赫(Marbach)拉丁学校的一名教师,那是一个离斯图加特不远的小镇。

这一阶段他展示出了自己的诗作才华,他为路德派神学家布伦茨(Johann Brenz,1499—1570)所作的葬礼挽歌令他小有名气。施图迪翁最重要的诗作是一首一万多个六音步诗行的拉丁文长诗,为致1575年11月符腾堡公爵路德维希三世(Ludwig III)大婚所作。这首诗作中有一些有关符腾堡贵胄世系研究的内容,展现出了他史学学者的一面。自此以后,他不仅有诗名,更被人视作历史学家和考古学先行者。符腾堡的考古学家都将他认作罗马考古学(l'archéologie romaine)之父。直至今日,斯图加特所收藏的罗马古董仍令人称奇,它们大部分便是施图迪翁在本宁根(Benningen)发掘出来的。他观察古物很有一套,[66]而这项研究则令他设计了一系列理论,使他能够计算出历史中的秘密循环。他将这些思考都写在了《瑙美特里亚》里。

单词"瑙美特里亚"出自希腊语,意为"神庙的测量"或"神庙测量术"。在前言部分,施图迪翁解释道,该书是关于"以权杖/测量竿之助,测量天主的圣殿和祭坛,清点殿内朝拜者([译按]默示录11:1)的技艺"。施图迪翁所指的是哪座圣殿?就是先知厄则克耳(Ezekiel)所宣告的那座圣殿,它将在终末之时显现以集结选民(厄则克耳40至43章)。

圣约翰宗徒在《默示录》中也曾提及这座圣殿。与厄则克耳类似,约翰描述了他穿行天国所看到的景象。在那里,他看到天主坐在王位,被天上的宝座所环绕,手中拿着七印密封的书卷。一只羔羊逐一打开七印,异象随之而来。六声号角之后,预言家要说出预言,他得到了一支芦苇秆,用来测量天主的新圣殿。

在《瑙美特里亚》中,施图迪翁重写了这一奇幻的篇章,并且针对他的时代进行了一些改编。《默示录》中测量圣殿的预言家,得到了两位做先知的证人共1260天的协助。他们就像立在大地的主宰(le Maître de la Terre)前的两座灯台(默示录11:3)。即便这二位没有显名,传统上都认为他们是摩西和以利亚。在《瑙美特里亚》中,施图迪翁也讲述了两位见证人在审判之时刻担任先知。其一为路德,他肩负着让基督教重回正轨的使命;其二则可能就是施图迪翁本人。甚至,也许他就是《圣经》上所载的"身穿细麻衣的人"(厄则克耳9:4、默示录7:2-3),[67]环镇而行,为了寻溯最终审判的获救者大门上的十字号。《瑙美特里亚》中称之为负十字记号者(Cruce Signati),即以十字架号标记的人们。他们在福音军团(Militia Evangelica)内集结一道,为"圣灵时代"(l'ère du Saint-Esprit)预备道路。如果施图迪翁参考了这座圣殿,那是因为他预计终末的时刻近了,《默示录》所提及的时间马上就要来临,新的纪元就要到了,那便是"圣灵时代"。

圣灵时代

在16世纪,"圣灵时代"的整个主题是流行文化的一部分,如同今日我们流行"水瓶时代"一样,因此施图迪翁不断地提到它我们也不必惊讶。相信圣灵时代即将到来在当时是一种广泛的信念。这一观念在玫瑰十字会的宣言之中也可以看到。这是一位意大利僧侣、神学家约阿希姆发明的世界历史三时代相继理论。第一个时代是父(Père)的时代,以亚当为发端;其后为子(Fils)的时代,以耶稣基督为发端;最后则是圣灵时代,意味着终末。他把三个时代各系于一种花卉。他用荨麻(l'ortie)来表示父的时代,因为在此时代人们活在恐惧之中。第二个时代,他用玫瑰(rose)表示,象征着让人获得自由的基督精神。最后的圣灵时代他则用百合(lys)表示,这是通过人与天主修好，而成就爱德（charité）的时代。

据约阿希姆所说，最后一个时代将会在1260年开始。他所使用的这一年份，来自达尼尔（Daniel）先知所宣告的王国的统治只会持续“半段时期”（达尼尔7:25）。这句表达一般解释为三年半或者42个月，也就是1260天。我们在《默示录》中也会看到这个数字。约阿希姆将这数字解读为年份，他认为1260年将会是更新、更纯洁的教会出现并取代圣伯多禄（St. Peter）所建教会的标志。[68]据他所言，这个新宗教将会是修道院式的、神秘主义的，由高尚隐修士的修会（l'ordre des Boni Eremitœ）领导。

尽管态度大胆而鲜明，约阿希姆却不担心会受到异端指控，这位满腹经纶的神学家与几位教宗有过交情。然而，在1215年，也就是他死后10多年，第四届拉特朗（Latran）大公会议谴责他的想法太过颠覆。① 尽管如此，他的三个时代的理论一直非常流行，直至17世纪亦如此，因而《瑙美特里亚》中有这一观念也就不足为奇。施图迪翁的作品为我们再现了《约阿希姆教士的预言或预测》（*Vaticinia sive prophetiœ Abbatis Joachimi*）的一些画面，该书为1589年出版的约阿希姆预言选集。

《瑙美特里亚》的副标题表示它是“因圣灵的恩典，与天主的教会中所有时代及其状态的显现有关的神圣秘密知识的导论”。作者醉心于以数字周期为基础的学术运算，并得以算出1260年这一周期。他安排了与人类历史上重大事件的日期并行的大量场景。他尝试告诉人们1620年将会是敌基督者统治的终末，也将会是教宗制度和伊斯兰教的倾覆。他认为救世时刻（les temps messianiques）将会始于1623年，并暗示到了那时对天主存有真信仰的人将会成

---

① 有关约阿希姆，参 Henri deLubac, *La Postérité spirituelle de Joachim de Flore*, Paris, Lethielleux, 1978 and Mottu, Henri, *La Manifestation de l'Esprit selon Joachim de Flore, herméneutique et théologie de l'histoire d'après le Traité sur les quatre Évangiles*, Paris, Delachaux et Niestle, 1977。

为完全重生宗教的一员，他们将会在新的圣殿里集结。他的手稿包含了大量有关正方形圣殿测量问题的猜测。他根据《厄则克耳先知书》（厄则克耳 40 - 44）给出了这座圣殿不同部分的画稿。在图宾根，施图迪翁并非冥想这座由先知预言的圣殿的唯一一人。[69]另一位与玫瑰十字会的出现有涉的人物安德雷，帮助他的导师神学家哈芬瑞弗（Matthias Haffenreffer）研究过这一课题。

施图迪翁在《瑙美特里亚》中表示，1586 年的 7 月，一场秘密会议在吕内堡（Lüneburg，今下萨克森州首府汉诺威）召开。这场会议的参加者中有一些德国新教贵族，还有法王亨利四世、丹麦国王弗雷德里克二世（Frederick II，其女嫁于英王詹姆士一世）和英国女王伊丽莎白一世（Elizabeth I）的代表。他们的初期目标是要建立一个福音派阵线联盟，即十字花福音军团（Crucifera Militia Evangelica，亦作福音军团），他们感到帝国天主教联盟利用基督教为自己的行为辩护的有害行为，便对此予以反击。福音军团将可能是即将到来的新时代的先驱。施图迪翁想在康斯坦茨（Constance）召开第二届会议（出于与吕内堡会议相同的动机），他认为这将会是第一次康斯坦茨大公会议（1414—1418）目标之延续，该次会议希求结束西方教会的分裂局面。施图迪翁希望，这次新的会议能够让基督教会统一在圣灵的宗教之中。

一些历史学家认为吕内堡会议是一次玫瑰十字会会议（参注 6）。然而这次会议真实存在吗？无人知晓。① 不过，当我们想到符

---

① 埃克尔曼（Susanna Åkerman）在威尼斯国家档案（Venetian State Papers）中找到了一份当时的报告，该报告系威尼斯驻布拉格外交官萨内（Mantheo Zane）写给威尼斯共和国总督及参议院的："这次吕内堡的新教贵族会谈破裂了，他们还无法发掘商讨内容的本质，据说他们坐在一起还不到三四个小时，其余时间则都在结伴作乐。他们说此次缺席的贵族将会在莱茵河畔的某个城市举办会议，以呼应吕内堡的这次会晤。" Letter no. 399，19th August 1586，p. 197 - 198。参本书英译本：Christian Rebisse，*Rosicrucian History and Mysteries*，Athenaeum Press，2003。

腾堡公爵在《瑙美特里亚》中的形象时，我们可以感到一个与新教贵族联盟关系紧密的寓言呼之欲出。而在若干年之后，1608 年，它也由符腾堡公爵真正地建立了起来。据施图迪翁所说，这一联盟在 1586 年初具雏形。

在伊丽莎白一世女王的指示下，莱斯特伯爵杜德利（Robert Dudley）促成了一些欧洲新教贵族间的联结，其目的便是创建一个新教联盟。杜德利继续了席德尼爵士（Sir Philip Sidney）所开始的工作，后者曾心怀相同目标，与鲁道夫二世皇帝会晤。另外，十年之后的 1597 年，法王亨利四世遣安塞尔（Guillaume Ancel）去往德国，尝试建立一个相同性质的联盟。此举目的是让亨利四世牵头这个团体，然而最终则由符腾堡公爵弗雷德里克一世接过了领导之职。值得注意的是，《瑙美特里亚》专门提到了三位统领：法王亨利四世、英王詹姆士一世和符腾堡公爵弗雷德里克一世。[70]据施图迪翁所说，符腾堡公爵在浩大的普遍改革中起到了关键作用，他也深信，符腾堡公国将在即将到来的新时代中占据领导地位。

《新瑙美特里亚》

施图迪翁注意到，符腾堡对于神秘科学很感兴趣，他是一名亲英人士，并与迪伊（John Dee）开展的英国新柏拉图主义运动保持往来。1596 年，施图迪翁把《瑙美特里亚》稿本赠送给公爵。然而公爵对于这本稿本中的神秘思想几乎没有任何兴趣，因为此时，他似乎在官员的忠告下开始不信神秘主义，加之他最近逮捕了炼金术士哈瑙尔（Georg Hanauer，次年四月处决），此人侮辱了他的所信之物。不过在此之后，《瑙美特里亚》稿本开始四处传阅，特别是在图宾根大学的学生中间。安德雷，以及他年长的友人兼助手海斯（Tobias Hess）就是在这里了解此书的（参见第六章）。不过，对《瑙美特里亚》感到痴迷的还另有其人，行宫伯爵路德维希（le comte palatinat Philippe Ludwig von Neubourg，1547—1614）渴望使该书付梓。为了这次印制出版,施图迪翁被迫彻底重写文本,于是1604年,该书第二版问世,更名“新瑙美特里亚”(*Naometria Nova*)。

该稿本全拉丁文出版,多达1790页。它专为欧洲的统治而设计,并附有对圣经经文的神秘主义学解说,以及关于见证基督复活的两位证人——纳塔乃耳(Nathanel,[译按]即宗徒圣巴尔多禄茂)和克罗帕(Cléophas,[译按]一般认为是大圣若瑟的兄弟,耶稣门徒之一)的讨论。该书以耶稣山中圣训的真福八端(马太福音第5章)结尾。全书由莱德林(Jakob Lederlin)作精美插画。书的末尾有布劳哈特(Johann Brauhart)谱曲的一首六音步赞美诗,[71]他为施图迪翁的《千钧一发诗》(*Vers sur le destin imminent du temps présent*)配上了音乐:①

仙女荣耀百合
狮子荣耀仙女
其余四周荣耀狮子
十字号将他们全都标记
仙女、百合以及狮子
以天主的助佑将要毁灭
太阳、月亮和奎里努斯之鸟
地球将把百合碾碎
大海碾碎狮子
护熊人与其盟友碾碎仙女

---

① 1993年11月,玫瑰十字国际大学(Rose - Croix University International,RCUI)的音乐部查看了这份未出版的音乐作品。1995年,他们成功地将这份乐谱转录为现代音符。这部作品于2000年8月巴黎召开的玫瑰十字大会(Rosicrucian Convention)的开幕式上,由古老神秘玫瑰十字修会(AMORC,Ancient Mystical Order Rosae Crusis)首次公开演奏。CD资料:*Liber Antiphonarius Rosae Crucis*, Vol. 4. produced by the Rosicrucian Order, AMORC。

施图迪翁自己表示,这首诗是用来庆祝百合、狮子和仙女的永恒友谊的,据推测它指的就是象征法国王室的百合、象征英国王室的狮子,和符腾堡的水中仙女(Nymphe)。[①] 文字的另一种理解也可以是,它象征着新教领导者弗雷德里克一世(狮子)追击哈布斯堡腐败的罗马天主教(鹰),以建立一个"百合花的时代",具有约阿希姆圣灵时代的特征。1993 年 11 月,玫瑰十字国际大学(Université Rose – Croix Internationale,URCI)在一张乐曲选集中注意到了这部从未发表过的作品。1995 年,玫瑰十字国际大学对这部作品进行了彻底的音乐学分析,并将其从古代手稿转写为现代乐谱。2000 年 8 月,这部作品在 AMORC 于巴黎召开的玫瑰十字大会开幕式上进行了演出。它还被收录在《玫瑰十字轮唱诗歌集》(*l'Antiphonaire de la Rose – Croix*)专辑的第四卷。

《瑙美特里亚》的文本从未修订过,这当然是因为施图迪翁在其最后一版问世第二年就去世了。[②] 那么他所宣称的 1620 大剧变怎么样了呢? 正如我们所知,最终的默示并没有来到,然而,正是那一年,德国进入了其有史以来最黑暗的一段时期。1620 年 11 月 8 日,[72]可怕的白山战役爆发了,皇家的天主教军队大败新教势力。哈布斯堡之鹰战胜了普法尔茨之狮,这也让欧洲深陷于那场灾难性的三十年战争(详见第九章)。

第三以利亚

如我们所见,那些翘首企盼终末时刻到来的人们频繁地提到以利亚这个名字。然而,经过帕纳克尔苏斯,这位先知之名以宗师以利亚(Élie Artiste/Helias Artista)的形象呈现出一个新的维度。帕纳克尔苏斯的著作《论矿物》(*De Mineralibus*)说到自然还隐藏着诸多

---

① Yates, *op. cit.*, p. 33 – 34.

② 施图迪翁的《瑙美特里亚》手稿现保存于斯图加特的符腾堡地方图书馆中。

秘密，而天主就要派遣某个人来解开所有的谜题。① 在《自然万事》(*Von den natürlichen Dingen*，1525)一书中他重申了这一观点。他说这个选中的人将以一位卓越的炼金术士的身份登场，此后，人们会称他为"伊莱亚斯"(Helias，[译按]即以利亚的拉丁转写)。另有一部著作《酊》(*De Tinctur*，1570)长期归名于帕纳克尔苏斯，实则该书在帕纳克尔苏斯死后三十多年才写成，这部书授予信使以利亚以"宗师"(Artista)的称号。于是宗师以利亚神话形成，这一神话在帕纳克尔苏斯的弟子之间，以及在玫瑰十字会宣言的第一批读者之间非常有名。

一些人在宗师以利亚的到来和约阿希姆宣称的第三时代——圣灵时代之间看出了某种联系。因此，在第一位以利亚荣升天国之后，第二位以利亚以洗者若翰(Jean Baptiste)的人格先于圣子到来(马太福音 11:14;12:10 - 12)。同样，第三时代——圣灵时代将会由以利亚的第三次显现作为开端。一些人认为帕纳克尔苏斯所宣称的宗师以利亚就是这个人。② 正如费弗尔告诉我们的，17 世纪初，人们提及宗师以利亚的次数成倍猛增。③

这一阶段最典型的著作是艾康纽斯(Raphael Eglin Iconius，1559—1622)的《以利亚真实性论证》(*Disquisitio De Helia Certum*，1606)。这位帕纳克尔苏斯主义者是黑森 - 卡塞尔方伯莫里茨(la cour de Mauricede Hesse - Kassel)[73]的宫廷神学家、炼金术专家，

---

① 此段另见引为："……在宗师伊莱亚斯到来前永远隐藏。" De Mineralibus，(tome. II, pp. 341 - 350.) [*sic*]，from Ambelain, Robert, *Templars and Rose Croix*，2005，p. 69。

② 宗师以利亚与圣经中的以利亚直接相关，在终末时刻，以利亚将与哈诺客(Enoch，即以诺)一道归来。From Sédir, Paul, *History and Doctrine of the Rose Croix*，2006，p. 14.

③ Faivre, Antoine, "Élie Artiste ou le Messie des Philosophes de la Nature", *Aries*, Vol. II, No 2 and Vol. III, No 1, Leiden et Boston, Brill Academia Publishers, 2002and 2003.

此人在《兄弟会传说》的出版过程中似起过一定作用。[①]《论证》中，他将宗师以利亚作为理想的炼金术士，还关联了一些标志着他来临的假定善行。艾康纽斯就是否应将他看作真实人类而提出疑问，抑或是他是作为“恒星影响”的象征，来开创新的黄金时代。

对于邬登霍芬(Utenhoven，今巴登-符腾堡州施韦比施哈尔县下辖玫瑰园自治市)的菲格拉斯(Benedictus Figulus)来说，天启的时刻已经到来，宗师以利亚的时代即将开始。这位炼金术士与图宾根萌芽中的玫瑰十字运动过从甚密，他在1608年的两本著作《奥林匹斯的新生玫瑰》(*Rosarium Novum Olympicum*)和《辞书》(*Thesaurinella*)中说道，他相信帕纳克尔苏斯所宣告的这一位已经来到世上，并将创立黄金的纪元。著名的帕纳克尔苏斯主义者、医师家克罗尔(Oswald Croll，1560—1609)是安哈尔特亲王克里斯蒂安(Christian d'Anhalt)的幕僚，他的著作《化学圣殿》(*Basilica Chemica*)断言，宗师以利亚，这位“恩典与自然之光”的修复者的到来，将会是第三时代——圣灵时代的标志。

我们所讨论的这些著作与《兄弟会传说》抄本传阅的年代处于同时。令人惊讶的是，尽管宗师以利亚在当时无处不提，这第一份玫瑰十字会宣言却并未引用到这个名字，这让我们怀疑，难道罗森克鲁茨真的不是宗师以利亚的简单变形吗？无论事实究竟如何，《兄弟会传说》抄本传阅若干年后，终于在1614年得以出版。而在第一版中插入的哈泽迈尔(Adam Haselmayer)的文书似乎带出了这种想法。文书作者将帕纳克尔苏斯所宣称的宗师以利亚与罗森克鲁茨的到来联系了起来。[②]

---

① Faivre, *ibid*.

② 哈泽迈尔如此回应兄弟会：“我们现在可以推断你们是上主所派来的人，你们要传播永恒的德奥弗拉斯特(帕纳克尔苏斯)的知识，以及以绝妙方式保存至今的神圣智慧知识；对于它的守护也许将一直持续到预言所告的宗师伊莱亚斯的时代。”Vaughan, *The Fame and Confession of the Fraternity of R: C:* (1652), edited by Pryce F. N., Kessinger Publishing, 1-56459-257-X, p. 60. 参本书英译本。

很多其他著作附议这一观点，如同时于1616年出版的布鲁修斯(Adam Bruxius)的《第三以利亚》(*Helias Tertius*)、梅德莱斯(David Meder)的《神学的审判》(*Judicium theologicum*)。这两位作者在玫瑰十字兄弟会里看到了先知玛拉基亚所预言的第三以利亚。正如费弗尔所说："这些年里，宗师以利亚之名经常用来指代贤哲与博学之士的群体，而非一个人，这个群体将致力于灵魂、宗教以及科学上的革新。"[①][74]这有助于确保新生的玫瑰十字运动将波及大量人群。

大熊星座之狮

上文提到的哈泽迈尔的信件引用了一个欧洲非常流行的预言，即"大熊星座之狮"预言(Lion du Septentrion)。[②] 这个预言曾错归于帕纳克尔苏斯之说，它实际是在1605年左右开始出现的，预言提到了三件宝物分别位于意大利、巴伐利亚和西班牙法国交接处某地，而当这三件宝物被人发现之后，就会发生一场宗教和政治的剧变。[③] 据说，这些宝物之中有一本书，书中写有了帕纳克尔苏斯所说的重大工程的秘密。预言里也预告了与敌基督者的斗争，同时，它抨击了一些智者，诸如亚里士多德、盖伦，《兄弟会传说》首页上就有对这二位贤人的批评。

这一预言的成功无疑在于它宣告了一个时刻：一头黄色的狮子将从北方到来并站在鹰的对立面，此后将创建一个幸福的新纪元。

---

① Faivre, *op. cit.*, p. 134.

② 意为"北方之狮"或者北部地区之狮。从哈泽迈尔开始"通过这小小的种子(玫瑰十字)，上主，在他的至善之中，将会彻底地检验他，并将他(罗马天主教的假基督)驱逐，尔后午夜之狮将会对其黑暗的敌人施以天诛……" Pryce, *op. cit.*, p. 60. 参本书英译本。

③ 艾迪霍弗用了一整章的篇幅讨论了这个预言。*Les Rose - Croix et la crise de la conscience européenne au XVIIe siècle*, Paris, Dervy, 1998, p. 211 - 247.

这一预言被翻译成了炼金术文本(狮和鹰用炼金术图示法表达的就是硫黄和水银结合的过程),在政治上则寓意哈布斯堡王朝的双头鹰和普法尔茨伯爵弗里德里希五世的狮子之间的斗争。[①]《兄弟会自白》也引用了这一预言:"不可触碰和扰乱我们的宝藏,要等那头狮子真正到来。"最后,帕纳克尔苏斯在《哲人的黎明》(*Aurora Philosophorum*)中提到的一则预言值得我们注意。这部著作说道,正如基督降临为人类赎罪,一位至为纯洁的人将在终末日降临,滴下玫瑰色的血滴,以令受造之物自由,借此世界将从堕落中获得救赎。[②]

这次巡礼让我们知道玫瑰十字会运动诞生之时的复杂背景,一方面,科学馈赠了新的成果,[75]另一方面,宗教斗争也为新宗教的出现孕育希望。当时末世论的大环境下,各种因素交织,恐惧主宰着16世纪末生活的人们。那么他们能否得到一条解决之道,逃出这个绝境呢?

---

① 关于这一点,雅兹曾给出整张图解。Frances Yates, *op. cit.*.

② 该著很长一段时期被认为是帕纳克尔苏斯的一位弟子多恩(Gerhard Dorn)的作品。卡恩(Didier Kahn)证明它实出自帕纳克尔苏斯之手。Jung, Carl Gustav, *Les Racines de la conscience*, Paris, Buchet/Chastel, 1971, pp. 450 - 459.

Allgemeine vnd General

REFORMATION,

der gantzen weiten Welt.

Beneben der

FAMA FRA-
TERNITATIS,

Deß Löblichen Ordens des
Rosenkreutzes / an alle Gelehrte
vnd Häupter Europæ geschrie-
ben:

Auch einer kurtzen RESPONSION,
von dem Herrn Haselmeyer gestellet / welcher
deßwegen von den Jesuitern ist gefänglich ein-
gezogen / vnd auff eine Galleren ge-
schmiedet:

Jtzo öffentlich in Druck verfertiget /
vnd allen trewen Hertzen communiciret
worden.

Gedruckt zu Cassel / durch Wilhelm Wessell /

ANNO M. DC. XIV.

《兄弟会传说》，第一部玫瑰十字会宣言。

第五章　玫瑰十字的回音

> 此为我们的已故的父,虔诚、高贵、深得启示,我修会的创始者和领袖,日耳曼人基利斯廷·罗森克鲁茨修士(Fr. C. R.)毕其一生、居功至伟的普遍改革之计划书。
>
> ——《兄弟会传说》(1614)

[77]玫瑰十字会宣言发表前夕,欧洲的道德危机引起了人们的担忧与恐慌。所有人都渴望一场"新的改革"。在这一历史语境下,玫瑰十字会运动发表新说以恢复谐和,并借此提出其自身主张。总的来看,我们可以认为玫瑰十字修会提出了将赫耳墨斯哲学作为这一天启危机的解决之道。为此,1614年,修会利用维塞尔(Wilhem Wessel)于卡塞尔(Kassel)的印刷厂出版了一份匿名宣言,并为方便起见将其命名为《兄弟会传说》。自1610年起,这份文件的文本就以抄本的形式四处流传。它的全称是《与玫瑰十字的令人称道的兄弟会的兄弟会传说并肩,全世界范围内普遍的、全体的改革,写给所有饱学之士以及欧罗巴的统治者;又,附上一篇赫尔·哈泽迈尔的回应文章,他曾因此遭耶稣会士逮捕,锒铛入狱。今时得以付梓,与所有真心之人取得交流》。这个标题长得离奇,是典型的当时特色,它并未在现代的版本中采用。

帕纳塞斯声明

第一份玫瑰十字会宣言由简短的序言和三篇独立成篇的文章构成。[78]开篇序言后的"全体改革"一章占了出版物四分之三的篇幅。虽未标注，我们知道这是博卡里尼《帕纳塞斯声明》(*Ragguagli di Parnaso*)中“声明77”的德文译本。这篇文章鲜为人知。然而，这篇文章的重要性在于，通过论述长时间以来饱受痛苦的欧洲急需重新整合，它将玫瑰十字会的工程置于历史语境之下。该文作者的意图与本章内容十分相关，故而在此交代。博卡里尼是意大利的一位讽刺作家，他是伽利略的朋友，也是威尼斯爱国者、政治家萨尔皮(Paolo Sarpi)领导的反教宗派中的一员。博卡里尼的这部讽刺性作品用神话来描绘欧洲的王朝政治风波。他抨击欧洲基督教世界上空笼罩着的哈布斯堡王朝西班牙式君主霸权。亨利四世在全文中多处以英雄形象示人，作者也为他在1610年遇刺身亡而扼腕叹息。

阿波罗的改革

《帕纳塞斯声明》讲述了阿波罗从查士丁尼大帝处得知地上的居民因无休止的争吵而导致相互对立，由此忍受着巨大的绝望。阿波罗不辞辛劳，向人间派遣无数指导者和哲人，意教之以崇高的道德，如此他决定提出一个普遍改革，以引导人类复归最初的纯洁。为达成这一目的，他在帕纳塞斯山上召集了希腊七贤，另外还包括有加图(Cato)、塞内加(Seneca)等人。每位贤者都提出了建议。泰勒士认为，伪善与欺骗是导致人类堕入邪恶的元凶，他提议在人类的心上钻一个小窗，以使他们之间的关系变得坦率而透明。这提议一提出就遭到了反对：如果人们可以看到统治世界的贵族们的内心，那他们还怎么成为统治者呢！泰勒士的提议被立即搁置了。

梭伦感到人们憎恶和嫉妒的念头是招致失序的根源。[79]他当即建议将慈(charity)、爱与忍散布人间。他还指出如果财富分配能更加平均，生命将会更加美好。然而提案又一次遭到抗议，帕纳塞斯的贤者们说梭伦的意见是“乌托邦”。加图提出一个极端的解决方法：再来场大洪水，一次性冲击消灭所有“作恶者”。最后，在每个人表达了自己的看法以后，阿波罗普遍改革的最终结论是调整豆类和凤尾鱼的价格。通过这篇讽刺文，博卡里尼阐明，无论从宗教上、政治上还是哲学上，当局都无法推动事物进步，也无从带来改善。①

兄弟会传说

上述文章之后，就是《兄弟会传说》本文。尽管这篇文章十分简短，在一本总共147页的著作中仅占30页篇幅，《传说》依然是这一书册的心脏。在这篇文章中，玫瑰十字兄弟会的修士向着欧洲的统治者、神职人员和学者提出诉求。他们向进步的时代表达敬意，它由得到启蒙的精神的诸多发现所见证，但他们着重指出，这些发现，非常不幸，并没有给人类带来向往已久的心灵的光与平安。玫瑰十字的修士指责了学者，他们将对于个人获取成功的关注置于为人类服务的能力之上。与此类似，他们指摘那些照搬古老教条者，诸如教宗的支持者、②亚里士多德哲学和盖伦医药学的卫道士，总而

① 这一文章的法文版本于1615年出版，题为 *Les cen Premieres nouvelles et aduis de Parnasse par Traian Buccallin Romain, ou sous admirebles inventions, gentilles metaphores, et plaisans discours sont traictees toutes matieres politiques d'Estat de grande importance et preceptes mauraux choisis et tirez de tous les bons autheurs*, Thomas de Fougasses, at A. Perier, rue Saint - Jacques, au Compas, Paris。"声明77"见于第457至515页。第一版德文版于1644年完成。《兄弟会传说》中的缩减本的德译可能是由毕登马赫（Wilhelm Bidenmach，他是海斯的一位友人）完成的。图宾根的玫瑰十字会十分欣赏博卡里尼。贝索尔特（Christoph Besold）在《政治工作》（*Opus politicum*）曾引用博卡里尼，而安德雷的《基督教神秘主义》（*Mythologie chrétienne*）则受了博卡里尼的影响。

② 值得一提的是沃罕（Thomas Vaughan）做《传说》英译时所使用的（德文）抄本里，"教宗（Pope）"一词被改为"波菲利（Porphyre，3世纪新柏拉图主义哲人）"，也有可能仅仅是误译。克劳福德抄本（the Crawford manuscript）将之读为"教宗制（pape）"从而解释了异文。无论如何，它原本指的就是教宗。

言之,那些反对质疑权威的人。玫瑰十字会的修士回忆起了盛行一时的神学、物理学和数学的内部斗争。它们的状态类似于阿格里帕为魔法作定义的方法(参见第二章)。他将魔法解释成科学。阿格里帕在《奥秘哲学》(*De Occulta Philosophia*)第一卷的开头提出,[80]魔法是所有科学的极致,因为所有哲学都可以分为神学、物理学和数学三大知识板块,三者之间互相补足。① 总结过了他们的时代之后,玫瑰十字会的修士提出要为同时代的人们提供一种重生的知识。这个由绝对正确的公理组就的知识到来了,它出自修会创始人教父基利斯廷·罗森克鲁茨之手,他也是多年之前的普遍改革的奠基者。

这位神秘人物玫瑰十字之父究竟何许人也?答案隐藏在《兄弟会传说》余下的文本之中。我们把目光投向基利斯廷·罗森克鲁茨这一人物,这位德国青年 1378 年出生在一个贵族之家(《自白》中可知)。我们还知道他五岁时被遗弃在了一所隐修院,就是他学习希腊文和拉丁文的地方。十六岁那年,他陪伴隐修院的一位负责他的教育的修士去往位于耶路撒冷的圣墓朝圣。这次东方之旅对于年轻克里斯蒂安而言是一次真正的开启灵感之旅。只是前往耶路撒冷的途中,他的同伴在塞浦路斯去世了。巧的是,传统上认为,塞浦路斯是阿芙罗狄特(维纳斯)的诞生地,她与赫耳墨斯结合生下了赫耳玛芙罗狄特,雌雄同体的孩童。在罗森克鲁茨的传记中,塞浦路斯的这一典故充满着炼金术内涵,拉开了接下来《化学婚姻》中所上演场景的序幕。

福地阿拉比亚

尽管同伴死亡,罗森克鲁茨依然决定继续前行。不过,他的目

① *La Magie naturelle*, (Book I of the *Philosophie occulte*), Paris, Berg, 1982, translated and commented by Jean Servier, pp. 32 – 37.

的地改为了达姆卡(Damcar)。人们有时认为这个城市就是叙利亚的大马士革,然而事实并非如此,按照墨卡托的《地图集》(1585),达姆卡是阿拉伯西南的一个小镇。奥特柳斯(Abraham Ortelius)在其《寰宇概观》(*Theatrum Orbis Terrarum*)中也提到达姆卡是位于“福地阿拉比亚”的一座城市。[81]以香(encens)闻名的也门地区是伊斯兰教伊斯玛仪派(l'ismaé lisme,[译按]什叶派的一支,亦称七伊玛目派)的中心地带。我们知道,《赫耳墨斯集》就在该地保藏(参见第一章“赛伯伊人”)。[①] 达姆卡还有一所不少于500名学生的大学。[②] 在巴士拉(Basra,[译按]伊拉克港口城市)的修士的指导之下,这里编成了一部非常重要的百科全书,这部书囊括了所有形态的知识,无论科学还是内传学说,无所不包。科宾(Henry Corbin)对这支带有浓重内传学说色彩的伊斯兰分支教派十分入迷,他乐于设想一场玫瑰十字会修士与巴士拉的“纯洁之心修士”之间的对话。他为了类似的目的在这两个兄弟会中进行调查。[③] 早些时候,唐提尼(Émile Dantinne)也就相同内容发表了文章。[④] 在达姆卡,罗森克鲁茨与巫师交往,他们传授给他重要的知识,特别是物理学和数学,使他得以将《M卷》(*Book M*,参见第六章)转写为拉丁文,也就是《世界之书》。三年的学习之后,克里斯蒂安再度启程,于埃及作短暂停留后,他来到了菲斯(Fès,[译按]摩洛哥北部城市。)

---

① 参 *supra*, chapitre i,“Les Sabéens”。

② 《传说》第一版有“大马士革(Damascus)”一词,然而同一文章的勘误表指出其应为“达姆卡”。又,*L'Encyclopédie d l'isalm*, Leyde - Paris, 1965, vol. II, p. 224,该文使用达马尔(Dhamâr)之名称呼该小镇。

③ Corbin, Henry, *L'Imagination créatrice dans le soufisme d'Ibn Arabî*, Paris, Aubier, 1955, then 1993, p. 20.

④ Dantinne, Émile,“De l'origine islamique de la Rose - Croix”, magazine *Inconnues*, No. 4, 1950, pp. 3 - 17.

菲斯:黄金之城

根据16世纪地理学家阿非利加努(Léon l'Africain)所言,摩洛哥的菲斯是一个重要的智识中心城市。学生们云集在这座城市伟大的图书馆中。自倭马亚王朝(661)起,这里的学者就开始教授阿卜杜拉(Abu - Abdallah)、萨迪克(Ja'far al - Sâdiq)和哈彦(格伯,即贾比尔)的炼金术知识,以及夏勃拉马利希(Ali - ash - Shabrâmallishi)的魔法与占星术。① 阿非利加努斯说道,菲斯的人们使用一种神通魔法,它开始时要在地上走一种循环五角星的步法,以使修习者接近隐于视线的世界。《兄弟会传说》告诉我们,菲斯居民的这种魔法并不是最纯正的,他们的卡巴拉受到了他们宗教的影响。不过,罗森克鲁茨脑海中最长久的印象是分享的精神,这一精神是当地学者间的主流思想,而在德国,大部分知识人会把知识当作秘密一样圈地自肥。② 在菲斯,罗森克鲁茨完善了有关历史循环的和谐的知识。他也明白了,每一颗种子都是一棵树的胚胎,[82]与此相同,微观世界(人)也掌握着宏观世界的所有组成部分(自然、语言、宗教与医药)。《兄弟会传说》作者的这个观点出自帕纳克尔苏斯《睿智的哲学》(*Philosophia sagax*):

---

① Brockelmann, Carl, *Geschichte der arabischen Literatur*, vol. II., Leiden, 1997.

② 关于这一问题,我们参考了两种版本的宣言,第一种由"玫瑰十字会传播会(DiffusionRosicrucienne)"于1995年印制,总标题为*La Trilogie des Rose-Croix.* 这一法文版的原本为沃罕的1652年英译本,此本又从一个当时在英国流行的德文抄本而来。值得一提的是戈谢(Bernard Gorceix)译本:*La Bible des Rose - Croix*, Paris, PUF, 1970,该本从德语直接翻译而来。本书所用盖自该本摘录而来。另外,英语读者较为关注的是"玫瑰十字会选集"版:*The Rosicrucian Manifestos: An Introduction*, 2006, Paul Goodall 编, EGL UK。

> 在此意义之上，人同样是一粒种子，而世界则是它的果实；因而，对于果实里的种子来说真实的事物，对于四周世界里的人来说也一样真实。①

在非斯，罗森克鲁茨了解了，统治一切知识领域的法则构成的整体，是与神圣达成和谐的。在完成数学、物理学和魔法的学习之后，他便熟悉了"在他身边隐藏自己诸多秘密的元素居民"，后者也许出自帕纳克尔苏斯在《论仙女、精灵、侏儒、火精及其他种族》（*Liber de nymphis，sylphis，pygmaeis et salamandris et de caeteris spiritibus*，1566）中的论述。帕纳克尔苏斯声称看见过这些种族，尽管它们有着人类的外观，却并非从亚当传下来的，它们有着不同的祖先。人类通过与它们接触，可获知自然的秘密。

圣灵之家

这场开启灵感的东方之旅过后，罗森克鲁茨回到了欧洲。在他的归途中，他在西班牙稍事停留，并与西班牙学者分享他的至今所学。《传说》称，他告诉他们：

> 新的生长之物，新的果实与野兽，不与旧的哲学相谐，而建立自身的新的原则，以此，万物都将恢复如初；然而对于他们来说，这一切事不关己；作为万物身边的新生事物，他们生怕自己的伟名受到损污。

而他立刻意识到，这些学者不容许自己的知识受到质疑。对《兄弟会传说》的作者而言，西班牙的学者代表了被教条束缚

① Edighoffer，Roland，"Les Rose - Croix et Paracels"，magazine *Aries*，No. 19，1998，p. 71.

的人，他们躲在教条之中，以确保自己的权威性不容置疑、无可辩驳。

罗森克鲁茨对西班牙学者的闭塞态度感到失望，在另外几个国家遭遇类似经历之后，他回到了德国。在这里，他承诺要撰写他在东方所获得的知识的总结。他的志向是要创造一个能够对欧洲贵族进行教育的社会，好让他们成为导引之光。工作了五年后，罗森克鲁茨收了第一批共三位弟子在自己身边，他们可以协助他的工程。就这样，玫瑰十字兄弟会诞生了。师父与他的弟子们一起撰写了《M 卷》的第一部分。之后，[83] 另四位修士的加入壮大了兄弟会，他们搬到了一幢叫作“圣灵之家（la demeure de l'Esprit saint）”的新楼房里。兄弟会一直保持低调，1484 年，罗森克鲁茨去世，享年 106 岁。1604 年，玫瑰十字会的第一批成员早已去世，兄弟会修士在进行楼房施工时碰巧重新发现了罗森克鲁茨的墓地。墓地的门背后有一行铭文：“120 年后，我将开启（Post 120 annos patebo）。”在这个设想为“宇宙概览”的墓穴里，修士们发现了许多迄今为止无人知晓的科学作品，还有一些含有他们师父收集到的所有知识的文章。

基利斯廷·罗森克鲁茨之墓

发现一个藏有诸多手稿的墓地是炼金术文学作品中的常见主题。比如瓦伦提努（Basilius Valentinus）关于一本发现于埃尔福特（Erfurt）某个教堂祭台下的手稿的故事，让人想起了门德斯的博洛斯。更著名的则是阿波罗尼乌斯所发现的三倍伟大者赫耳墨斯之墓（引自同书）。阿波罗尼乌斯声称他发现坟墓时，看见一位老者拿着一块绿宝石碑坐在宝座上，宝座的下方雕刻着我们今日经常见的赫耳墨斯作品文本。他的身前还有一本书，其内容是对受造之物的秘密的解释和有关万事万物起因的知识（引自同书，参见第一章）。这一意象体系指涉了有关人们可以“借着寻找哲人石探访大地的内脏”的概念。多恩在《帕纳克尔苏斯炼金术集》(*Congeries Paracelsicae Chemiae*)中睿智地用到了这层意义,他用了一个与三倍伟大者赫耳墨斯同样极为相关的拉丁文单词“硫酸(Vitriol)”,①因为它与一幅炼金术图画“翠玉录”紧密相关。此外,赫耳墨斯抱在手里的这块绿宝石碑,似乎提前预示了《传说》中罗森克鲁茨所写的《T卷》(le livre appelé *T.*)。

罗森克鲁茨的墓室呈七面体穹顶形状。雅慈发现,昆拉特在《永恒智慧讲坛》(*Amphitheatrum Sapientiae Aeternae*,1609)中就已经提到了罗森克鲁茨墓穴的内部构造。② 罗森克鲁茨的尸体置于这座圆形墓穴的正中央,保存完好。[84]尸身上盖着一块黄色铭盘,上面刻有深奥语句。其中一句称:“真空存在于无处。”除了暗指我们上文提及的争议,这个句子让我们想起了《赫耳墨斯集》第二篇中,赫耳墨斯与阿斯克勒庇俄斯的对话。不久之后我们就可以看到,第三份玫瑰十字会宣言会包含大量三倍伟大者赫耳墨斯文章中的典故。

帕纳克尔苏斯与罗森克鲁茨

罗森克鲁茨墓中陈列的各种作品中有一些特别值得注意,那就是上文曾提到的在他本人手中发现的《T卷》,以及一本叫《泰奥弗拉斯托斯词典》(*Vocabulaire de Theoph. P. ab Ho.*)的书。后一部作品也许是帕纳克尔苏斯编辑的词汇表之一,尤其可能是指其弟子多恩于1584年出版的《帕纳克尔苏斯泰奥弗拉斯托斯词典:含晦涩词汇》(*Dictionarium Theophrasti Paracelsi continens obscuriorum vocabula-*

---

① *Visita interiora terrae rectificando inventes occultem lapidem*, V. I. T. R. I. O. L.

② Yates, *The Rosicrucian Enlightment*, Routledge, 1998, p. 38.《讲坛》第一版于1595年在汉堡出版。

rum)。[1] [85]可以注意到,《兄弟会传说》仅提到了帕纳克尔苏斯一位作者。上文提到的《M 卷》直接引用了他的观念。此处不会深入探讨这一课题,把它放在我们讨论《兄弟会自白》时再研究效果会更好。另外一方面我们必须指出,在第一份宣言《传说》中所见的帕纳克尔苏斯炼金术概念,在玫瑰十字会的精神历程中是一份副业(parergon,稍次重要性的初步工作),特别是它看待伟大工程(le grand œuvre,[译按]创造哲人石的过程)方法时的概念。在这个立场上,玫瑰十字将自己与该时代风靡德国而致过犹不及的炼金术分离开来。

取得了罗森克鲁茨墓中所有的知识宝藏之后,玫瑰十字会修士将之再次关闭。这些建基于不变原则的遗产令他们如虎添翼,在师父所预见的这场“神圣的、崇高的(divine ethumaine)普遍改革”中,他们感到自己已处在领导位置。《兄弟会传说》揭示道,正如兄弟会打破障壁之后,打开隐藏的墓室,发现一座知识的宝藏,欧罗巴同样应将已成进步障壁的旧信仰束之高阁,代之以接纳新知,以为其自身开启一个新的纪元。然而,《兄弟会传说》也说,玫瑰十字会所倡议的知识“*并非新的发明,而系亚当堕落后之所接受*”。因此,它意在复原一些人所要尽力延续的失落的知识。而且,这部第一宣言还把多位原初传统的传播者的名字列举示人。[86]这些名字让人想起斐齐诺(参见第二章)在类似语境中提到的人。

---

① 《传说》中提到《泰奥弗拉斯托斯词汇表》是在发现罗森克鲁茨尸体的祭台搬走之前,在墙壁里的一道门后发现的。这一点提示了“帕纳克尔苏斯的词汇表(或单词汇编)”和雷比瑟所说在罗森克鲁茨手中发现的羊皮卷《T 卷》(*Liber T*)并非同一件物品。这里还有一个问题。历史学家和作家已经认识到,在墓中发现任何有关帕纳克尔苏斯的物品都是很难的,因为当时(墓室大约 1484 年封闭)帕纳克尔苏斯还没有出生。然而,如果我们将这一情节理解为寓言式的话语,上述问题就变得无关紧要,因为我们会把它作为神话处理,这样做并不减少文本的意图以及《传说》里蕴含的重要信息。参本书英译本:Christian Rebisse,*Rosicrucian History and Mysteries*,Athenaeum Press,2003。

哈泽迈尔

《兄弟会传说》结尾处对科学工作者以及欧洲的统治阶层发出邀请，来参加玫瑰十字的兄弟会，一起分享它革新的知识。然而这一呼吁有点特别，因为它提出的条件：

> 尽管现阶段对于我们的名字，会议只字未提，然而希望每个人的意见都能确实地送到我们手里，无论用何种语言，无论通过文字还是口头，除非有一些文字形式的发布（即公告），任何人与我们中的人交谈都不会失败，哪怕他只告诉我们名字。

这一声明事实上表达了玫瑰十字之家的态度：

> 在不信的世界中保持贞洁，原封不动，隐姓埋名，谨慎藏匿，直到永远。

这则消息为人所知悉，而用以回应玫瑰十字会的公开信在欧洲各处印刷，其中就包括第一份玫瑰十字会宣言结尾处，随同宣言一起出版的那一封。信中的这一文本，哈泽迈尔于1612年就在《对玫瑰十字会神智学家们令人称道的兄弟会的回应》一文中发表过，而此前的1610年，他曾在蒂罗尔（Tyrol）读到当地流传的一份宣言抄本。过往许多学者认为哈泽迈尔是一个虚构的人物，然而已有人证明这并非事实，比如吉利（Carlos Gilly），他曾经锲而不舍地成功重现了帕纳克尔苏斯的传记。①

---

① Gilly, Carlos, *Adam Haslmayr, der erste Verkünder der Manifeste der Rosenkreuzer*, Amsterdam, In de Pelikaan, 1994. 吉利确实发现了一封哈泽迈尔给玫瑰十字会回应信的印制件（1612），他在魏玛（Weimar）安娜－阿玛利亚图书馆的一堆政治作品中找到了它（参 Alchemy Academy Archive, November, 1999, *The Alchemy Website*）。如果1612年是准确日期的话，我们应注意到，哈泽迈尔声称1610年见过抄本。

哈泽迈尔是一位炼金术手稿的大收藏家，他太过热衷于《兄弟会传说》，以至于请求奥地利大公马克西米利安（l'archiduc Maximilien）资助他有关玫瑰十字的研究。他的《对令人称道的兄弟会的回应》受到了大熊星座之狮预言（参见第四章）的强烈影响。哈泽迈尔相信，终末时刻即将来临，他感到玫瑰十字会士就是"上主拣选之人，传播自然（théophrastique）和神圣的永恒真理"。他宣称，1613年就是时间的终结，1614年，大审判就将来临。由此他也认为去教堂是毫无用处的。这种态度使他背负了异端嫌疑。哈泽迈尔拒绝收回这些言论，[87]于是在1612年10月被捕入狱。他在狱中度过了四年半。然而，他似乎很享受这种特殊遭遇，而这段时期，他也与许多同样热衷于炼金术的人们保持着通信。尽管如此，吉利表示，哈泽迈尔有点热情过度，而且他的观点与玫瑰十字会哲学并不完全一致。

赫耳墨斯与罗森克鲁茨

之前曾提到，正是在道德危机的历史语境之下，第一份宣言提出了一个改革的计划，使内传学说得以保持荣誉地位。玫瑰十字会，掺杂着一些特殊的基督教神秘主义思虑，将自己置于文艺复兴内传学说思潮之下。我们还可以指出，第一份宣言有意疏远内传论的"吹嘘者"们，正如它疏远所有古板的宗教。玫瑰十字会希望以一种有着强烈帕纳克尔苏斯色彩的乐观的改革计划，来调和科学、内传论和神秘主义。为使自身直面文艺复兴时代定义的原初传统，玫瑰十字将埃及放在了次要位置。高深莫测的三倍伟大者赫耳墨斯，其正统性于1614年让卡索邦打了折扣，由此地位逐渐消隐，被一位更人格化的人物罗森克鲁茨取而代之。而这位人物是确实存在，抑或仅仅是一个符号？第一份宣言出自谁人手笔？我们将会在下一章考察第二份玫瑰十字会宣言《兄弟会自白》时，继续讨论这些问题。

迪伊,《神圣文字摩纳德》,1564。繁星拱券下的支撑梁上镌一行字:“不知之人,或使其缄,或令其学(Qui non intelligit, auttaceat, autdiscat)。”左立柱代表太阳和火焰,右立柱则代表月亮和大气。两柱各有一盘,承接从拱券星辰降下的露珠。画面下方写道:“上帝赐你天上的甘露、地上的肥土。”文字来自《创世纪》第二十七章第二十八节。神圣文字“摩纳德”处于图像中央,围饰带上有文字:“水星完满之时将成为众星之王。”[译按:此处水星也指哲人石,即“哲人的水银”, le mercure des sages。]

第六章　兄弟会自白

> 我们只拥有一种哲学，它是所有能力、所有科学和所有技艺的头领，是它们的总和，是它们的基础和实质，除此之外，并无其他。
>
> ——《兄弟会自白》(1616)

[91]《兄弟会传说》出版后第二年的1615年1月，维塞尔在德国卡塞尔印发了第二份宣言。延续第一个册子与《帕纳塞斯声明》一同印制的做法，第二份宣言也采取了附在另一篇文章之后发表的做法，该文章全名大意如下：

> 伽贝拉(Philippoa Gabella)所撰写的更多秘密哲学的简要思考，一名哲学学生的第一部出版物，协同这部已更新的玫瑰十字兄弟会自白。①

作者为匿名。在导言部分，作者指出这一作品是一篇哲学论文，并注释道："经玫瑰十字兄弟会的行动、研究与知识润色。"文章开头是一篇署名为"玫瑰十字兄弟会(Frater R. C.)"的简短前言，前言宣称，《简要思考》(*Consideratio Brevis/Brève considération*)的内容完全源于赫耳墨斯、柏拉图、塞内加以及其他一些哲人。

---

① *Secretioris Philosophiae consideratio brevis a Philippi a Gabella*，有帕普斯(Papus)法译本，置于其著末章：*Traité élémentaire de sciences occultes*，Paris，1903。

摩纳德

《简要思考》这部宣言文件与赫耳墨斯及其哲学无关，它很大程度上改写自迪伊著作《神圣文字摩纳德》(*Monas Hieroglyphica*, 1564)。这部作品中，这位英国伊丽莎白一世宫廷的炼金术士、占星师、数学家领袖提出要使用24种原理来解释一个神圣文字，即摩纳德(Monad，意译“单子”)。[92]迪伊刻苦钻研了阿格里帕的方法，以其为依据，在几何原理的基础上组成了这一套魔法文字。布雷哈尔(Selon Pierre Béhar)表示，摩纳德，除却其魔法因素，实为一种炼金术符号，它指代炼金术士之石(la pierre des alchimistes)——哲人石(le mercure des sages)。① 此后，我们在玫瑰十字会的第三份宣言《基利斯廷·罗森克鲁茨的化学婚姻》中仍能看到迪伊所提到的这一炼金术标志。

前文所及之《简要思考》就是对《神圣文字摩纳德》的前13条定理的摘录。文章作者针对摩纳德象形文字的不同组成部分进行了段落的重组，不过不再使用“摩纳德”这一术语，而代之以“星球(stella)”。《简要思考》的作者将自己表现为一位杰出的炼丹师，他想把迪伊关于硫酸(Vitriol)的定理和瓦伦廷的相关教说结合起来。这篇文章是炼金术论文的一种，它希望让炼金术学生去培养最美、最香的花——玫瑰。他劝他们利用玫瑰的花蜜赚钱，而不为其锋利的荆棘所伤。文章以一篇祈祷作结，署名“费肋孟·玫瑰十字(Philemon R. C.)”。

《兄弟会自白》

第一宣言宣告有一份“自白”将会发表，而在自白中，修会将提

---

① *Les Langues occultes de la Renaissance*, Paris, Dejonquère, 1996, chapter. IV, pp. 101 – 115.

出37个理由来揭示自身的存在。第二宣言并未给出这些理由，而是重新表达“《回声》（即指《兄弟会传说》）之中太过晦涩难懂、深邃莫测的一切”以进行自我陈述，从而尝试把前一份册子补充并解释得更加清楚。《兄弟会自白，或至为尊贵的玫瑰十字修会的令人称道的兄弟会的自白，写给欧罗巴的饱学之士》有十四部分，倒是之后的版本并没有一直遵循这种分法。在这部著作中，玫瑰十字会重点指出，他们拥有针对危害科学和哲学的疾病的良药，因为他们握有通向一切知识的钥匙，无论是艺术、哲学、神学还是医学。他们还为通往知识源头的道路提供新的详细内容，[93]并表示它并不仅仅是由基利斯廷·罗森克鲁茨进行的观察所带来的。

千年王国

暂不论哈泽迈尔的回应信函，第一宣言的文本没有提及大熊星座之狮的预言，《兄弟会自白》却对之有所谈及，它宣告了“不可触碰和扰乱我们的宝藏，要等那头狮子真正到来”，①狮子的吼叫将与教宗的下一次陨落一同到来。整体上来看，我们或许可以说，这部新的宣言表现了一种千年王国思想。因而，它也是我们在前一章节所提到的（千年王国）运动的一部分。《兄弟会传说》预见了最新知识贡献下的新时代的来临，与其表现的乐观主义相比，《自白》则显得悲观。它宣告：

> 在这个时代和它的终始循环结束以后，这个世界差不多已经走到了终点。

这一终末时刻即千年王国，这个千年时期将要接续已消逝的六

---

① 参 *The Fame and Confession of R*：*C*：by Eugenius Philalethes（Thomas Vaughanm，1621－1666）。

千年(据先知以利亚)之后,因为玫瑰十字会已经领受了点亮“第六盏烛台”的使命。这一时期对应于约阿希姆的第三时代——圣灵时代,在这一时代,第六道印将要完成开启。玫瑰十字会解释道他们的启示是上主所施予的最后恩典:

> 在终末之前施予这个世界,于是真理、光、生命与光荣应当立即随之而来,正如第一个人类亚当所拥有的,也是他在天国所失去的……

《自白》在此还重温了第一宣言中的一个要素,那就是亚当在堕落之后所领受的“原初天启”。

或许有人会问,第二宣言的作者是否真的认为终末时刻将近。人们可能会使用一个科宾所创造的术语“元历史(métahistoire)”[①]来从这一角度思考,[94]而非将其作为一个线性的时代。它所指向的事件并非依赖于人类时间,而是依赖于精神的时间,居于由启蒙赐予重生的灵魂之内。而且,《兄弟会自白》还提到玫瑰十字会的人们有能力在过去或未来的时空之中投射他们自身的影像。

世界之书

《自白》回顾了第一宣言中触及的一个主题,那就是“世界之书(Liber Mundi)”,它提到了“上主在其天上地下的创造中所镌刻的伟大字符”。我们在此发现了帕纳克尔苏斯思想中的一个基本观点。对他来说,除《圣经》之外,唯一的奠基之书就是“自然之书”,诚然,

> 这些字符与文字,由上主置于各处,组合在神圣之书——

① Henry Corbin, *En Islan iranien*, Paris, Gallimard, 1972, vol. I, XXIX. 我们将在下一章对这一关键点进行探讨。

《圣经》之中，正像这样，他以最显著的方式，把它们镌刻在天上地下的伟大创造之中，在一切生灵之中。

自然是万物存在之钥；它不是一个机械的法则系统，而是一个有生的现实，人类得以在其中为“共生(co - naissance)”的目标而进入交谈。

圣 经

尽管第二宣言给了自然之书非常重要的地位，它仍然坚持已显现文字的重要性，并劝诫人们“孜孜不倦、持之以恒地阅读圣经”。宣言称：

> 从世界初始之时起，人们就没有被赐予比《圣经》更有价值、更精妙、更令人崇敬和更有益的书籍。

和《传说》一样，《自白》指控教宗的暴政并将之丑化。宣告教皇宝座的崩塌时，它说，“乃有一日，这将会实现，毒蛇之口会被阻止”，又说“他将碎尸万段”。这些语句反映了在帕纳克尔苏斯的《预言》(*Prognosticationes*)和《实践》(*Practica*)中频繁出现的主题。处于新教的环境下认为教宗是敌基督者，这样的立场是容易理解的，也是天主教敌视玫瑰十字会的根源。而在这种对阿拉伯文明过早赞美的行为之中，第二宣言，出于必然，也对穆罕默德挑剔了一番。然而，这最后一条也许就是《瑙美特里亚》中谴责“教宗及其永罚(perdition)之子穆罕默德”的一次重申。

炼金术与宗教改革

《自白》重述了第一宣言之中控诉伪炼金术士的批评。对玫瑰十字会而言，真正的炼金术士应当引导人们认识“自然的知识”，然而这只是其次,他们的首要目标应是全力地获取关于哲学的智慧与知识。兄弟会也要求读者以谨慎的姿态面对当时炼金术文献爆发式的增长。17 世纪实在是有关“伟大工程”的书籍出版量最大的一段时期。①

真理的堡垒

《兄弟会自白》声称贤者之城达姆卡是玫瑰十字会的典范,“以同样应在欧洲建立的政府的典范为据”。罗森克鲁茨说那些人物为了实现这一目标已经设计好了一个计划。第一宣言里,玫瑰十字会邀请他们那个时代的人们加入他们的兄弟会,并提议这些探索者与他们联合起来建造“新的真理堡垒”。他们保证,任何一个想要被传授的人都能得到所有这些遗产——自然的赏酬、健康、全部的知识与内心的平静。另一方面,他们告诫那些“对闪耀的金子熟视无睹”的人,以及那些以获得物质利益为动机而加入兄弟会的人,他们绝不会被拣选进入修会。

[96]总而言之,《兄弟会自白》对于宗教的坚持更甚于《兄弟会传说》。据此,《圣经》巩固了自然之书。《自白》尝试收复文艺复兴的遗产,以为基督教千年王国所用(所不同的是它并未言及基督的复临),并且,《自白》告诉人们,在玫瑰十字的兆示之下,最终的默示迫在眉睫。②

《传说》与《自白》的渊源

许多学者对前两部玫瑰十字会宣言的作者是谁提出疑问。这

① *L'Alchimie au XVIIe siècle*,该书为格莱纳(Frank Greiner)指导下编纂而成,*Chrysopeia*,Paris,1999,vol. 6,p. 7。

② 另参 Paul Goodall,“An Introduction to the Confessio Fraternitatis,” in *The Rosicrucian Manifestos:An Introduction*,The Rosicrucian Collection,2006,pp. 41 -45。

个问题实在与这些文章中所表达的观念渊源何在紧密相关。我们在此可以注意到，宣言参考了中世纪"真实且牢不可破的原则"的影响，这让人想起了鲁尔（Ramond Llull）的《鸿篇》（*Ars Magna*），该作于1598年由斯特拉斯堡的大出版家泽兹纳出版。[①] 早期玫瑰十字会的写作者也受到了莱茵神秘主义者的极大影响，特别是阿恩特（参见第三章），关于此人我们下文还会多提几句。然而，《传说》与《自白》本质上主要由三大传统派生而来：帕纳克尔苏斯主义、新约阿希姆主义及文艺复兴赫耳墨斯主义。[②]

两部宣言只对帕纳克尔苏斯一人致以赞美绝非偶然。他为玫瑰十字会的观念构筑了一个基本的源头。从世界各地所获取的知识的分享需求、作为微观世界的人、对于世界之书以及元素世界居民的认识，或者更特别的，种子的变形，都是宣言从帕纳克尔苏斯那里借鉴而来的主题。再加上罗森克鲁茨墓中出现的那本《泰奥弗拉斯托斯词汇表》（参见第五章），一般认为该书是17世纪所出版的帕纳克尔苏斯术语词典中的一本。在宣言的时代，人们广泛地阅读帕纳克尔苏斯作品，故而这种借鉴不难理解。1589年至1591年，胡泽在对帕纳克尔苏斯手稿进行了充分的研究后，出版了《帕纳克尔苏斯全集》（*Complete Works of Paracelsus*）。此后，[97]十卷本的第二版也在1603年至1605年发布，其出版者为泽兹纳，也就是之后安德雷著作的编集者。

新约阿希姆主义在宣言中随处可见。正如以利亚或大熊星座之狮的预言，以及各种宣告新时代迫近的预言那样（参见第四章），约阿希姆的理论于16世纪经历了一场别开生面的复苏。

---

① 他是许多炼金术作品的编者，作品包括著名的《化学讲坛》（六卷本），《帕纳克尔苏斯全集》，《克里斯蒂安·罗森克鲁茨的化学婚姻》（十卷本）以及安德雷、贝索尔特等人的一些其他著作。

② Antoine Faivre, *Les Manifestos et la Tradition in Mystiques Théosophes et Illuminés au siècle des Lumières*, New York, Hildesheim, 1976, Olms, p. 94.

玫瑰十字会著作中也有文艺复兴赫耳墨斯主义的影子,特别是它们之间有关炼金术、数字学的联系。然而必须指出,不管是犹太教的还是基督教的,卡巴拉都处在相对次要的地位。其他一些影响同样明显,诸如有关描述时间周期循环的学说。这些内容可能来自伊斯兰教的伊斯玛仪派,达姆卡就是其中的一个源头。

图宾根社团

对宣言之中所含观念的研究让我们能够对它们的作者进行猜测。最近的专家学者有所共识,认为它们并非出自单一作者,而更像是图宾根(符腾堡的大学城)的学生与学者的群体所为。学者称之为"图宾根社团(lecercle de Tübingen)"。该社团于 1608 年左右形成,有约三十名成员,他们对炼金术、卡巴拉、占星学和基督教神秘主义都抱有浓厚的兴趣。其中最重要的一些成员有阿恩特、安德雷、海斯、赫尔采尔(Abraham Hölzel)、维舍尔牧师(le pasteur Vischer),贝索尔特(Christoph Besold)和文泽(Wilhelm von Wense)。他们为新的改革建立了一个计划,用以对路德和加尔文的不足之处进行补益。其中的两位,海斯和赫尔采尔曾参与过在大学教员中推广内传论以及神秘主义著作的运动。

阿恩特

[98]被安德雷奉为精神之父的阿恩特很有可能是这个社团的导师。身为牧师、神学家、医师和炼金术士的阿恩特是陶勒和魏格尔(参见第三章)的坚定追随者,也是昆拉特《永恒智慧讲坛》的评论栏作者之一。在一封 1621 年 1 月 29 日写给布伦瑞克(Brunswick)公爵的信上,他表现出了带领学生、研究者走出论战神学,回到活的信仰(foi vivante)中进行虔信实践(practiquede la piété,亦参

第十五章)的愿望。阿恩特也是肯培《效法基督》的推广者,在他的有关福音、路德《教义问答》(*Petit Catéchisme*)的讲道中,在祈祷文选集《充满基督美德的天国庭园》(*Paradies Gärtlein aller christlichen Tugenden*,1612)中,他的神秘主义倾向显露无遗。他所写的一部信仰作品《真基督教四书》(*Les Quatre Livres du vrai christianisme*,1605—1610)直到19世纪都拥有着众多读者。身兼神秘主义者与炼金术士,阿恩特尝试将帕纳克尔苏斯主义的优点和中世纪神学整合,他在后期的这项工作中发展了精神文艺复兴的内在炼金术观念。

艾迪霍弗告诉我们,《兄弟会自白》关于自然之书的一整段,几乎逐字逐句地取自阿恩特《真基督教四书》的最后一卷。① 阿恩特在《古代哲学》(*De Antiqua Philosophia*,1595)中强调,智慧无法在思考中获得,而应在实践中获得,这一概念也见于宣言。阿恩特被视为虔信派的发起者之一。1691年,开尔比斯(Johannes Kelpius)和他的追随者们出发去新大陆时,就随身带着阿恩特的著作。根据在神学家赫尔希(Christoph Hirsch)的文稿中找到的阿恩特的一封信来看,安德雷承认自己和另外30个人一起撰写了《兄弟会传说》。另一封安德雷寄给其友人夸美纽斯(John Amos Comenius)的信也做了相同表态。不过这些信件的可靠性却引发了一些质疑。②

海　斯

图宾根社团的成员之中,海斯也许是最能将宣言中的几种要素

---

① Roland Edighoffer, *Les Rose - Croix et la crise de conscience européenne au XVIIe siècle*, Paris, Dervy, 1998 pp. 296 - 297.

② Paul Arnold, *Histoire des Rose - Croix et les origins de la Franc - Maçonnerie*, Paris, Mercure de France, 1990, pp. 120 - 122. 阿诺德认为这一信息虽非确凿但有其可能性。

进行同一化的人物。[99]海斯是图宾根大学教员、帕纳克尔苏斯主义医师、卡巴拉学者和哲人,他是施图迪翁、司帕勃(Julius Sperber)和约阿希姆的仰慕者,在《传说》和《自白》的起草过程中,他也许起到了奠基的作用。1605 年,他因实行"圣殿测量(naometry)"而受到指控,却还继续在一些出版物上表达自己支持全世界范围的改革,并宣传千年王国思想。人们或许会说:"他错在声称于哲学上为真者于神学上为假。"《传说》却据此再现了他的想法。他还因发起秘密社团而受指控。尽管指控他的人并未给出这一社团的名称,但他们很有可能指的就是玫瑰十字修会,当时正是第一宣言的抄本流传的时期。

海斯与帕纳克尔苏斯的弟子克罗尔(参见第四章)相熟。海斯医术不错,他治好了安德雷严重的高烧,后者对他倍加仰慕。海斯卒于 1614 年,恰逢第一宣言即将出版,安德雷写了一篇祭文。这篇文章发表之后引起了一些人的好奇,如艾迪霍弗就指出,文中有两个词是意大利体(斜体字)印刷的:托比亚斯·海斯和传说,仅有这两个词如此,仿佛二者之间有着某种联系。艾迪霍弗还提出了一件令人震惊的事,在 1616 年,安德雷匿名出版了《精神光荣之函》(*Theca gladii spiritus/Le Fourreau du glaive de l'esprit*),一本哲学格言警句集。书的序言中暗示了其中一些格言是在海斯晚年文稿中发现的,而余下的,则是安德雷自己沉思之所得。然而十分值得注意的是,书中有 28 段文字系出自《自白》。安德雷后来在自传中承认了《函》中的所有文字都是他写的,而他把其中一些归于海斯名下,理由则是当时他想试着让自己远离宣言引发的风波。我们能否因此大胆推论,海斯若非《自白》全文的作者,也该是部分篇章的作者?

安德雷

早在 1699 年,阿诺德(Gottefried Arnold)在《无偏见的教会与异端史》(*Unparteyische Kirchen und Ketzer Historie/Histoire de l'Église et des hérétiques*)中便声称安德雷是玫瑰十字会宣言的作者。很长一段时间里这一推测公认足具权威。值得一提的是,我们在此说到了一个特别显要的人物。[100]我们在此后论及第三宣言《基利斯廷·罗森克鲁茨的化学婚姻》时还会有机会提起这位人物。而另一方面,安德雷为自己辩护,否认自己与玫瑰十字会有瓜葛,他在一本作品《梅尼普斯》(*Menippus*,1617)中谈到玫瑰十字兄弟会时言辞恶劣,还用了把戏(ludibrium)一词,换句话说就是闹剧或笑料。然而,雅慈已经为我们阐明,安德雷使用这些术语时并不带确定性的贬义,因为对他而言,故事、戏剧在道德影响方面有着极大的重要性。① 他的文学创作就表现了这一旨趣。② 有必要多说一句,安德雷一生都在尽其所能地组织那些与宣言中所见计划多方面相一致的结社和社团。这么看来,从本质上说,安德雷摆出官方的立场来反对玫瑰十字会,反而是为了保护他的宗教事业。更值得一提的是,《兄弟会传说》出版时,恰逢安德雷在历经磨难后终于取得法伊英根(Vaihingen)的执事(deacon)之职,并迎娶了格吕宁格(Elisabeth Grüninger)——一位牧师的女儿,也是一个路德派高级教士的侄女。我们也许可以说,宣言出版是无法预见的环境条件下的结果。

玫瑰十字会宣言作者的可能身份这一问题引发了诸多思考,然而没有一种完全令人满意。尽管早期册子的"作者"把自己的秘密守得很牢,海斯和安德雷却很有可能是将这些文本完善的奠基之人。

---

① Yates, *La Lumières des Rose - Croix*, Paris, Retz, 1985, pp. 70 - 71, 172.

② 艾迪霍弗对这位学者的著作做了细致的研究:Roland Edighoffer, *Rose - Croix et Société Idéale selon Johann Valentin Andreae*(Neuilly - sur - Seine:Arma Artis,1982)。

启示叙述

让我们回到罗森克鲁茨,这位被宣言提为玫瑰十字会运动的创立者。我们讨论的究竟是一个真实人物还是神话人物?正如许多人所说,这些文本所述说的并非单个人物的传记,它们所指向的是多面呈现的启示叙述(récits initiatiques)。总体上我们可以这么说,通过罗森克鲁茨的旅行、他在阿拉伯地带以及西班牙的停留,我们能重新发现各种内传科学由东向西传播时所经历的进程。[101]这些科学在欧洲经历了进一步的发展之后,即将因帕纳克尔苏斯而迎来全盛期。他去世后,魏格尔等人成功地修正了其中的缺陷,并以莱茵-佛兰德神秘主义(la mystiquerhéno-flamande)将之丰富。玫瑰十字会运动的目标就是要取回这份遗产,并用它来填满即将来临的新时代的知识的躯壳。

宣言中的诸多要素都在证明它是一个象征叙事。例如,罗森克鲁茨一生之中所有重要的日期都对应到了历史上的重大事件。他诞生的1378年,对应于阿维农和罗马对峙的西方教会大分裂,而他逝世的1484年,则对应于路德这位宗教改革人物的生年。尽管现在人们认为路德生于1483年,他的母亲也记不清是1483年还是1484年生的他,而路德自己的选择是1484年。这里还有一个占星学传说,保卢斯(Paulus von Middleburg)和利希滕贝格(Johannes Lichtenberger)的研究发现,路德的诞生之年发生了木星合土星于天蝎座的天象,故为1484年。另外值得注意的是,有关帕纳克尔苏斯作品的文稿是在1484年被放入罗森克鲁茨墓中的。然而我们必须牢记,帕纳克尔苏斯那时写不出任何东西,因为他要到1493年才出生(参见第五章)。墓室的发现主题是文本传统中一再出现的象征事项,我们待会儿还会讨论到这一主题。

象征与捏造之间仅一步之遥,一些学者并不惮于跨过其间的界限。许多历史学家指出宣言的作者直接移用了一些真实人物的传记,从而捏造出了罗森克鲁茨这一人物。阿诺德告诉人们,罗森克鲁茨和许多神秘主义人物之间有着不可思议的相似性。① 首先是约阿希姆,他曾经承诺过在东方旅行归来之后创建一个修会。接下来还有上主之友(Amis de Dieu)的建立者梅瑞因(Rulman Merswin,1307—1382)②和共同生活兄弟会(Frères de la Vie commune)的创立者格若特(Gerhard Groote,1340—1384),[102]共同生活兄弟会在以后发展成为现代虔信派,一个重视内在体验的灵修运动。这一运动最丰硕的成果可以说是《效法基督》,这是一部公认的对玫瑰十字会产生很大影响的书。③ 阿诺德观点的意义在于打破了这些人物和罗森克鲁茨之间的平行状态,尽管他们还是有着显著的差异。而且,这些神秘主义者所宣扬的观念也能在宣言中看到。

需要强调的是,观察事物的角度多种多样,宣言当然也可以被解读为精神历程的记述。确实,宣言处在一个无可置疑的历史语境之中,然而,正如所有启示记述一样,它们超越了单一线性的年代,而系于一种"元历史"。现在我们必须离开历史学领域,而将自己置于另外一个层面。这将会是下一章的课题,它将带我们去往科宾所珍视的绿宝石之地(Emerald Land)。这一研究将会构筑一个中介的平台,以便于我们着手审视第三份玫瑰十字会宣言——《基利斯廷·罗森克鲁茨的化学婚姻》。

---

① Arnold, *op. cit.*, chapter V, pp. 136 - 156.

② 有关这一组织的更多信息,参:Bernard Gorceix, *Les Amis de Dieu en Allemagne au siècle de Maître Eckhart*, Paris, Albin Michel, 1984; and Henry Corbin, *op. cit.*, book VII。

③ 肯培的《效法基督》是《圣经》以来在基督徒中读者最多的一本书。施魏格哈特(Theophilus Schweighardt, Daniel Mögling)曾说一个人若读肯培便"已是半个玫瑰十字会士",参 *Speculum sophicum Rhodo - Stauroticum*(1618)。

昆拉特《永恒智慧讲坛》(1609)中的“翠玉录”图。

第七章　绿宝石之地

宗教，从其最原始直至最精密形态的发展历史，都是圣显的累积，也就是，通过神圣实体的显现所构筑的。

——艾利阿德《被圣化与被亵渎的》(1965)

[105]根据严格的历史学观点，玫瑰十字会要到17世纪初才算登上历史舞台。那么我们是否能因此得出结论，以为他们在这之前就不存在？赛迪尔(Sédir)说："玫瑰十字会其名仅出现在17世纪的欧洲，我们也许无法揭示出它之前或之后所拥有的其他名称。"但赛迪尔意识到了自己研究的缺陷，认为玫瑰十字修会真正的起源并非建立在羊皮纸上，因为它并不属于大地，而是属于不可见物，①他又说道："而从玫瑰十字的本质来说，它自人类存在起便已在世间存在，因为它是大地灵魂的非物质的作用。"

研究启示修会(ordres initiatiques)的起源，若只对其目的及年代学等方面进行研究，则会导致一种历史相对论，换句话说，对其起源根本上是持实证主义或还原论的立场的。那么，这难道就没有忽略它们本质——与神圣之关联性的风险？艾利阿德(Mircea Eliade)指出："宗教，从其最原始直至最精密形态的发展历史，都是圣显(hiérophanies)的累积，也就是，通过神圣实体的显现所构筑的。"②

---

① *Histoire des Rose - Croix*, Bihorel, Bibliothèque des Amitiés Spirituelles, 1932, pp. 110, 332. 这一研究尽管包含大量错误，但仍有值得关注之处。

② Mircea Eliade, *Le Sacré et le profane*, Paris, Gallimard, 1965. 关于此问题，亦参 Mircea Eliade and Raffaele Pettazzoni, *L'histoire des religions a - t - elle un sense*? Paris, Cerf, 1994.

启示修会亦如此。他们的历史根植于无数历程,①[106]这就是为什么我们必须触及它的这一层面。正如罗森克鲁茨周游了阿拉伯世界,在接下来的章节,我们也要向伊斯兰教文明的世界进发。

精神源流

著名的法国作家、玄学家盖农(René Guénon)试图将皈依定义为源自超人(supra – humaine)的精神影响的传播。他将超人置于远古时代,故有关超人的根源,还是有点言之未明。他提到了这种传播的两种模式:一种是垂直传播,即直接从不可视世界转移到人间;另一种是水平传播,即神圣信仰从一个皈依者到另一个的再传播。大部分启示修会历史研究者通常满足于一种水平传播的历史源流描述,确实,对于历史学家来说,垂直传播是难以捉摸的。然而,在进行有关水平传播的描述中,学者们会经常把启示源流的主旨限制在机构颁发资格证书和文凭的层面。而另一些学者,例如法国哲学家科宾,就更认同垂直传播模式,他为神秘体验的精神源流构筑了传统有效性的基础准则。

想象的世界

在上一章的结尾处,我们提请关注了罗森克鲁茨和诸精神运动创始人传记之间存在的相似性。科宾提到了同样的人物,还另加了几位,而他所得出的结论,比起阿诺德的更引人注意。他指出了来自单一精神历程的"原初图像"的显现。他还说到共同根源的原理,它通过一个并非地上的,而是来自天上,并植根于想象的世界(mundus imaginalis)的源流而实现。科宾的一生中很长一段时间在

---

① 奥托(Rudolf Otto)所创术语,来自拉丁文 *Numen*(Dieu/God/divinity)。参其著 *Le Sacré*,Paris,Payot,1949。

伊朗度过,他尽其所能在他的著作中解释"想象的世界"的含义,特别是在研究索哈拉瓦迪的著作中。索哈拉瓦迪是伊朗的大哲人和神秘主义学者,[107]赫耳墨斯、柏拉图和琐罗亚斯德等关键人物点燃了这位什叶派伊斯兰柏拉图主义者的思想火花。

索哈拉瓦迪提出,想象的世界(âlam al – mithâl)是位于纯粹精神和物质球界(spheres)之间的次元。① 神智学上将其定名为玛拉库特(Malakût:le monde de l'âme et des âmes),它是形式的世界和纯粹本质的世界之间的中介。② 玛拉库特被指定为"第八界域"(琐罗亚斯德传统,它在世界的七个界域[keshvar]之后),"绿宝石城市之地"或胡尔喀利亚(Hûrqalyâ)。索哈拉瓦迪说这是一个精神朝圣者遭遇其神秘体验的世界。伊朗象征学用攀登喀夫山(la montagne de Qâf)来描述将灵魂上升到觉悟层面的过程。喀夫是一座宇宙山,它的峰顶不是别的,正是人类精神的至高点。在峰顶,人们可以看到映着苍穹般碧绿的祖母绿岩石。这里是圣灵、人性的天使的居所。在苏非派眼中,祖母绿是宇宙灵魂的象征。值得注意的是,在基督教卡巴拉学说中,我们也能找到非常类似的概念。例如,说到世界的灵魂,皮斯托留斯(Johannes Pistorius)在《卡巴拉之艺》(*De Artis cabbalisticœ*,1587)里就讲了最后的天国的"绿线"。这一概念在罗

---

① Henri Corbin, "Pour une charte de l'imaginal," *Corps spirituel et terre céleste, de l'Iran mazdéen a l'Iran shi'ite*, Paris, Buchet/Chastel, 1979. 第二版前言。

② [译按]雷比瑟对该词定义似有未明之处,按阿拉比(Ibn'Arabi, Muhyi-uddin Muhammad,? —1240)以为,创造的行动为真主的神圣本质自我揭露的活动,所有宇宙万象无非是真主"神圣本质(al – hahut)"的"示现(tajalliyat)"。首先,从"神圣本质"流溢出"名理世界(al – lahut)",再流出"大天使世界"(al – jabarut),继而"诸天使与精灵世界(al – malakut)",最后便是"形体与肉身的世界(al – mulk)"。所有的这些神圣本质的示现并不因流出之后而脱离其源头,而是一种分分秒秒都在川流不息的流进流出的运动统一体,这也就是阿拉比所谓的"万有一体"的内涵。参蔡源林:《伊斯兰生死学概观》,台湾南华大学,《生死学通讯》第三期。

森洛特(Knorr von Rosenroth,1636—1689)的《揭示卡巴拉》(*Cabala denudata*)中也能看到。[①]

真实的想象

想象的世界表现了一种关于内在体验的功能。根据索哈拉瓦迪,人类可以通过灵魂的特殊能力,亦即主动想象的方法来进入这一次元。与此类似,帕纳克尔苏斯也说到了这一"真实的想象(l'imaginatio vera)"的能力,他还要求这一能力不可与空想相混淆。如荣格(Carl Gustav Jung,1875—1961)所说,真实的想象是理解伟大工程的关键。[②] 此外,14 世纪的《玫瑰园》(*Rosarium*)认为,炼金作品应该用真实的想象来完成。卢兰德(Martin Ruland)在《炼金术专科辞典》(*Lexicon alchemiœ*,1612)中也说:[108]"想象是内在于人的星球,是天体,甚至超天体。"波墨(Jacob Boehme)也用了"神圣元素"和"世界灵魂"的说法,他说想象的世界是智慧(Sophia)之居所,这种表达多少会让人想起琐罗亚斯德教里的谦和(Spenta Armaiti)[③]和智慧(Sophia)。

对于想象的世界,我们特别关注的是,科宾曾经说过的,神话和伟大史诗关联事件"展现"的无尽时间的次元。它是先知与神秘学者所见的异象发生的"地方",是人类的导师领受他们的使命的"地方"。它也是神秘启示,甚至"真实性不受文献和档案管辖所束缚的精神源流"的"地方"。[④] 想象的世界是物质世界与精神世界的际

---

① Antoine Faivre, *Les conférences de Lyon*, France, Braine - le - Comte, ed. Du Baucens, 1975, pp. 118 - 120.

② C. G. Jung, *Psychologie et alchimie*, Paris, Buchet - Chastel, 1970, pp. 355 - 602.

③ [译按]该教主神阿胡拉-玛兹达所创造六位大天神中的大地保护神,旧译慈善似未恰。

④ *Ibid.*, p. 12.

会点。人们称它为“异象之地”“重生之地”,因为这是受启示者(l’initié)发现他光荣的身体[1]与灵魂之间可能交融的地方,亦即其灵魂与它的完美本质(Nature parfaite)相会的地方。对于索哈拉瓦迪来说,那些成功进行这些精神体验之人即成了赫耳墨斯的门徒。

启示叙述

达到灵魂觉悟层面的精神朝圣者,一般通过象征叙述来说出他们的体验。这些叙述成了他们觉醒过程中所创始的精神运动的基础性文本,它们拥有几个特征。首先,正如科宾所指出的,它们并非通常词义中的神话,他们所指的事项,其现实、时间与空间,并不处在日复一日的历史序列之中,而处在想象的世界,即灵魂的世界中。它们与神圣历史(hiérohistoire),即圣化的历史相关联。因此,它们不能通过字面意义,而必须要通过“内在意义(sens interne,来自史威登堡[Emmanuel Swedenborg]的一个术语)”来进行理解,并且,只有阐释学(l’herméneutique)才有让人理解其中含义的可能。于是,[109]他们拥有了变形的能力,因为他们是光的承载者,对于那些已做好准备要感知如许光的读者,这光触及他们的内心深处。而且,在这个意义上,它们才是真正的启示叙述。这些文本中最为著名的一种,就是发现三倍伟大者赫耳墨斯之墓的报告。

完美本质

许多历史学家指出,罗森克鲁茨出现在三倍伟大者赫耳墨斯消失之时,也是卡索邦对其遗产提出质疑之时(1614)。根据费弗尔,

---

① 2世纪亚历山大学派炼金术士佐齐莫斯曾于《光之人》(*Homme de Lumière*)中谈及。

《兄弟会传说》标志着西方内传论的重新建立。因此,指出有关发现罗森克鲁茨之墓的描述让人想起了赫耳墨斯墓的情况,于是它变得引人注目。更确切地说,根据科宾、巴利努斯的说法,阿波罗纽斯发现赫耳墨斯尸体的报告,是人类与其灵魂,即"完美本质",相遇的典型象征。[①] 赫耳墨斯手握"翠玉录"及一本含有创世秘密之书。这些要素让人想起讲述成功认识自己的人的概念,人通过进入其自身深处,知晓上主及宇宙的秘密。

巴利努斯的叙述看来是摘自《皮卡特立克斯》(参见第二章)中有关苏格拉底探讨"完美本质"主题的这一段落。这段探讨让人想起赫耳墨斯的宣言,他指出,[110]完美本质代表了哲学的精神实体与解锁智慧的内在向导。《皮卡特立克斯》的另外一部分中,有一篇作为哈兰(Harrân)赛伯伊人的星体礼拜仪式所属的祈祷文。这一祈祷仪式通过指出赫耳墨斯在阿拉伯被称为奥塔莱德(Otâred),[②]在波斯被称为提尔(Tîr),[③]在印度被称为佛陀,从而将其唤醒。[④] 我们还可以补充到,这一人类与其完美本质的相遇在《赫耳墨斯集》的序章《牧人者篇》中亦有提及。

古　贤

墓地代表去往另一个世界的过渡之地,而一些文本将其与去往想象世界的通道联结在一起。事实上,它象征着身体变化为精神之地,象征着重生。对于荣格来说,它也是下潜至无意识深处的代表。

---

① *L'Homme et son Ange*, Paris, Fayard, 1983, pp. 51 – 54, and *L'Homme de Lumière dans le soufisme iranien*, Paris, Presence, 1971, pp. 34 – 37.

② 译注:阿拉伯语"水星",为神之信使、商业神等,相当于赫耳墨斯、墨丘利。

③ 译注:波斯的雨神、天狼星,琐罗亚斯德教称提什塔尔。

④ Henri Corbin, *L'Homme et son Ange*, Paris, Fayard, 1983, pp. 54 – 57.

罗森克鲁茨和三倍伟大者赫耳墨斯这两位大师的尸体,在他们的墓穴中发现时,已是老者之躯。荣格分析了作为“古代贤者”原型的神话、故事或梦境之中的象征。他认为当一个人在其追求中达到了某一阶段,无意识即在其内在生命中改变了外形。它于是以新的象征形式出现,这一象征代表“自我(Soi)”,即精神的内在最深处。对于女性来说,它会呈现为一位女祭司或女巫师,而对于男性,它基本上以一位智慧老人、一位启示者的形象显现。荣格还观察了赫耳墨斯炼金过程和启示的原型。他将赫耳墨斯-墨丘利和无意识联系在一起,并将之作为结合过程中的首要因素,即存在的中心——“自我”之发现。

神之友

科宾的巨著《伊朗的伊斯兰教》(*En islam iranien*)末卷的结尾处思考了一些精神运动的创立者的行传、记述之间的相似性。他指出了其中一些共同主题,[111]如“神之友(amis de Dieu)”概念、绿颜色,以及相同精神历程的天启式重现的循环观念。① 它们还共同提到了东方之旅、墓地的发现、在官方宗教边缘创立精神运动的计划,以及创立一种世俗甚或精神骑士道,以集结神之友的计划。

科宾指出,伊斯兰教的什叶派和逊尼派有一处重大区别,那就是他们对于“神圣启示循环”观念的看法。对于什叶派而言,先知的循环自亚当(《古兰经》译阿丹)被逐出天国、其三子塞特(Seth)接受神圣信仰(加百列[Gabriel]还给了他一件绿羊毛大衣)之时就已开始。这一时段由穆罕默德,这位“众先知的封印”([译按]古兰经33章40节)完成。接下来,一个新的时段开始了,因为圣言(le Verbe)仍在创世中循环;这是监护([波]walâyat;[阿]walaya)的循

① Corbin, *En islam iranien*, Paris, Gallimard, vol. 4, book VII.

环，其对象为预言中内传论的启示。其传播者会被描述为骑士，并称作“神之友”。这些人是完美的人类，是神的真正显现，是达到最高精神实现的人。创世因失去与神圣的联结而失衡，而他们正是延缓这失衡的必要之人。

巴克礼（Rûzbehân Baqlî Shîrâz, 1128—1209）是伊朗苏菲主义颇具代表性的一位伟大人物，针对这一点他说：“这些人是真主显现时观察世界所用的眼睛。”我们在福音书中也能找到这种神圣友谊的主题。例如圣约翰就说：

> 我不再称你们为仆人，因为仆人不知道他主人所做的事。我称你们为朋友，因为凡由我父听来的一切，我都显示给你们了。（约翰福音 15:15）

绿　岛

“神之友”这一表述踏上了西传之路，德国神秘主义者梅瑞因在与一位神秘的流浪者相遇之后，建立了一个以此为名的团体——“来自高地的上主之友（l'Ami de Dieu du Haut - Pays）”。[①] 这个小小的社团也与神秘主义神学家陶勒有关，社团选择隐居于修道院内，在一座被称为“绿岛”的岛上，[112] 靠近当时还是德国城市的斯特拉斯堡。“绿岛”这个名字让我们想到，那位什叶派穆斯林翘盼其于末世归来的“隐遁伊玛目（Imâm caché，[译按] 指什叶派所认可的第十二位伊玛目马赫迪）”，他的秘密居所与之同名，也叫绿岛。梅瑞因认为修道院的时代已成过往，而必须建立

---

① 据信，一些地区（特别是罗马天主教）认为，“高地上主之友”是梅瑞因所创造的一个虚构人物，其目的是在他的领导下为符合上主之友的理想和教义的作品赋予权威性。参本书英译本：Christian Rebisse，*Rosicrucian History and Mysteries*，Athenaeum Press，2003.

另一种结构,采用一种非神职人员组成的新形式的修会。我们还要提醒大家的是,梅瑞因的作品写于蜡板上,于其卒年 1382 年置入其墓地。[①]

另一些人物如陶勒、埃克哈特大师,还有苏索身边聚集的一批人,也被人们认为是"神之友"。[②] 苏索的弟子甚至打算组建一个"永恒智慧兄弟会(confrérie de l'Éternelle Sagesse)"。安德雷在《精神光荣之函》中也使用过"神之友"这一措辞,该书重复了《兄弟会自白》之中的大量段落(参见第六章)。根据我们所提到的这些个人及团体的思想,"神之友"总体上指的就是"选民""人类的导师"和拥有启蒙体验的人们。

佛拉瓦奇

伊斯兰世界中的"神之友"([阿]wali Allah)概念与"精神骑士道(chevaleriespirituelle,按:[波]javânmardi;[阿]futuwwa)"相重叠。据信与圣殿骑士保有联系的伊斯玛仪派(Ismaéli,什叶派一支)的达瓦([阿]da'wa;[波]da'wat,意为教义)兄弟会便以武士修会的形象示人。在什叶派,我们甚至可以发现圣书三宗教共同的骑士道观念。据科宾说,这种精神骑士道观念发源于前伊斯兰时代伊朗的宗教——琐罗亚斯德教。它指的是创世的第一个时段,所谓佛拉瓦奇

---

① 有关神之友,除科宾的大量作品外,亦参 Bernard Gorceix, *Les Amis de Dieu en Allemagne au siècle de Maître Eckhart*, Paris, Albin Michel, 1984; R. Edighoffer, *Les Rose - Croix et la crise de conscience européenne au XVIIe siècle*, Paris, Dervy, 1998, pp. 249 - 263。

② 这里也许应该指出,罗马天主教人士不出意料地相信陶勒和苏索首先发起并领导了这一团体。他们的信仰和教条与罗马天主教一致,而当梅瑞因以其"洁净教会的神圣使命"执掌大权时,这个组织才落得"声名狼藉"。*Catholic Encyclopaedia online.*

(fravartis),指的是给一些族类重建世界和谐的使命。[①] 这一概念不能完全归于空间界限的讨论,人通过其神秘体验,夺回人的启示本质、其“完美本质”、其“光之人”的维度,而此概念与之紧紧相依。

作为经历过这种体验的人们,启蒙者(在世间最尊贵的意义上)是与精神的启示者以利亚相遇的一群人。根据发源于也门的苏菲传统,黑孜尔-以利亚(Khezr-Élie)[②]是奥瓦西(owaysî)的启示者,[113]奥瓦西是未经地上的师父便通过精神体验而接受了启示的弟子。这些弟子中包括阿尔-卡拉尼(Oways al-Qaranî)、阿拉比(Ibn'Arabi)、哈拉智(Hallâj)等。有必要指出,黑孜尔(Khird;al-Khadir,[印]KhawadjaKhidr)常与三倍伟大者赫耳墨斯以及塞特相较而论。根据古代传统,他居住在天和海的相接处。据说,当他在生命之泉中沐浴后,他的衣袍就变成了绿色。[③] 黑孜尔正是完美本质之所指,是知识的天使,换言之,是人类最为光明的自然的内在之主。佛拉瓦奇必会进入那些在精神骑士道谱系中经历这一体验的人。

精神骑士道

我们通过谈论到的人物为“精神骑士道”溯源。大概在约阿希

---

① [译按]琐罗亚斯德教中上帝所设计,类似于自然规律的一种精灵,它代表着上帝所设计的正确生活方式。据祆教《创世纪》(*Bundahishn*)所述,上帝在最初的三千年里,创造了无数的“虚空”和“佛拉瓦奇”。虚空用来分割明暗,保护光明不为黑暗所污染。而佛拉瓦奇则是一种其他宗教都没有的精灵,她存在于天堂。但会进入任何一种创造物中,促使该创造物按上帝预定的方向运动、发展和演化。如日月的升降、生物的成长,都与佛拉瓦奇有密不可分的关系。参维基百科“佛拉瓦奇”词条等。

② [译按]又译基德尔、黑德尔等。伊斯兰传统认为是真主的一位公正的仆人,拥有神秘知识。伊斯兰学者认为,古兰经18章65-82节穆萨所遇到的真主仆人即为黑孜尔。不少学者认为他与以利亚等同,分别在于黑孜尔代表波斯而以利亚代表以色列,黑孜尔和以利亚每年的斋月在耶路撒冷会面。

③ [译按]黑孜尔之名(al-Khidr)与阿拉伯语绿(al-akhdar)属同源词。

姆允诺建立早期基督教精神的僧侣修会时,德国叙事诗人埃申巴赫(Wolfram von Eschenbach,? —1230)便发展出了一套基督教与伊斯兰教共同的骑士道观念。瓦格纳(Richard Wagner)曾根据他的史诗《帕西法尔》(*Parzival*)的片段创作了同名歌剧《帕西法尔》(*Parsifal*),这部史诗是从普罗旺斯的吉奥特(Kyôt le Provençal)在西班牙托莱多发现的一部匿名阿拉伯作品中衍生出来的。这一版本的圣杯传奇源自伊朗。[①]《帕西法尔》中的圣杯是一块珍贵的石头,圣灵的光线降于其上,这一发现令人惊喜。某种传统认为圣杯上雕刻酒杯之处有一块绿宝石。

有关本文提到的几位"神之友"传记的研究,很自然地让我们想到他们都见证了类似的精神体验,而这体验将他们以共同的精神源流串联起来。科宾全心投入了这一观念,正是在这一主题上,他完成了杰作《伊朗的伊斯兰教》。[②] 他相信,沉潜于无法追忆的远古,相同进程的推动,成就了包括什叶派在内的,所有亚布拉罕宗教传统共同的骑士道观念,[114]它也形成了西方一般意义上结合了基督教与伊斯兰教的骑士道观念。[③] 我们难道没有看到,我们所讨论的人物中,东方和西方内传论的支持者们有一个共同的计划?我们难道没有在这里发现"我们所有西方传统中最宝贵的精神秘密"?[④] 这一"精神骑士道"有一个末世论的指向,并与先知、选民、导师,以及创世之初便开始的为复原世间之光的黎明的到来而进行的启示紧紧相缠。

世界的时代

许多传统称,予全体人类以启蒙,有关神的计划的神圣天启,将

---

① Jean Markale, *Le Graal*, Paris, Albin Michel, 1996, pp. 258 – 263.

② *En islam iranien*, *op. cit.*, vol. IV, book VII, chap. III, pp. 390 – 460.

③ *Ibid.*, vol. IV, p. 393.

④ *L'Homme et son Ange*, *op. cit.*, p. 241.

会分散在多个千年里。这种想法，在犹太教、基督教与伊斯兰教中都能找到。犹太教表示宇宙将仅仅存在6000年，在其终结之时，以利亚将会在弥赛亚来临前归来净化这世界。这一归来在福音书上亦有提及（马克福音9：12、马太福音14：11）。这一预言也在12世纪时期约阿希姆为神圣天启循环三位一体所分配的三个人物之中展现。在圣父和圣子的时代过去之后，约阿希姆宣告《默示录》的第三个时代将会临近，此即圣灵时代，以以利亚的归来为标志。伯多禄的教会将会被约翰的教会所取代。这些循环回归的观念以及新教会的出现，对于宣扬内在宗教的神秘主义运动产生了巨大影响，其中就包括了玫瑰十字会和虔信派运动。

护卫者

正如科宾所说，把天启分隔为循环的概念，在伊斯兰教中也有着很重要的地位。他更强调了卡拉布里亚（Calabre）僧侣约阿希姆关于世界三个时代的理论与伊斯兰教什叶派的创世六日（hexœmeron）理论之间存在的密切关系。① ［115］伊朗哲人霍斯陆（Nâsir - e Khosrow）在约阿希姆构筑其理论的一百年前揭示了创世六日的原理。他将创世的六日与六大宗教——赛伯伊教（sabéisme）、婆罗门教（brahmanisme）、琐罗亚斯德教、犹太教、基督教和伊斯兰教的出现等同了起来。其中，每一阶段都有一位为神圣带去新光的先知来临作为标志。但是，这六天构成了“宗教之夜”，而只有在第七日，所有天启的精神意义和内传论意义才会揭晓。伊斯兰教的许多作品都发展出了相同的主题，如阿拉比的《众先知的智慧》（*La Sagesse des prophètes*，11世纪），在众先知的范畴内，他将之理解为族类与智慧的结构体系层级的范例；还有沙贝斯塔里（Mahmûd Shabestarî）的《神秘的玫瑰园》（*La Roseraie du mystère*，14世纪），他将之理解为神

① *Ibid.*，pp. 102 – 105. 他在诸多著作中谈及这一主题。

秘主义国度的象征体系。对于他的说法,塞姆纳尼(Alâ al - Dawla Semnânî)将先知与七个奥妙的族类中心联系了起来。

12 世纪,什叶派神智学者对福音书(《约翰福音》)及《约翰默示录》偏爱有加,这些人成了约翰主义者(johannites)。另外,他们还把第十二位伊玛目的再临(parousie)比作护卫者(Paraclet),亦即约翰所称的圣灵。① 17 世纪玫瑰十字会如火如荼之时,伊斯帕罕(Ispahan,今伊朗伊斯法罕)的什叶派学院已经认为隐遁伊玛目(第十二位)就是琐罗亚斯德教中世界的救世主沙西安(Saoshyan),而他将会在第十二个千年之末归来,以将原初之光复归于创世。

神圣历史

本文曾提到,柏提耶夫(Nicolas Berdiaev)和科宾讲过,为基督徒与穆斯林所共同祈求的天启循环,不能被作为年代阶段来理解。他们不能系于历史年代,而是要系于学者们所称的神圣历史(hiérohistoire),这是一种圣化的历史,其中事件不可以线性方法前后相继。他们将其构架置于灵魂的世界、"圣显"的世界之中。他们因而感到,这些时段所指向的是人类内在发展历程的层级,[116]而非历史上的阶段。在此公布的历史事实只是圣化历史中事件的历史化,而圣化历史的显现其意图则是给我们以启发。另外,正当一部分人只处在天启的初级水平的位置时,另一些人已体验过了第八界域的想象世界,他们已经身处精神的时间之中,因为他们已通过其内在体验,而成了"神之友"。

真正的启示修会引领如许发展历程。它们的创建者的神秘体验,让团体成为精神骑士道这株树干上长出的树枝。例如维勒莫兹(Jean - Baptiste Willermoz)说到,"高而圣修会(Haut et Saint Or-

① [译按]新约中约翰著作曾以"护卫者(Paracletes)"称圣灵有五次之多(若 14:15 - 17,25 - 26;若 15:26 - 27;若 16:6 - 7;若壹 2:1)。

dre)”可溯源至世界创始之初。[①] 对于现代玫瑰十字会运动，这一发展历程指向“不可见修会”，即伟大净光兄弟会(la Grande Fraternité blanche)，而玫瑰十字修会仅仅是可见平面上的一种显现。正是这种联系的存在，使我们理应寻找它的渊源。

这一渊源当然无法为文件档案所证实，我们必须理解，这样一个概念拒斥纯理性主义的历史学者。而在艾利阿德的传统中，那些希求对内传论及启示的精神主义运动起源一探究竟的人们则会感到庆幸。在这点上，科宾的研究已经证明他们自身珍贵无价，而这也正是本文大量援引其著作的原因。科宾的思考让我们展开想象，罗森克鲁茨的传记也许可以读作一种预言式的叙事，一种可资辨别或探索《翠玉录》的文本媒介。它关乎精神体验，关乎与揭示创世奥秘的完美本质的相遇。它并非一个曾经存在过的人类的传记，而是“人们”向着想象世界——科宾认为其或为启示源流之渊薮——回归的历史。《兄弟会传说》于是就在启示叙述的传统中占有一席之地，[117]而启示叙述自时间之初便鼓励人们加入为复原世界之光劳作于隐秘之中的兄弟修会。

我们现在或许可以理解迈尔的说法了，他提出玫瑰十字会运动出自埃及和婆罗门的精神学说、出自厄琉西斯和萨莫忒腊刻秘仪、出自波斯魔法、出自毕达哥拉斯学派和阿拉伯人。然而，我们感到，一个启示运动的起源已超越了历史，它适应于神圣历史的框架范围；而神圣历史恰非仅仅反映在文件档案中，而是在灵魂世界内。牛顿不也在其炼金术著作中说，至真的真理化身为神话、传奇与预言么？

---

① 参圣城仁慈骑士团新人骑士兄弟会接待处的介绍：*Les Archives secrètes de la Franc－Maçonnerie*，Steel－Maret，Geneva，Slatkine，1985，pp. 92－113。

Chymische Hoch-
zeit:
Christiani Rosencreütz.
ANNO 1459.

Arcana publicata vilescunt; & gratiam prophanata amittunt.

Ergo: ne Margaritas obÿce porcis, seu Asino substerne rosas.

Straßburg/
In Verlägung / Lazari Zetzners.

Anno M. DC. XVI.

《基利斯廷·罗森克鲁茨的化学婚姻》(斯特拉斯堡,1616)标题页。页内文字:“最高深的奥秘一旦被揭示,就会受到贬损、亵渎,魅力尽失,故切勿对牛弹琴。”

第八章　化学婚姻

今日之日，皇家婚礼之日
您命中注定，蒙神遴选，为此欢悦
您当登上山峰，三圣殿矗立之所
观于盛事，时刻注意，慎思自身
勿酣畅沐浴，婚礼也许带来灾祸
灾祸临于渐渐瘦弱之人
谨防自己，重量太轻
——《基利斯廷·罗森克鲁茨的化学婚姻》第六章(1616)

[121]公元1616年，《基利斯廷·罗森克鲁茨的化学婚姻》(*Noces chymiques de Christian Rosenkreutz/Chymical Wedding of Christian Rosenkreutz*)一书问世，这部著作是公认的第三份玫瑰十字会宣言。该著在斯特拉斯堡出版，其出版者为操刀过《化学讲坛》和一系列炼金术论著出版的泽兹纳。这部作品与前两份玫瑰十字会宣言有着很大的不同。首先，该书虽为匿名出版，但世人皆知，它的作者是安德雷。其次，它的文体特殊，它是一部炼金术小说，是基利斯廷·罗森克鲁茨的个人传记。

尽管科学蓬勃发展，当时的炼金术仍有强大的生命力。学者拓展思路，炼金术也同时受到裨益，格莱纳(Frank Greiner)因此说道："现代世界的发明并非基于机械术的成功，它同样也在制金蒸馏器和精华萃取器中得到酵化。"①17世纪，炼金术这一"皇家技艺"拓

---

① *Aspects de la tradition alchimique au XVIIe siècle*, actes du colloqueinternational de l'université de Reims – Champagne – Ardennes(28 – 29 novembre 1996), sous la direction de Frank Greiner, revue *Chrysopœia*, Paris, Archè, 1998, p. 11.

展了它的视野。炼金术有成为大一统知识的野心，它将实践医学囊括在内，并发展到了更为精神性的维度。它试图对创世的历史进行思考，这一悲剧性的宇宙起源，不仅导致了人类的“堕落”，更导致了自然的堕落。如此一来炼金术士便是人类的医者，他帮助人类自我恢复，[122]并使之在其精神领域重生，与此同时，他们也是自然的医生。正如宗徒保罗曾说，受造之物遭受驱逐，忍受痛苦，静盼人类将其解放。[①] 帕纳克尔苏斯弟子，比利时哲人多恩（Gerhard Dorn，1530—1584）是一位典型的具有此种思维倾向的人物。[②] 正是在这样的环境之下，加之当时著作出版兴隆，《基利斯廷·罗森克鲁茨的化学婚姻》初次登台亮相。

安德雷

这一宣言的作者正是我们曾在第六章深度讨论过的安德雷，他出身于神学世家，门庭赫赫。他的祖父雅各布（Jacob Andreœ）是路德宗历史上的重要文件《协和信条》（*la formule de la Concorde*，1577）的作者之一。为嘉奖他令人称道的贡献，普法尔茨伯爵奥托海因里希（le comte palatin Otto Heinrich）授予其盾形纹章，雅各布亲自设计了这枚纹章，上镌代表其姓氏的圣安德肋（Saint－André）十字，又有四朵玫瑰，致敬路德的玫瑰绘饰盾形纹章。路德本人的纹章为一朵白玫瑰，此为喜乐与平安的徽符，周绕一圈象征永恒生命的金环。正中央为代表生命的红色心形，其上支有一个黑色十字架，象征禁欲，也使基督钉死十字架上为人类赎免罪恶的信仰观念时时响彻。这一纹章的设计灵感来自克莱尔沃的圣伯尔纳铎（saint Bernard），路德对其钦慕有加。圣伯尔纳铎在《雅歌》（*Cantique des Cantiques*）经文的讲道中，的确时常使用十字架与花结合的图像，来

---

① Romains，8:19－22. 按该句非原经，为经文大意。

② 参 B. Gorceix，*Alchimie*，Paris，Fayard，1980。

描述灵魂与上主的联姻。

安德雷自幼修习炼金术。他的父亲是德国西南小城图宾根的一位牧师，他拥有一间实验室，而他的表亲惠灵(Christoph Welling)对这一学科也极为热衷。与他的父亲一样，年轻的安德雷进行着神学研究。神学家阿恩特(参见第六章)将他认作精神之子，并对其施加了很多影响。阿恩特部分继承了魏格尔的传统(参见第三章)，这一传统尝试在莱茵－佛兰德神秘主义、文艺复兴赫耳墨斯主义以及帕纳克尔苏斯炼金学说之间达成调和。[123]安德雷和海斯(参见第六章)也是朋友，后者苦学帕纳克尔苏斯医学以及施图迪翁的圣殿测量术。年轻的安德雷居于图宾根时潜心于圣殿测量学说，他为他的老师兼监护人、神学家哈芬瑞弗绘制图画，协助他进行有关厄则克耳圣殿的研究。这位年轻的学者也同样对精神体验中符号的调解作用产生兴趣。在这方面，他继承了其师阿恩特的志趣。受到神秘主义强烈影响的安德雷，被认为是虔信派运动的先驱者之一。

《化学婚姻》的作者认为前去剧院是引导他的同辈们思考严肃问题的有效手段，而他的一些作品也受到了意大利即兴喜剧(commedia dell'arte)的影响。《图波》(*Turbo*)就是一个实例，在这部喜剧中，丑角(Arlequin)首次在德国的舞台亮相。这部戏剧的上演恰与《化学婚姻》的出版为同一年，而它也对炼金术有所参考。这是一部重要的作品，它为此后歌德创作《浮士德》提供了原型。显而易见，该剧作者对赫耳墨斯技艺的知识有所研究，然而他对于炼金术士依然多有嘲讽。不管是在神学方面还是在科学方面，安德雷感兴趣的，基本上都是有助的知识，而非空乏的思索。例如，安德雷有一位友人科门斯基(Jan Amos Komensky，1592—1670)，其夸美纽斯(Comenius)之名更为人所知，他与安德雷在17世纪为复兴教育学或教育法做出了贡献(参见第十章)。1614年，安德雷被任命为法伊英根的助理牧师(suffragan pastor)。之后又成为卡尔夫(Calw)的教长(superintendent)，斯图加特公爵宫廷宗教法院的讲道者

(preacher)和法律顾问。几任公职之后,他来到小镇阿德尔贝格担任修道院长一职,并于1654年在这里辞世。①

安德雷一生笔耕不辍。② 1602至1603年,安德雷未满17岁,就以作者身份初出茅庐。他写了两部有关艾斯德尔(Esther)和雅辛托斯(Hyacinthe)的喜剧,以及《化学婚姻》的第一版。此时,这部小说的主人公已被命名为基利斯廷·罗森克鲁茨,只不过这个名字在1616年该书出版时才被用在书名上。这部作品第一版手稿已亡佚,我们对它知之甚少。然而,我们确定可知的是,在作品中,玫瑰与十字的符号出现得很少。我们也知道,[124]1616年版是安德雷改写后的版本。值得注意的是,《化学婚姻》和《精神光荣之函》是在同一年,由同一个出版者发行的。《精神光荣之函》中有28段文字完全因袭自《兄弟会自白》。不过作者把出现基利斯廷·罗森克鲁茨这一名称的地方,悉数使用"基利斯廷·科斯莫塞恩(Christian Cosmoxene)"一名替换,而且似乎没有继承玫瑰十字会第一部宣言的全部观念。不要忘了,《兄弟会传说》写作的那一年,安德雷提出创立基督教团契(Societas christiana),这是一个以各种方式接近宣言中所构想的计划的组织。安德雷一生都在不断创立诸如图宾根社团这样的学习团体,或诸如染工基金会这样的社会人群组织,后者存续至今。

婚姻的故事

玫瑰十字会第三宣言与先前的两部非常不同,它是一部以散文笔调写作的精神炼金术寓言故事。基利斯廷·罗森克鲁茨是一位

---

① 参 Roland Edighoffer, *Rose - Croix et société idéale selon Johann Valentin Andreae*, vols. I & II, Paris, Arma Artis, 1982 & 1987。

② *Ibid.*, vol. II, pp. 761 - 781,整合了他的著作目录:专著、翻译、编纂作品、通信与手稿。

81 岁高龄的长者,他描述了发生在 1459 年的一段七日之旅。罗森克鲁茨接到一位带翼使者的传信,受邀参加一场皇家婚礼,又于梦境中看见了许多映象,于是便从他那位于山坡上的居所启程。他终于来到一座城堡,并且依次通过三道大门。在此过程中,罗森克鲁茨和另外受邀者还被迫接受了一场考验,他们的道德和精神的财富要在天平上过称。经判定,只有具有相当德性之人,才能受允出席国王与王后的婚礼。被选中的少数人会收到"金羊毛"[①]并被介绍给皇室家族。(金羊毛勋章是金羊毛骑士团的专属勋章,类似于英国的嘉德勋章。这是哈布斯堡王朝神圣罗马皇帝所能授予的最高荣誉。)

被介绍给皇室家族之后,罗森克鲁茨描述了一场戏剧的演出。接下来是一场宴会,再之后则有六位皇室成员被处斩。行刑者是摩尔人,他自己也在之后被斩首。装有尸体的棺柩被运到七艘船上,随之驶向远方。在其目的地,它们将会被放置在奥林匹斯之塔,一座奇特的七层大厦之中。

在接下来的叙述中我们可以读到,宾客们通过塔楼的七个楼层,怪异地向着塔顶攀登,[125]他们在一位童女及一位老者的指引之下走过塔的每一层,随后开始实行炼金术。他们将一种从皇室成员的皮肤上获取的液体进行蒸馏,液体随后变为一颗白色的蛋。一只鸟从这里孵化而出,它在被养肥之后遭到斩杀,归于尘土。宾客们利用这些残渣制作出了两个人形小像。两个赫蒙库鲁斯(homoncules)被喂到了成年人一般大。他们所领受的最后步骤是生命的火焰。这两个赫蒙库鲁斯不是别人,正是重获生命的国王与王后。不久之后,国王与王后邀请这些宾客加入黄金石修会(l'ordre de la Pierre d'or),并一同返回城堡。然而,人们没有忘记罗森克鲁茨在城堡里的第一天所做的失礼行为,他那天闯入了维纳斯长眠的陵寝。

---

① 金羊毛是一件指涉"伟大工程"的象征物。有一部精彩的研究著作论述金羊毛:Antoine Favre,*Toison et Alchimie*,Paris,Arché,1990。

他因自己的好奇而受罚做城堡的守卫。宣判似乎未及执行,因为故事的讲述突然转到了罗森克鲁茨回到居所,并在此戛然而止。作者让大家知道,这位 81 岁高龄的隐士活不了更多时日了。最后的这句话,似与《兄弟会传说》中罗森克鲁茨享年 106 岁的说法互相抵牾。而且,故事对于罗森克鲁茨其他一些方面的描绘,与之前的宣言里他所呈现的形象非常不一致。

巴洛克歌剧

正如戈谢(Bernard Gorceix)所记,安德雷的作品烙着 17 世纪文化中的巴洛克(baroque)印记,寓言、传说和象征在此种文化风格中占据十分重要的地位。根据戈谢的说法,这部小说是一部具有重要意义的历史及文学作品。实际上,它是 17 世纪巴洛克文化的最佳范例之一。其品味之绝妙以及装饰性的地位突出是十分明显的。[①] 婚礼故事所发生的城堡华美豪奢。[126]花园中,有着喷泉及自动机械的小园凸显着时代审美。[②] 它们装点了故事中的诸多场景,其中最令人难忘的,就是宾客们一个接着一个置身于天平之上,接受鉴定自身德性分量的场景。作者还让我们看到,蒙着面纱的少女排着奇异的队列,她们被一位极为漫不经心的丘比特用箭射中而不为所动。我们还见到了许多诸如独角兽、狮子、长颈鹿和凤凰等奇珍异兽。

诸位人物的服装也极为华奢,随着故事的发展,他们中的一些人,依炼金进程不同阶段的变化,还会把服装由黑色换至白色,又换

---

① 参 Bernard Gorceix,*La Bible des Rose - Croix*,Paris,PUF,1970,Intruduction,p. 38。

② 关于此点,参见:Salomon des Caus,*Hortus Palatinus*(1620),特别是再版的 *Le Jardin Palatin*,Paris,ed. Du Moniteur,1990。柯南(Michel Conan)撰写的该书后记将卡乌斯(Salomon des Caus)置于海德堡的玫瑰十字会运动之中。

至红色。各种宴会和筵席,由看不见的男仆服侍,他们不时穿插于故事之中。音乐经常是由看不见的乐手所演奏,它也陪衬着故事的发展。小号和半球形铜鼓标志着景物的变化或人物的进场。行文由诗歌点缀,整体情节则由一出戏剧分隔。这部炼金学著作当然也少不了幽默的戏份。文章经常在出人意料的时候幽他一默,比如鉴定的章节中(第三日),就出了几个大笑话。而在炼金变化实际完成的时候(第六日),炼金操作的指导者跟宾客们开了个玩笑,让他们以为自己无法进入工程的最后环节。看到自己的玩笑起效以后,那位顽童笑得疯得"他肚子都要爆炸了"。叙述中包含了隐藏的铭文和一个用密码编的谜语,德国的大学者莱布尼茨(Leibniz)曾试图解开它。如先前所见,我们直面了一部极为丰饶的文学著作,它与《兄弟会传说》和《兄弟会自白》的著作形式截然不同。

内在炼金术

1617 年,《化学婚姻》出版的次年,炼金术士勃洛托弗(Ratichius Brotoffer)发表了《大百科全书》(*Elucidarius Major*),他在此书中尝试在《化学婚姻》中的七日和炼金术的工序之间建立相关性。然而他也承认,安德雷的文本非常隐晦。而在距今较近的年代,[127]基纳斯特(Richard Kienast,1926)、派凯特(Will - Erich Peuckert,1928)等学者,对文本中神秘因素的解码尽了最大努力。更近些年,戈谢、胡汀(Serge Hutin),特别还有艾迪霍弗,则更为睿智地为作品做了解析工作。[①]《炼金婚姻》(疑即《化学婚姻》)的文本与炼金术作品非常不同。它根本不是一部技术性著作,其写作目的也并非描述一个实验过程。我们还应捎带指出,故事并未涉及哲人石的炼成,而是炼成了两个赫蒙库鲁斯。而有关故事里的七天,炼金术象征系统基本上在第四天一开始就占据了最主要的地位。

---

① 我们在此不再列举更多来自其他作者的天马行空的论述。

阿诺德尝试揭示《化学婚姻》只是斯宾塞(Edmund Spenser)《仙后》(*La Reine des Fées/The Fairy Queen*,1594)第十咏章(chant X)的改编,《仙后》是一个红十字骑士团故事。其论述难以服众。针对这一说法,艾迪霍弗论到,安德雷的故事与多恩的著作《炼金哲学源要》(*Clavis totius philosophiœchimisticœ*)之间的相似性引人注目。[①] 该书于1567年出版,后收录于1602年由泽兹纳出版的《化学讲坛》。在这部作品中,多恩表示,炼金术士所操作的物质净化过程亦应由人类自身完成。该书列举了三个角色,分别代表人的肉体、灵魂和精神。此三者在岔路口相遇,探讨该选哪条路才能到达三座位于山中的城堡。第一座城堡是水晶做的,第二座是银的,第三座是钻石的。经过了一番冒险,和在爱之泉边的一次净化仪式,三个角色完成了代表着各自种属的内在重生过程的七个阶段。这个故事与《化学婚姻》故事的基本构架,有着极为显著的相似性。

精神婚姻

安德雷为其《化学婚姻》撰有题词:

> 神秘者,遭泄露则卑屈,受亵渎则力量尽失。

[128]此言不虚。当启示秘教经智识活动过滤,它将失去其德性。而这样的环境之下,在本文之中,我们该如何分析那些吸引我们的著作,而又不剥离其德性呢?诚然我们无法揭示一切奥秘,然而我们察觉到,安德雷的启示小说之中,有三大重要的主题应当着重指出:婚姻、天启之山,以及工程的七个阶段。

---

① 参 Roland Edighoffer,*Les Rose – Croix et la crise de conscience*…Paris,Dervy,1999,pp. 282 – 302。

圣化的婚姻或神圣结合，在古代秘仪之中占据重要地位。基督教中，圣伯尔纳铎在《雅歌》的注释中详细阐述了这一主题。他在论著《论神的爱》中讨论道，朝向更高球界的灵魂之旅，其最终阶段便是精神的婚姻。这一象征系统在莱茵－佛兰德神秘主义中极尽细化，伯格音派以及《精神婚姻的装饰》(*Ornement des noces spirituelles*,1335)的作者卢布鲁克为其典型。另有诸如魏格尔等一众作者，对他们来说，精神婚姻的主题与再生及重生紧密相连。关于重生，炼金术符号体系则叠加在了基督教符号之上。

总的来说，皇族婚姻在炼金术领域地位重要，心理学家荣格表示，用它来描述个性化过程的阶段尤其恰切。国王与王后的婚姻代表着阿尼姆斯(animus)与阿尼玛(anima)两极的结合，它引领人们对自我的探寻。荣格在很多著作中阐述了他的这一研究，其中最具代表性的就是《心理学与炼金术》(1944)。然而，一般认为，荣格在《感通之秘：有关炼金术的心理学对立面的分裂与合一的探究》(*Mysterium conjonctionis, études sur la séparation et la réunion des opposés psychiques dans l'alchimie*,1955—1956)中才将他的观点发展至顶峰。在这部著作中，《基利斯廷·罗森克鲁茨的化学婚姻》是他思考的关键元素。安德雷的叙述违于书名所表，[129]他并没有谈论婚姻的过程。婚礼仪式的描写并没有出现在小说中，婚姻的行为实则围绕国王与王后的重生这一中心。与圣伯尔纳铎以及前几个时代的神秘思想相一致，这是一场族类的婚姻，它应被理解为安德雷在其书中所指的那种重生。

灵魂的城堡

婚姻故事的发生地位于山上。传统的象征学说中，这样一个地天相接的地点，正是众神与天启的初坯。达维(Marie－Madeleine Davy)在《山及其象征体系》(*La Montagne et sa symbolique*)中曾有佳论,[①]他说,当一个人决意攀上一座山时,他便为自己制定了任务,要向绝对之物发起登攀。捎给罗森克鲁茨的请柬向他说明他必须登顶一座山,其峰之上有三座圣殿。然而在故事接下来的段落里,取而代之提到的则是城堡。

罗森克鲁茨经过两道入口之后到达了城堡之中,此处正为伟大变化做着准备工作。随后,在第三地,一座岛上的塔里,伟大工程完成了。在此我们发现了埃克哈特大师以及圣女大德兰(sainte Thérèse d'Avila,1515—1582)提到过的灵魂的城堡这一主题。对他们来说,灵魂的任务通常表现为对一座城堡的征服。炼金术作品在描述一座山中的城堡时结合了这两种元素。我们先前观察到,多恩就提到了一座高山上的三座城堡。我们在这些叙述中所发现的所有这些符号元素,山、城堡、圣殿或塔,将这旅途与高山的概念召唤了出来。

[130]高山上的圣殿或城堡还有一种末世论方面意义,因为它让人想起厄则克耳在他的神视(visions)中所提到的圣殿。耶路撒冷圣城圣殿毁灭之后,犹太人被放逐到了巴比伦。那时候,厄则克耳预见到了这座未来圣殿的神视。他把犹太人的流放与人类被逐出天国联系起来。圣殿的毁灭造成上主自受造物中撤离,上主于是成了人们唯一可献崇敬之"地"。然而,厄则克耳宣布,一座新的圣殿,也是第三座圣殿将要建立,它要与受造物的恢复相谐。在预言的描述中,这座圣殿坐落于"最高的山"上。他宣称这座圣殿的原型从前曾存在于超地上(supraterrestre)世界。这一神视极大地影响了艾赛尼派(les Esséniens),并成为默示文学(littérature apocalyptique)的源头。[②] 我们还记得厄则克耳的圣殿在施图迪翁《瑙美特

---

① Paris,Albin Michel,1996.

② 这一观点由藤田省三(Shozo Fujita)在一篇至今仍未发表的论文中发展而成:*The Temple Theology of the Qumran Sect and the Book of Ezekiel*…Princeton,1970。柯宾曾在其著作中对此文有过概述:*Temple et Contemplation*,Paris,Flammarion,1980,pp. 307 – 422。

里亚》(参见第四章)中具有的重要性,并且之前已经提到,我们知道安德雷曾经也有机缘与哈芬瑞弗一起进行此课题的研究工作(引自同书)。而且,如艾迪霍弗所揭,《化学婚姻》包括了多方面的末世论元素。还要指出,我们因与弗拉德一起(参见第九章)与这样一个末世圣殿观念相遇而感到惊奇。对他来说,矗立着圣殿的山,正是启示之山。

七个阶段

在《化学婚姻》中,数字“七”的地位至关重要。[①] 其中提到了行动持续的七天、七位少女、七个砝码、七艘船,而最终的变化则发生在一个置于七层塔顶的炼金浸煮炉中。尽管不为恒例,炼金术士一般都将伟大工程的制作分为七个步骤。多恩就提到了这一工作的七阶。在此,我们所遇到的是一个根本性的主题,而非在炼金术中独一无二。而正如库利亚诺(Ioan P. Couliano)教授所言,[131]灵魂上升过程的七阶段的论说可以在许多文化传统中发现。[②] 他的研究表示,根据一种希腊传统,但丁、斐齐诺和皮科也有所提及,朝向狂喜的上升通过七个行星的球界。库利亚诺还另外提到了一种上升的形态,它远溯巴比伦传统,后又流向犹太及犹太基督徒的默示文学,以及伊斯兰教。它没有援引行星,但也一样谈到了精神狂喜的七个阶段(参表格“婚姻的七日”)。

我们在赫耳墨斯秘教中也会发现这一元素。《赫耳墨斯集》的开篇文章《牧人者篇》言及宇宙的起源和人类的堕落之后,[132]提

---

① 亦参 Paul Goodall,“An Introduction to the Chemycal Wedding”, in *The Rosicrucian Manifestos:An Introduction*, The Rosicrucian Collection, 2006, pp. 62–71。

② 参其著 *Expréience de l'extase*, Paris, Payot, 1984,艾利阿德为该书撰写前言。

到了灵魂通过球界框架而上升的七个阶段。它述说了肉身腐朽之后，灵魂上到父的身边之前，从缺陷与假象中净化自身所必经的七个区域。[①] 值得注意的是，概述赫耳墨斯学说大体的第十篇文章重新思考了朝向神的上升，它将其定义为“向奥林匹斯的上升”。这恰恰让我们想到，《化学婚姻》中炼金术过程的完成之地，不正是叫作“奥林匹斯之塔”吗？

婚姻的七日

第一日	出发前的准备：天国的邀请；塔中的囚徒；罗森克鲁茨启程赴婚礼。
第二日	去往城堡的旅途：四条路的岔口；抵达城堡并穿过三座城门；城堡的宴席；梦。
第三日	审判：对于失格宾客的审查；将金羊毛（勋章）赠予选中者；审判的裁决；访问城堡；测量的仪典。
第四日	血之婚姻：赫耳墨斯之泉；赠予第二件金羊毛；六位皇室成员的登场；戏剧的登场；皇室家族的处决；七艘船带棺起锚。
第五日	海上航行：维纳斯的陵寝；皇室成员的虚假拘留；海上航行；抵达岛上；七层塔；实验室。
第六日	重生的七步：抽签；泉水与锅炉边的仪典；悬空的球体；白色的蛋；鸟的出生；将鸟斩首并焚化；循环熔炉；两个小人从灰中制作出来，生命的火焰；皇室成员的苏生。
第七日	罗森克鲁茨归来：黄金石骑士团；乘船归来；对罗森克鲁茨施以惩罚；暂留后的归来。

七数概念在基督教传统中亦可觅得，特别是在安德雷所高度赞

---

① 参 *Hermes Trismégiste*, *I*, *Poimandrès*, Paris, Belles Lettres, 1991, pp. 15–16。

赏的圣伯尔纳铎处。《化学婚姻》第一日所详述的梦得源于圣伯尔纳铎于圣灵降临节后第五个主日的讲道。在这个梦里,罗森克鲁茨和另外一些人一起被锁在一座塔里。另外,婚礼的宾客所收到的,用于在奥林匹斯之塔中去往下一个楼层的工具——细绳、楼梯、翅翼,都来自圣伯尔纳铎的象征体系。

我们发现,安德雷赞赏的两个人曾对内在生命的七阶段发表过讨论。其一为萨尔茨韦德尔(Salzwedel)的牧师普莱托里乌斯(Stephan Prœtorius),他提出了"理由、成圣、凝思、应用、奉献、偶发与善行"的七阶段。其二为尼可莱,"新虔敬派"的先驱,关于神秘婚姻,他曾描述标志着灵魂重生的七个步骤(《永生喜乐之镜》,*Le Miroir desjoies de la vie éternelle*,1599)。

黄金石骑士

《化学婚姻》中第七日的最后,罗森克鲁茨被选定为"黄金石骑士"。这一头衔帮他克服了无知、贫穷和疾病。每一位骑士都宣誓应诺为主的修会及其仆人自然尽忠。正如安德雷所呼唤的"艺术服务于自然",它实际的效果是,炼金术士同样多地参与了他自身的恢复和自然的恢复。[133]在一本记录本上,罗森克鲁茨题下如许字样:"至高的知识即我们一无所知。"这个短句指涉了库萨的尼古拉所讲述的"博学的无知"。后者为普罗克洛斯、亚略巴古的狄奥尼修以及埃克哈特大师所属传统的一部分,它反对唯理论的逻辑。"博学的无知"并非人们通常所想的那样主张抗拒知识,它要求人们认识到世界的无限,因而世界不可作为完全知识的客体。库萨的尼古拉提倡灵知(gnose),这是一种启蒙知识,是通过理解对立的偶然性而超越外在世界的一种能力。

综上所述,《基利斯廷·罗森克鲁茨的化学婚姻》是一部启示叙述,它对应于个体通向与自己灵魂婚姻之路上的探索。灵魂的攀升是将人类与自然涵盖在内的进程中的一部分。读此书时,我们为其语言的丰富性所触动,它足证作者之博学。真要指出作者对于神话学、文学、神学以及内传论的涉及,我们可以写出一整本书,而我们在此仅为这个精彩的故事做了一个简要的梳理。对于这部在欧洲文学史上占据重要地位,并作为玫瑰十字传统基石的著作,我们的首要目标并非全方位地解释其中含义,而是激发读者阅读或重读它的愿望。

弗利修斯(Joachim Frizius)《至善》中的插画“玫瑰给蜜蜂以蜂蜜”(参第十章)。这部作品是弗拉德《智慧与疯癫的战斗》一书的附录，针对梅森对玫瑰十字会士的攻击，弗拉德在此书中作出了强力的回应。人们常认为弗利修斯是弗拉德所使用的笔名之一，一些学者则不这么认为，如霍夫曼在《弗拉德和文艺复兴的终结》中提出弗利修斯另有其人。

第九章　怒放的玫瑰

> 既然玫瑰十字修会自成立至今已存在了那么多年，依照它自己的陈述，它确立了上主的荣耀和人类的繁荣，直到它——我们时代的宝盒——再度开启。
>
> ——迈尔《喧哗后的沉默》(1617)

[137]玫瑰十字会宣言的发表在欧洲引起了巨大反响。三份宣言一版再版，由此催生出了一大批附和或批评它的出版物。仅在1614年到1620年之间，就有至少200部作品提出他们支持或批判玫瑰十字会的立场。直到18世纪末，它们的数量飙升至900种。这一盛况反映出了玫瑰十字会运动对于17世纪有多么重要。在这座缤纷的思想花园里，我们把目光聚焦在了几位学者身上，他们应该是这场学说论辩中最具典型性的代言人。

德国医师利巴菲乌斯(Andreas Libavius)是我们首先要讨论的人物之一。尽管作为一名帕纳克尔苏斯主义者，他拒绝接受帕纳克尔苏斯的理论中的魔法因素，且自称是一名科学的炼金术士。1615到1616年间，他出版了许多著作，其中，他称玫瑰十字会众为“异端分子”，并谴责他们对“魔法”的使用，判之为恶魔行为。弗拉德是一位英国医师，他在1616年出版了《向玫瑰十字兄弟会简表歉意，她深陷怀疑和污名的泥潭，然今得真理之水昭洗》(*Apologie sommaire, lavant et nettoyant, comme par les flots de la Vérité, la Fraternité de la Rose - Croix, éclaboussée des taches de la suspicion et de l'infamie*)

来回应利巴菲乌斯。[1] 他表示,玫瑰十字魔法是一种斐齐诺所指称意义上的“自然魔法”,[138]是具有完美的纯洁性和合法性的技艺。弗拉德的这本出版物主要就是来为玫瑰十字兄弟会公开寻求认可的。

司帕勃是安哈尔特的克里斯蒂安亲王(prince Christian d'Anhalt)的议员,他在1615年写了《致答卓越玫瑰十字修会之神启兄弟会》(*Échos de la Fraternité, par Dieu hautement illuminée, de l'illustreordre R. C.*)来为玫瑰十字会做辩护。[2] 据他的看法,修会的形式并非近期形成,因它可以上溯至亘古之时交付于亚当之手的隐秘智慧。司帕勃表明,这一智慧由迦勒底人与埃及人代代相传,并由圣约翰和圣伯尔纳铎带入基督教世界。他还列举了波斯泰尔、皮科、罗伊希林和阿格里帕诸人,认为他们是隐秘智慧的守卫者。另外一些作者如波蒂尔(Michel Potier)在他的《新化学论说》(*Nouveau Traité chimique*)中也对玫瑰十字会表达了支持。[3]

米凯尔·迈尔

德国著名化学家迈尔是神圣罗马帝国皇帝鲁道夫二世的御用医生,他也是一位玫瑰十字学说的热心拥护者。当时有一部人发出了批评的声音,他们公开表达了加入玫瑰十字修会的意愿,然而其请求却未得到任何回音。迈尔在他1617年的作品《喧哗后的沉默》

---

① *Apologia compendiaria fraternitatem de Rosea – Cruce suspicionis et infamiae maculis aspersam, veritatis quasi fluctibus abluens et abstergens*, Leiden, 1616.

② *Echo der von Gott Hocherleuchteten Fraternitet des löblichen Ordens R. C.*, Danzig, 1616.

③ *Novus Tractatus chymicus de Vera Materia, veroque processu Lapidis philosphici quo pleniorem atque fideliorem hactenus non vidit mundus. Cui accessit sub calcem, ut verum ita sincerum de Fraternitate R. C. judicium*, Frankfurt, 1617.

中作出回应，他说，这些人之所以听不到任何消息，是因为以修会的判断，他们还不足以加入。他补充道，即便他自己也无法享此殊荣。对于迈尔来说，玫瑰十字兄弟会绝不是一场恶作剧，它确确实实存在。他将这一修会理解为从古至今所有人中曾出现过的至贤之人的联合体。他表示玫瑰十字是古代传统的守卫者，这一"传统"上溯埃及人和婆罗门教，并自厄琉西斯和萨莫忒腊刻秘仪、波斯魔法、毕达哥拉斯学派及阿拉伯人一脉相承。

格里克(Friedrich Grick，1590—?)在作品中颇带嘲讽地将迈尔所列举的古代谱系进一步细化。1618 年，他以阿格诺思图斯(Irenœus Agnostus)之名写了[139]《真理之盾》(*Le Bouclier de Portrait de la vérité*)这篇对玫瑰十字会兼具颂扬和挖苦的文章，①在这篇文章中，他将玫瑰十字上溯至亚当，并开列了一份空想的修会首脑 47 人名单，其中包括塞特、斐洛(Philon)、玛诺尔(Al Manor)以及贾科莫(Jacques de Voragine)，直至 1618 年的首脑胡戈(Hugo de Alverda)。同一年里，施提拉特(Joseph Stellat，即赫尔希)在他的著作《苍穹中的天马，或对真实智慧的简要介绍，埃及人与波斯人以往称之为魔法，今日我们却从庄严的玫瑰十字兄弟会中取得，泛智之合法之名》(*Le Pégase du firmament, ou brève introduction à la vraie sagesse, laquelle était jadis appelée Magie par les Égyptiens et les Perses, mais aujourd'hui reçoit de la vénérable Fraternité R. C., le nom légitime de Pansophie*)之中提到了"玫瑰十字的庄严社团"。② 这位"隐秘哲学的继承人"是宣言的一位细心读者。不过，他不久后又发文抨击玫瑰十字修会，也引起了修会维护者的强烈反应。他又以梅纳庇乌

---

① *Clypeum veritatis; Das ist Kurtez, jedoch Gründliche Antwort respective*…Amsterdam, 1618.

② *Pegasus Firmamenti sive Introductio Brevis in veterum sapientiam, quae olim ab Aegyptiis et Persi Magia, hodie vero a Venerabili Fraternitate Rosae Crucis Pansophia recte vocatur*, Amsterdam, 1618.

斯(F. G. Menapius)为笔名,在1618年发表文章《维吉尔、奥维德述玫瑰十字兄弟会怪谈》(*Centon d'après Virgile sur les Frères de la Rose - Croix, Centon d'après Ovide sur les Frères de la Rose - Croix*)①,又在1619年发表了《玫瑰十字之梅纳庇乌斯:对于作为整体的修会的思考》(*Le Menapius de la Rose - Croix, ou Considérations de la Société tout entière…*)。② 这些著作带来了一个重要的问题,玫瑰十字修会是真实存在,还是只是幻象?

许多学者曾为之辩护:弗洛伦提努斯(Florentinus de Valentia,另名莫格林[Daniel Mögling],在其作品中也以施威格哈特[Theophilus Schweighardt]之名为人所知)发表了《耶稣是我们的一切!玫瑰怒放……关于梅纳庇乌斯针对玫瑰十字社团诋毁的学舌》(*Jésus est tout pour nous! La Rose fleurissant…; il s'agit d'une Réplique aux calomnies de Menapius contre la société des Rose - Croix*)。③ 正如迈尔,他试图论证修会的真实存在,在1618年用拉丁文发表了著作《黄金忒弥斯:卓越玫瑰十字兄弟会的法律与条例》(*Témis d'or, ou Des lois et ordonnances de l'illustre Fraternité R. C.*,按:忒弥斯意为金色,为希腊的正义女神)。④ 这部作品中,他用一种委婉的方式描述了玫瑰十字会的会面场所。据雅慈所言,他的描述让人想到海德堡城堡的主教宫(le château d'Heidelberg),这一处所我们接下来将会论及。⑤

另外,诺伊豪斯(Heinrich Neuhaus)于1618年在其《虔诚而实用的玫瑰十字会主题训诫。他们真的存在吗?他们是什么?》

---

① *Cento Virgilianus de Fratibus Roseae Crucis*, Amsterdam, 1616.

② *Menapius Roseae Crucis, Das ist Bedencken der Gesambten Societet von dem*, Munich, 1619.

③ *Jhesus Nobis Omnial Rosa florescens, contra F. G. Menapii calumnias*, Amsterdam, 1617 and 1618.

④ *Themis aureae hoc est de legibus Fraternitatis R. C.*, Frankfurt, 1618.

⑤ 参 Yate, *La Lumière des Rose - Croix*, Paris, Rets, 1985, p. 113。

(*Pieux et très utile avertissement au sujet des Rose – Croix. Existent – ils vraiment? Que sont – ils*)中陈述,[①]如果在欧洲人们再也见不到修会修士,那就说明他们已离开并向东方迁徙。在当时诞生的大量出版物中,每位作者都试图将玫瑰十字带往他们所关注的方向。安德雷1619年的著作[140]《巴别塔》(*Turris Babel*)讨论了玫瑰十字会宣言发表后引发的困惑,以及他对此的失望。

罗伯特·弗拉德

在玫瑰十字会运动登上历史舞台的那些年里,迈尔和弗拉德是最为狂热的兄弟会维护者。但是二人都没有宣称自己是修会中的一员。弗拉德兴趣广泛,并有通识,尤其精于《赫耳墨斯集》、斐齐诺,以及罗伊希林、威尼斯的吉奥尔吉等基督教卡巴拉学者的智慧。他是医师和炼金术士,热衷于帕纳克尔苏斯的概念。弗拉德有可能在一开始进入玫瑰十字会运动领域时,便与德国玫瑰十字会社群建立了联系,尽管这种关系要在迈尔于1611至1613年间访问英格兰时才建立起来。可以确定的是,这位英国医生的著作发表于1617年。法兰克福附近的奥彭海姆(Oppenheim)的一位印刷商德布莱(Johann Theodor de Bry)出版了它们,他甚至支付了出版费用。这些著作因梅里安(Mattœus Merian)的精美镌印而闻名。在这一点上,弗拉德的作品是真正的杰作,标题页装饰着华丽的镌刻,概述着作者的意图。

学富五车的弗拉德致力于展现宏观(世界)与微观(人)之间的和谐,他对行星、诸天使、人体各部、音乐及诸如此类之物中存在的和谐一致性产生了兴趣。他尝试建立所有知识的统一,而他1617

---

① *Pia et utilissima admonitio de Fratibus R. C. Nimirum an sint? Quales sint?* Danzig,1681. 更早先的版本于1623年在法国出版。

年为玫瑰十字修会会士而作的《神学哲学论集》(*Traité théologico - philosophique*)表明他也在展现那些历经亚当之堕落而至今犹存的古代智慧断片。[①] 1617 年,他发表了《此者与他者世界的形而上学历史、物理学和技术,以知晓伟大者与微小者》(*Histoire métaphysique, physique et technique de l'un et l'autre monde, à savoir du grand et du petit*)。[②] [141]弗拉德以这本囊括所有领域知识的名副其实的百科全书,尽力揭示用来统摄玫瑰十字会宣言中所称的普遍改革的"普遍智慧"。他试着说明受造万物如何由世界之灵展现——后者产生了统摄受造物的和谐数学模型。弗拉德的论证以威尼斯的吉奥尔吉所著的《世界大同》,以及斐齐诺出版的柏拉图《蒂迈欧》译注为依靠,他还追溯了斐齐诺取自马克罗比乌斯(Macrobe,约 400)的《西皮奥的梦》(*Commentaire du songe de Scipion*)中有关数字和世界之灵所做的注释。

弗拉德在世界之灵概念上的态度造成了他与天文学家开普勒,以及法国哲人、数学家、医师伽森狄(Pierre Gassendi, 1592—1655)的对峙。[③] 此外,法国哲人、修士梅森(Marin Mersenne, 1588—1648),作为一位凶狠的赫耳墨斯哲学批评家,也不由自主地对他进行抨击。这位笛卡尔的友人责难弗拉德将耶稣基督、天使以及世界之灵置于同等的地位。这位英国医师所激起反响的程度,说明他的著作在全欧洲广泛传布,而他们则处在那个时代的巨大论辩的中心。

---

① *Tractatus theologo - philosophicus*…, 1617,该著署名奥特瑞布(Rudolfo Otreb),由德布莱出版。

② *Utriusque cosmi, majoris, scilicet et minoris, metaphysica, physica atque technica historia*, by Johann Theodor de Bry at Oppenheim and Frankfurt, 1617 - 1624.

③ 关于这场论战,可参 Jean - Charles Darmon, *Quelques enjeux épsitémologiques de le querrelle entre Gassendi et Fludd: les clairs - obscurs del'Âme du Monde in Aspects de la tradition alchimique au XVIIe siècle in Chrysopoeia*, 1998。

开普勒

开普勒是图宾根的毕业生（与安德雷相同，两人交际圈有不少交集）。1600至1612年间，他时常出入于鲁道夫二世于布拉格的所谓“魔法宫廷”，并且是伟大的丹麦天文学家第谷的助手。开普勒接受了文艺复兴新柏拉图主义和毕达哥拉斯学派的强烈影响，他在《宇宙的秘密》（*Mysterium cosmographicum*）1596年初版中重申了世界之灵的体系。然而八年之后的1606年，当他重新修订该著时，他改变了自己的态度，使用了“力”取代世界之灵。对他而言，协调行星运动的不再是什么“世界之灵”，而是一种力。[142]为了表示自己已与赫耳墨斯学说裂席，他没有将著作献给三倍伟大者赫耳墨斯，而是献给了他自己认为的“三倍伟大之人”——英国国王詹姆斯一世（James I）。开普勒为与弗拉德《形而上学历史》论战而发表了著作《世界的和谐》（*Harmonices Mundi*，1619），开普勒宣称，这部著作的论述乃基于数学，而非弗拉德以为真理的赫耳墨斯神秘学说。他也申斥弗拉德混淆其二者。

作为回应，弗拉德写了《舞台的真实》（*Veritatis proscenium*，1621），文中清楚地陈述，其理论是对威尼斯的吉奥尔吉，以及玫瑰十字会运动的重申。接着，开普勒又有《申辩》（*Apologia*，1621）作为回复，对此，弗拉德则于1622年回以《乐人世界的单弦琴》（*Monochordum mundi symphoniacum*）。① 而当牛顿爵士的著作支持了开普勒的理论，弗拉德的“世界之灵”观念就被“力”所替代，而这力的起源则成了永远的谜题。

---

① Pierre Bréhar，“*Les Langues occultes de la Renaissance*”，Paris，Desjonquères，1996，pp. 200－243，概述了此事件。雅慈之前也提到了这场论战，*Giordano Bruno and the Hermetic Tradition*，chapter XXII。

弗里德里希五世

玫瑰十字会运动的演化,至莱茵普法尔茨伯爵弗里德里希五世(Frédéric V de Palatinat)之时迎来了决定性的时刻。① 想了解其原因,我们有必要概述一下在此期间波希米亚地区(位于今捷克共和国)所处的地位。这一神圣罗马帝国行省处于斐迪南一世(Ferdinand I,1503—1564)的哈布斯堡王朝统治之下。他的儿子和继承者,马克西米利安二世(Maximilien II,1527—1576)大帝是一位天主教徒,但对新教不持敌意,考虑到迪伊将其1564年的著作《神圣文字摩纳德》献给了他,我们甚至可以说,皇帝对于奥秘观念非常开明。马克西米利安死后,鲁道夫二世继承了他的皇位,他将宫廷从维也纳迁往布拉格。这位哈布斯堡的统治者有意避开他的侄子,西班牙的天主教徒国王菲利普二世(Philippe II,另一位哈布斯堡王室成员),此人反对他的宗教狂热。鲁道夫二世是一个风雅而高尚的人物,他热衷于科学、艺术以及赫耳墨斯神秘学说。他主持着一个宫廷,诸如第谷、开普勒、迈尔等重要人物接踵而至。欧洲所有的魔法师都来到他的宫廷,布鲁诺和迪伊都常来此地光顾。鲁道夫二世的布拉格宫廷与菲利普位于马德里城外的埃斯科里亚尔(Escorial)宫廷反差巨大。至鲁道夫二世统治末期,[143]《兄弟会传说》恰好构思成型,并于1610年左右以抄本形式流传。

1612年,鲁道夫二世薨,他那不成器的弟弟马蒂亚斯二世(Mat-

---

① 1871年以前,今日的德国国土上林立着许多独立的国家,如符腾堡、普鲁士(Prussia)、巴伐利亚等,其疆界因战争及其他原因频繁地更移。从地理学角度而言,普法尔茨分位莱茵(下)普法尔茨和上普法尔茨。莱茵普法尔茨领土包括莱茵河中游两岸及其支流美茵河及内卡尔河(Neckar)流域。直到18世纪它的首都一直是海德堡。上普法尔茨位于北巴伐利亚,领土横跨纳布河(Naab)两岸望其南下灌入多瑙河,东至波希米亚森林。普法尔茨领土随着普法尔茨伯爵(Count Palatine,亦即行宫伯爵)的政治与王朝命运而更迭。

thias II)继承了王位。鲁道夫的“魔法宫廷”分崩离析,其成员纷纷投靠与鲁道夫有相同趣味的新教贵族。其中一些人徙居海德堡的弗里德里希五世的宫廷之中,弗里德里希五世是莱茵普法尔茨选帝侯、帝国总务大臣和英国国王的女婿。[①] 另外一些人投靠了弗里德里希的议政大臣——安哈尔特的克里斯蒂安亲王的宫廷,这位亲王的医生是克罗尔,帕纳克尔苏斯得意门生之一,[②]黑森-卡塞尔方伯莫里茨宫廷则是另一个众人向往之地。此时,为玫瑰十字会运动起到重要推进作用的迈尔在此后的两年间行游萨克森(Saxony)、英格兰和阿姆斯特丹,最后也成为莫里茨方伯幕下的医生和炼金术士,而最初两部宣言的出版者维塞尔亦居此地。马蒂亚斯二世统治期间,天主教与新教重燃争端,这位新皇帝不具备前任者的宽容之心。在此期间,《兄弟会传说》付梓于 1614 年,第二宣言《兄弟会自白》也紧随其后,于翌年问世。新作的悲观情绪体现着这灾难隐隐将至的时代的症状。

布拉格抛出窗外事件

马蒂亚斯二世一点点地将新教徒从帝国的重要职位上抹去。接着,1618 年,他将布拉格的一座教堂关闭,此举很快便引发了城镇居民的一次反抗斗争。1618 年 5 月 23 日,一些新教贵族将两名皇帝钦差投出布拉格城堡窗外(两人运气不错,正中城堡麦堆,最后活了下来)。这一羞辱事件史称“第二次布拉格抛出窗外事件”,它标志着三十年战争(1618—1648)的开始,这场内斗很快摧垮了哈布斯堡王朝。马蒂亚斯二世于次年三月的身亡,[144]让情况更为恶化。他的

---

① 神圣罗马帝国之内有七位地位最高的贵族称为选帝侯,由他们负责来选出下一位皇帝。波希米亚国王是选帝侯中最为重要的一位,哈布斯堡家族通常会确保他们拥有波希米亚国王之位。

② 安德雷的一位友人海斯与克罗尔有私交,《兄弟会传说》中述说了他的一些理念。

侄子,刚登临波希米亚国王位的施蒂利亚的斐迪南(Ferdinand de Styrie)继嗣为皇。这位耶稣会士的学生采取一系列措施废止新教信仰,从而彻底终结了鲁道夫二世所修复的宗教宽容。

波希米亚的新教阶层拒绝承认斐迪南的统治权,而通过全民公投的方式更换统治者为德国西南的莱茵普法尔茨伯爵弗里德里希五世,他正好也是1608年引入的新教联盟首领,这一联盟因而得利于英法两国新教徒的支持。作为对新教联盟的回应,天主教联军于1609年在巴伐利亚的马克西米利安(Maximillirn de Bavaria,1573—1651)的领导之下组建。法国国王亨利四世1610年去世之后,一部分人就认为,同年成为普法尔茨选帝侯的弗里德里希将会是调解天主教与新教的合适人选。一些人甚至将他饰于纹章之上的狮子图案看作先知预言中的"大熊星座之狮"(参见第四章),这是繁荣年代的标志。据历史学家雅慈所言,弗里德里希的宫殿乃是早期玫瑰十字会运动的中心。1613年,弗里德里希迎娶英王詹姆士一世之女伊丽莎白(Elizabeth Stewart)。这一重要事件将欧洲的新教结盟牢牢联系在一起。婚典开始于英国,继而在海德堡城堡举行了隆重的庆典。这些庆典极有可能就是受到了安德雷在《基利斯廷·罗森克鲁茨的化学婚姻》中所描述的一些场景的启发。[①] 这座文化的堡垒拥有数个花园,装饰着由卡乌斯(Salomon de Caus)所设计的洞室、"有声雕像"和自动人偶。[②] 不少人认为它是世界第八大奇迹。

---

① Yates, *op. cit.*, Chapter 1,作者在此描述了这座宫殿的财产。

② 卡乌斯受到迪伊著作(包括其欧几里得著作序言等)和文艺复兴建筑艺术的强烈影响。据帕平(Denis Papin)说,他发明了蒸汽动力。他在著作《动力的理论》(*Les Raisons des forces mouvants, avec diverses machines tant utiles que plaisantes*, 1615年发表)1624年版中提到了他为海德堡所制作的洞室和有声雕像。而又在1620年由德布莱出版的《宫殿花园》(*Hortus Palatinus*, The Palatine Garden)中描述了这些花园。科南(Michel Konan)在《宫殿花园》修订本后记中着重强调了卡乌斯的发明与弗拉德作品中所描述的发明之间的联系(Paris, 1990, ed. Du Moniteur)。

白 山

遂波希米亚新教阶层之意愿，弗里德里希五世在知晓他将面对哈布斯堡天主教势力的情况下加冕该地的王位。也许是命运使然，他相信他除接受以外无从选择，于是便于1619年11月在布拉格加冕。哈布斯堡的势力已恢复元气，便着手对付起他来。弗里德里希的盟友，英法两国国王惮于与当时同处哈布斯堡王朝统治之下的西班牙发生争斗，倾向于置身事外。11月8日，“白山之战”在布拉格附近爆发，安哈尔特的克里斯蒂安亲王所率领的弗里德里希军被天主教联军击溃。[145]紧接着这场大难，帝国军最终侵略了莱茵普法尔茨，并摧毁了该地，而弗里德里希五世则带着他的王后在1622年逃到了荷兰海牙(Haye)。之后的一年，巴伐利亚的马克西米利安一世便利用王室总管的职权控制了波希米亚。在布拉格的短暂任期里，弗里德里希在历史上留下了“冬王”之名。他只在位了一个冬天。白山之战后，三十年战争紧随而至，它留下了诸多令人毛骨悚然的篇章。法国历史学家肖尼(Pierre Chaunu)将这场争斗描述为“特大灾难”，莫尔斯(P. Mols)则称之为“德国历史上空前绝后的人口之祸”。根据统计数据，这场战争之后，普法尔茨领地损失了70%的人口，而符腾堡和波希米亚则各损失了82%和44%。另有两万人在战后失踪。这场战争期间，中部欧洲总人口骤降60%之多。[①] 这一令人震惊的历史事件最终导致了玫瑰十字会计划的中止。

白山之战胜利后，哈布斯堡家族散布了一些把弗里德里希五世与玫瑰十字会运动相联系的讽刺浮雕画。天主教的这场胜利被视作脱利腾大公会议目的的延续，教会在1545至1563所召开的这场大公

---

① 数据出处：Henry Bodgan, *La Guerre du Trente Ans*(1618—1648), Paris, 1997, Chapter 12。

会议上为新教与赫耳墨斯神秘学说定了罪。在一张版画上,我们可以看到斐迪南的皇族标记雄鹰栖于一根柱子之上,它的足底是一只狮子,象征着弗里德里希五世。这块浮雕的铭文部分仿照《兄弟会传说》结尾处的格言"在翅翼的荫蔽之下,哦耶和华",自作聪明地改写成"在吾翅翼的荫蔽之下,波希米亚王国走向繁盛"。[1] 然而这并未发生……

如上所述,玫瑰十字会所拟定的兄弟修会理想与宗教狭隘观念互相抵牾,而三十年战争则阻止了一个真正的修会的创生。虽然玫瑰十字会的计划在此期间未能迎来盛期,但它的理想则传遍了欧洲,特别是在英国和法国。笛卡尔正是在这混乱的日子里开始他的玫瑰十字研究。我们接下来就会看到,他回到法国时正巧看到城墙上张贴的一些神秘布告,[146]它们宣告玫瑰十字将小驻巴黎。而在英国,玫瑰十字会计划将会经培根爵士(Sir Francis Bacon)之手历经一场预料之外的发展。

---

① 参 Yates, *op. cit.*, plate 15。

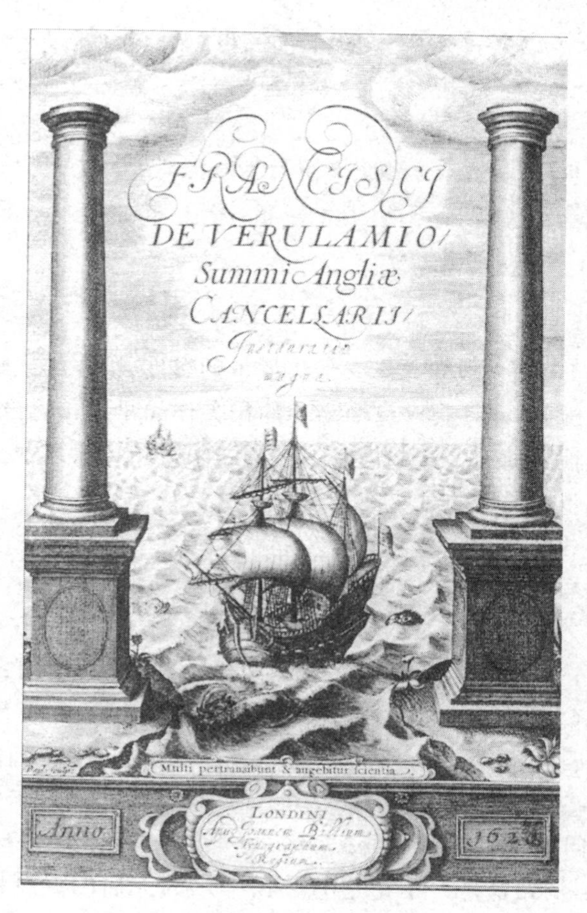

培根《新工具》1620 年原版卷首插画。船的下方有文字，大意为“人们走向四面八方，科学知识得以增长（Multi pertransibunt et augebiturscientia）”。

第十章　哲人与玫瑰十字

我们，玫瑰十字修会学院的主要代理人，因上主的恩宠，将在本城作可见或不可见之停留，好使你们转向一颗公正者之心。

——1623年巴黎的张贴海报

[149]白山之战标志着三十年战争的爆发，也终结了玫瑰十字在德国的绽放。不过，玫瑰十字会的相关作品早已传遍欧洲，不少哲人敏锐地察觉到了这些信息。在此之中，笛卡尔、培根和夸美纽斯是我们重点关注的对象。

笛卡尔

许多内传论史学者都尝试将法国哲人、科学家和数学家笛卡尔(1596—1650)在最充分的意义上归入玫瑰十字会中。阿弗朗什(Avranches)主教胡埃特(Pierre - Daniel Huet)是这一观点的主要倡导者之一。1692年他以德拉(G. del'A)之名出版了《笛卡尔主义历史的新回忆录》(*Nouveaux Mémoires pour servir à l'histoire du Cartésianisme*)，这是一本记述有关笛卡尔的天启的讽刺性宣言作品。该著告诉我们是笛卡尔将玫瑰十字会运动引入法国，并且他还是修会巡查官中的一人。胡埃还说，这位哲学家并未于1650年死去，因为他被应许了500年的生命，他隐居于拉普人(Lapons)之中，继续领导着修会。这本充满莫须有之事的著作催生出了一波有关笛卡尔的玫瑰十字会传说。直到近些年，亚当(Charles Adam)在其编纂的笛卡尔全集(1937)之中,仍然声称这位哲人是玫瑰十字会的信徒。

[150]三十年战争(1618—1648)爆发前的那段时间里,笛卡尔对玫瑰十字会及其哲学发生了兴趣。1617 年,他应征入伍,在部队生涯中,他去了荷兰和德国。在这些行游中,他遇到了法奥拉伯特(Johann Faulhabert),一位对占星术、炼金术和卡巴拉感兴趣的杰出数学家。他在 1615 年出版著作《算术神秘学说,或卡巴拉和哲学的发明,全新、尊贵且高尚,以此为据便能理性而有条不紊地进行数的计算——谦逊并真诚地献给卓越而著名的玫瑰十字修会》(*Mystère arithmétique, ou découverte cabalistique et philosophique, nouvelle, admirable et élevée, selon laquelle les nombres sont calculés rationnellement et méthodiquement. Dédié avec humilité et sincérité aux illustres et célèbres Frères de la Rose - Croix*)①是最早向玫瑰十字会致意的著作之一。

笛卡尔与荷兰医生、哲人和数学家比克曼(Isaac Beeckman, 1588—1637)也有关联。笛卡尔于 1619 年 4 月给比克曼的信揭示了他在奥秘科学方面也抱有兴趣,特别是对阿格里帕和鲁尔。笛卡尔很有可能就是通过法奥拉伯特和比克曼而注意到玫瑰十字会宣言的。笛卡尔的传记作者巴耶(Adrien Baillet, 1649—1706)向我们诉说,笛卡尔赞扬了他从一个贤者的修会处得来的奇特知识,该修会以玫瑰十字兄弟会之名,数年前于德国建立。

> 他在自己之内感到一股效法玫瑰十字的冲动,他在最关心如何加入修会以寻求真理之时听闻于此,便愈发为之触动。②

---

① *Mysterium arithmeticum sive cabalistica et philosophica Inventio*, Ulm, 1615. 四开本。本书由法奥拉伯特以优秀的数学知识写就,阿诺德认为法奥拉伯特知悉玫瑰十字会存在之说无征,故误,见:*Histoire des Rose - Croix*, Prais, Mercure de France, 1955。

② Adrien Baillet, *La Vie de M. Des Cartes*, Paris, 1961, vol. 1, pp. 87 - 88.

这引起了笛卡尔的极大兴趣,他开始沉迷于这一研究。1619年3月,他启程前往波希米亚,8月抵达,并于次年前往法兰克福出席了神圣罗马帝国皇帝斐迪南二世(Ferdinand II)的加冕礼。[①] 一些历史学家相信,笛卡尔借此机会游历了在此不远处的海德堡城堡,这是普法尔茨选帝侯弗里德里希五世的领地,他的《人类论》(*Traité de l'Homme*)和《实验》(*Experimenta*)里的不少篇章里也许就是这次访问的反映,两部作品中似乎隐隐描写了卡乌斯为城堡花园所制作的自动人偶。此地声名在外,因此许多知识分子都慕名而来,我们的大哲学家如此亦为可信。正如雅慈所指出的,笛卡尔对于海德堡宫廷至死方休的兴趣,让人想到他会对其光辉过往有所在意,[151]人们不禁要问,他与这座玫瑰十字会圣地之间的真正关系为何。[②]

三个梦

在这期间,笛卡尔全心追求真知。他刚刚为自古以来无人可解的三大数学问题中的两个寻找到了答案,它们是倍立方问题(la duplication du cube)和三等分角问题(la trissection de l'angle)。1619年的3月,他向他的朋友比克曼宣称他正在从事建立"一门全新的科学,一种超越数学的普遍方法",它将令所有类型的问题都得到解决。他为找到这伟大知识的基础,而感到了精神的欢跃和完全的幸福。据巴耶记载,同年稍后,11月10日夜间,在离乌尔姆(Ulm)城区不远处的一座暖炉房中,笛卡尔在一日冥想之后做了三个梦,这三个梦彻底改变了他的一生。第一个梦中,他被一阵狂风吹走,带到了一座神秘的学院,他在此地遇到一个人给了他一个瓜。他怕这梦是邪恶精神作

---

① 此为施蒂里亚的斐迪南(Ferdinand de Styrie),自1617年继承皇帝马蒂亚斯二世(Matthias II)而为波希米亚国王。

② 参 Frances Yates, *La Lumière des Rose-Croix*, Paris, Retz, 1985 p. 148。

祟,醒来后便潜心祈祷。回到梦乡,他几乎立即经历了第二个梦,紧随其后的便是第三个。在这两个梦里,他被赠予一部辞典和一部结合了哲学与智慧的诗集。翻阅这部诗集时,他偶然间发现了这些字:“我该奉行何种生命之道?”

关于这三个梦,有很多种解读。正如许多作者所提到的,他在梦中经历的这些事件与《基利斯廷·罗森克鲁茨的化学婚姻》中的某些篇章十分类似。① 笛卡尔意识到了这是一段异乎寻常的经历,他尝试第一时间对它进行分析。他把这些梦看得很重,便在随身带着的题为“奥林匹克”(*Olympica*,笛卡尔的一本早期及未完成作品集,所谓“小记事本”中的一个组成部分)的文章下誊录了它们。这次经历坚定了他的信念,他相信自己走在正确的道路上,也相信数学是理解创世万物的神秘的关键。对荣格的同道弗朗茨(Marie - Louise von Franz)而言,笛卡尔所经历的启蒙可以看作“集体无意识”的集中爆发,[152]而将他引向一个对于由数字传达的原型的直观感悟。② 笛卡尔自己说,它牵涉“我一生中最重要的事情”,并且直到去世,他一直将这一文本带在身边。四年之后的1623年,他返回巴黎。就是在那个时候,他的名字开始与玫瑰十字联系起来。

巴黎的海报

同一年,巴黎城墙上张贴的一张告示宣布了玫瑰十字“可见与不可见者”的显现。纳乌德(Gabrial Naudé)在《就玫瑰十字兄弟会

---

① 裴西古(G. Persigout)首先注意到了这一与众不同的片段,然而,他简单地停留在了表面,参见:*Rosicrucianisme et cartésianisme*, Paris, éd. de la Paix, 1938,后来学者诸如阿诺德(*op. cit.*,)等则较为深入,另值得一提的是,嘉玛为这三个梦做了非常引人关注的分析:*La Nuit de songes de René Descartes*, Paris, Aubier, 1998。

② *Nombre et Temps, psychologie des profondeurs et physique modern*, Paris, La Fontaine de Pierre, 1998, p. 209.

历史之真实告法兰西》(*Instruction à la France sur la Vérité de l'Histoire des Frères de la Roze - Croix*, 1623)中提供出该文本的版本之一:

> 我们,玫瑰十字之首脑学院的代理人,正驻留于此城镇,可见或不可见者,由着贤者之心向往的那位至高者的恩典,不需任何书本与记号的帮助,而确实地教说我们选择驻留的每个国家的语言,以使我们可以从死亡的谬误中拯救我们人间的伙伴。

这张海报很快就有了后续,其中称:

> 然而,要学到这些奇迹的知识,我们需敬告读者,以我们对其思想的猜测,人若仅由好奇心的促使而尝试来见我们,那么他便无法与我们取得联系;人若受热忱的决心激励,将自己的名字刻上我们团体的名簿,我们将会把我们应许的真理显现给他,因此我们绝不泄露坯屋的地点,因为单纯的思想,结合读者的坚定意志,将足以让我们了解他,并让他显现于我们。①

这些海报引发了不小的骚动。纳乌德写道:

> 我们如果寻找这阵如今席卷我们国度的风暴的确切源头,我们会发现这个兄弟会的公告自从传遍德国后短时间内便扩散到了国外。

攻击玫瑰十字会的册子很快也流传开了。其中宣称修会向世间派遣了36位代理人,而其中的六位在巴黎,但若非通过思想而想

---

① 纳乌德只抄录了第一张海报的文本。弗雷斯诺瓦(Lenglet du Fresnoy)则在著作中将两份海报的文本都抄录了下来:*Histoire de la Philosophie Hermétique*, vol. 1, Paris, 1742, pp. 376 - 377。

与他们取得联系则是不可能的。人们讽称其为“不可见者”。纳乌德在著作中取了一些如“恶魔与所谓不可见者的可怕夹击”(*Effroyables pactations faites entre le diable et les preténdus Invisibles*,1623)之类的鼓动性标题,来为这种攻击推波助澜。然而之后的几年里,他变得更为中立,[153]他的《向所有被误认为有魔法师嫌疑的重要人物致歉》(*Apologie pour tous les grands personages qui ont été faussement soupçonnés de magie*)便有如此表示。①

海报出现的事情和笛卡尔的归来恰好同时发生,这足以激发一些巴黎人的想象。首都甚至私下传言笛卡尔已加入兄弟会,甚至负责这些神秘海报。为将谣言扼于萌芽,这位哲人集结了他的朋友们,告诉他们,自己并非“不可见者”。他表明他在德国的确寻找过玫瑰十字会,但没有遇到过任何人。笛卡尔说的是事实,还是在为自己寻求辩解?无论此事真相如何,实际情况是他即使见到了玫瑰十字会——似乎并非完全不可能,他也会保持沉默。

诚然,在当时,法国对玫瑰十字会几乎无法友好相待。与此相关,雅慈提到“玫瑰十字会恐怖”此后统治了这个国度。② 教会截获了一份新教密文,并认为修会是一个恶魔社团。海报事件发生的同一年,笛卡尔的一位朋友,哲人、大学者、修道院长梅森激烈地反对玫瑰十字会运动。他写的《创世记的重大问题》(*Quaestiones celeberrimae in genesim*)反驳了赫耳墨斯哲学和文艺复兴卡巴拉学说,兼及其数位代表人物。他特别指责了英国玫瑰十字会学者弗拉德。其实,梅森对他所未知的感到恐惧,而且,他对内传论其实一无所知。在他的想象中,法国男巫泛滥,到处传播他们的歪理邪说。

梅森最亲密的友人之一,哲人、数学家伽森狄也向弗拉德发起挑战。同一期间,噶拉斯(François Garasse)写了《当代知识分

---

① La Haye,1653.

② 参 Yates,*op. cit.*,p. 135。

子新奇学说》(*La Doctrine curieuse des beaux esprits de ce temps*, 1623),其中谴责了“玫瑰十字会学派和它的文书官迈尔”。而巴黎神学院方面也在1625年对昆拉特的《永恒智慧讲坛》提出了官方的指责。

世界主义者波利比奥斯

[154]嘉玛(Sophie Jama)在对笛卡尔梦境的研究里回顾了这位哲人生命中的这段历程。① 为实现这一研究,她调查了笛卡尔的一部未发表的早期作品:《世界主义者波利比奥斯的数学宝库》(*Trésor mathématique de Polybe le Cosmopolite*)。笛卡尔意在解决所有数学难题,并表示该著将献给“全世界的博学之人,特别是在G.(德国)声名显赫的F. R. C.(玫瑰十字兄弟会)”。② 这与其他17世纪思想家出版一本书回应玫瑰十字会宣言的做法非常相似,嘉玛认为,笛卡尔的脑海中无疑也有相同的意图。白山之战后,波希米亚发生剧变,教派主义则在致力于反宗教改革的法国占据上风,这些事件无疑鞭策他加快这项计划。我们还可以补充道,这部作品的目的与他的友人法奥拉伯特献给玫瑰十字会的作品《算术神秘学说》(*Mysterium arithmeticum*, 1615)也很类似。

尽管笛卡尔否认曾与任何玫瑰十字会人士相见,我们也应该思考他对于玫瑰十字会诸概念的遵循。嘉玛在著作中将玫瑰十字会宣言的著名观念、《奥林匹克》以及笛卡尔的其他作品互作比较,发现玫瑰十字会诸概念在这位哲人的生命中绝非一段小小的插曲,反而对丰富其思想大有裨益。她甚至大胆地提出,尽管笛卡尔没有在德国与任何玫瑰十字会人士相见,然而他却明显地通过一段玄想的经历与玫瑰

---

① Sophie Jama, *op. cit.*, pp. 195 – 196.

② 该文原抄本亡佚。一些学者在题词处替用“F. Ros. Cruc.(卡雷尔[Foucher de Careil])”。

十字会相遇，其中就包括他在《奥林匹克》里记录的三个梦。

荷 兰

笛卡尔因充斥法国的煽动行为感到烦扰，而于 1628 年侨居荷兰莱顿附近，在安静的工作环境中全身心投入研究。历史上许多证据显示，玫瑰十字会运动在这个国家发展蓬勃。[①] 而我们在上一章也已提及，1620 年白山之战爆发后，[155] 弗里德里希五世曾逃难于此地。早些时候的 1615 年，《兄弟会传说》译介入荷兰（*Fama Fraternitatis Oft Ontdeckinge van de Broederschap des loftlijcken Ordens des Roosen – Cruyces* [Gedruckt na de Copye van Jan Berner, Franckfort, Anno 1615]）。这一译本含有一封霍本菲尔德（Andreas Hoberveschel von Hobernfeld）请求获允加入玫瑰十字修会的信。此人来自布拉格，跟随弗里德里希五世逃亡海牙。玫瑰十字会在荷兰的出现在安特卫普（Antwerp）著名画家鲁本斯（Peter Paul Rubens）写给佩雷斯科（Nicolas – Claude Fabri de Peiresc）的信中也有体现。在这封 1623 年 8 月 10 日寄出的回信中，鲁本斯告知玫瑰十字会已经在阿姆斯特丹活动了很长一段时间了。然而这则信息，和奥尔维斯（Orvius）宣称修会在海牙拥有一座宫殿一样，都无法准确地描绘出玫瑰十字会运动在低地国家的真实发展状况。[②]

能够确定的是，1624 年 1 月，大法庭（la Cour de justice）的几位人物之间的通信中告发了玫瑰十字社团于哈勒姆（Haarlem）存在。莱顿的神学家对于挑战教会完整性的修会的出现有所怨言。他们认为这一团体会引发政治和宗教问题。[③] 翌年 6 月，地方法官发起一

---

① 施铎克（G. H. S. Snoek）对玫瑰十字会运动在该国的扩散曾有过仔细而精微的研究：*De Rozenkruisers in Nederland, Een inventaristie*, Utrecht, 1998。

② Orvius, *Philosophia Occulta*, 1737.

③ 很久之前的 1621 年，修会遭到《玫瑰十字兄弟会之镜》（*Miroir des Frères de la Rose – Cruix*）的攻讦。

项调查。荷兰最高法庭(Hof van Holland)要求莱顿的神学家对《兄弟会传说》和《兄弟会自白》进行分析以得出进一步的结论。这一研究催生出一份题为"莱顿大学神学系鉴定玫瑰十字兄弟会教派书"(*Judicium Facultatis Theologicœ in Academia Leydensi de secta Fraternitatis Roseœ Crucis*)的报告,该文导致地方法官对玫瑰十字会人士四处追查。

托伦提乌斯(Johannes Symonsz Torrentius,原名范德贝克[van der Beeck])是一位研习炼金术的画家,他很快就遭人揭举,说他是荷兰玫瑰十字会的首领。[①] 他于1627年8月30日与他的友人科彭斯(Chritiaen Coppens)一道被捕。司法进程持续的五年间,这位画家遭受了严厉的审讯。尽管罹此酷刑,他仍否认自己是玫瑰十字会的一员。不过他还是被判上火刑柱,其后改判有期徒刑20年。所幸托伦提乌斯只关了几年。在画家朋友的帮助及英王查理一世(Charles I,应记得他是弗里德里希五世的妻弟)的介入下,[156]他在1630年获释,并获允侨居伦敦。[②] 同一年里,摩尔缪斯(Petrus Mormius)在莱顿出版了《自然的全部秘密》(*Arcana totius naturae secretissima, nec hactenus unquam detecta, a collegio Rosiano in lucem produntur/Arcanes très secrètes de toute la nature dévoilée par le college rosarien*),[③]书里描述了一场玫瑰十字会运动的诞生,它的创始人是罗斯(Frédéric Rose),一个生于多菲内(Dauphiné,靠近法意边境)的法国人。我们此后还将对这一话题进行回顾。

炼金术的诱惑

在这个时代,天主教会对所谓的男巫施以真正意义上的迫害。

① 莱霍斯特(A. J. Rehorst)曾对这一人物有专著:*Torrentius*, Rotterdam, 1939。

② 参 Snoek, *op. cit.*, pp. 295 – 299。特别注意其法文梗概。

③ *Arcana totius naturae secretissima nec hactenus unquam detecta, a Collegio Rosiano in Lucem produntur*, Leiden, 1630.

1610 年，经过漫长的审判，布鲁诺在罗马的火刑柱上被活活烧死。不久之后，伽利略遭到迫害。当笛卡尔于 1633 年得知伽利略被定罪时，他考虑将《世界》(*Le Monde*)一书销毁，这部文集提到了哥白尼近百年前(1543)提出的日心说宇宙体系。他认为应当谨慎对待，明哲保身。另外，笛卡尔在 1637 年完成的《方法的讨论》(*Discours de la méthode*)中倾向于谴责炼金术士、占星学家以及魔法师们的"恶的学说"。[①] 在 1640 年 1 月给友人梅森的回信中，[②]他批评了炼金术及其内传论言语。他对于帕纳克尔苏斯所确立的硫、盐、水银三元素的原则提出质疑。然而，这些信件也表明了他熟悉这些原则。他对于这门学科的兴趣似乎已经持续了很多年。有关这一事件，美拉德(Jean - François Maillard)揭晓了一个鲜为人知的真相。他告诉我们，1640 年左右，笛卡尔在他的友人霍格兰德(Cornelis von Hogelande)[③]的实验室中投身炼金术工作，这表明他对炼金术仍然存有兴趣，但在推论后自行中止。应该说，炼金术的方法论对他而言已经失去了吸引力，而其他一些学科如数学、几何学、气象学、医学和光学则取而代之，真正给予笛卡尔以激励。

因而，我们必须强调，尽管对炼金术抱有兴趣，笛卡尔还是与他那个时代的内传论保持了一定距离。他拒绝通过类推、通感理论以

---

① *Discours*, Part 1, 9.

② 后者在《创世中最显要的问题》(*Questiones celeberrimae in genesim*, 1623)中表达了对炼金术的强烈不满，此后却在《科学的真理》(*La Vérité des sciences*, 1625)变得更为开放。在之后的《难以置信的问题》的"问题 28"(*Questions inouyes*/question XXVIII, 1634)和《神学、物理、道德及数学问题》(*Questions théologiques, physiques, morales et mathématiques*, 1634)中，他又认为炼金术值得关注，并表达了开设一所炼金术学院的愿望。

③ 参见美拉德的文章："Descartes et l'alchimie: une tentation cojurée?" in *Aspects de la tradition alchimique au XVIIe siècle*, Arché, 1998。该书由盖纳总主编出版。他参考了汇报该情况的作品：*De metallorum transmutatione*, by Daniel Georg Morhof, Hamburg, 1673。科内利斯(Cornelis)是霍格兰德的侄子，后者以沃格利乌斯(Ewaldus Vogelius)的拟名发表了多篇炼金术文章。

及象征性原则进行思考。对他而言,只有清楚和明白的观念,或者能被彻底分析的概念才能通向“真的知识”。[157]这些是人类与生俱来的数学真理,它可让人类理解世界。笛卡尔认为,既然我们能够掌握完美和无限的观念,那只能是因为天主在我们中安置了记号。

再进一步,笛卡尔抛弃了终极原因,因为他并不完全认可想要理解受造物和万物意图的尝试。如果他“在形而上学之上建构其物理学”,那是因为他认为我们灵魂之中的固有数学真理允许我们通过外部之形来解释自然世界,它使人类成为“自然的主人和拥有者”。笛卡尔从自然界的奥秘性质中提炼自然界,并将其思考为自动机模型般清楚表达的几何涡旋的继承者。这些涡旋是可测量的,它们是通过某些数学真理方法而创造出来的。这就是笛卡尔的涡旋理论。这一对受造物的机械论构想,与帕纳克尔苏斯所提出的截然不同,后者将自然视作存在万物的关键以及有生的现实,而人可以与其交通。当然,笛卡尔的途径允许人们离开蒙昧主义的曲折之路,代之以将其引向现代科学知识,从而避免了危险的偏见以及过度的迷信。

然而,我们可以指出,笛卡尔思想的某些方面与玫瑰十字会相近。他对于枯索思考的放弃和对“非常有助于生命的知识”的强烈渴望,则让我们想起了《兄弟会传说》和《兄弟会自白》中的基本观点。胡汀就指出:

> 从方法上的疑惑,强调体验,到对与迷信斗争的需求,这些观点与玫瑰十字会运动的总的观点恰好吻合。[1]

我们还可以指出,笛卡尔的思想在许多方面,特别是在直觉与演绎的互补地位,以及脑部松果体功能问题上,[2]与现代玫瑰十字会

---

① Serge Hutin, “Descartes, initi rosicrucien?” in *Rose - Croix* magazine, No. 62, 1967, p. 30.

② 笛卡尔在1640年7月30日给梅森的信中,将松果体描述为灵魂的座席。这一观点让人想到现代玫瑰十字会的学说,它并不以松果体为灵魂本身的座席,而是构成灵魂特征的意识的座席。

学说极为相近。尽管笛卡尔并不是一位完全意义上的玫瑰十字会人士，但他在一生中一个特定时刻对玫瑰十字会产生了兴趣，在这个意义上，我们还是可以认为他是一位玫瑰十字会人士。[158]对于玫瑰十字的兴趣，在他构建自己哲学体系并使之成熟的过程中所起的作用不容忽视。

值得注意的是，笛卡尔在生命中最后的阶段成了伊丽莎白公主(la princesse Elisabeth)的挚友，她是倒霉的弗里德里希五世之女，她是学者，也是玫瑰十字会的保护者。她真正地成了笛卡尔的弟子。这位哲人献给她的作品就有《原理》(*Principia*，1644，疑即《哲学原理》)和《论灵魂的各种情感》(*Traité des passions de l'âme*，1649)。1648 年，标志着三十年战争结束的威斯特伐利亚和约(traité de Westphalie，1648)签订后，这位在形而上学和数学方面极具天赋的公主取回了波希米亚的财产，她邀请笛卡尔移居来她身边。不幸的是，此事未及实现，这位哲学家便在 1650 年 2 月受克丽丝汀女王(la reine Christine)之邀做客瑞典法庭期间与世长辞。

英格兰

在英格兰，玫瑰十字会的规划有过一段特殊的发展历程。而与欧洲其余国家情况相反，赫耳墨斯学说在这里依然保持着相对隐而不彰的姿态。① 然而，英国学者和人文主义者多盖特(John Doget，？—1501)的作品表明，《赫耳墨斯集》以及基督教卡巴拉学者吉奥尔吉在亨利八世朝仍名噪一时。事实上，国王依靠于吉奥尔吉遍搜神圣文本，为他和阿拉贡的凯瑟琳(Catherine of Aragon)离婚而

---

① 关于这一点，参 Frances Yates，*The Occult Philosophy in the Elizabethan Age*，Routledge Classics，2002，and Antoine Faivre，"Histoire des courants ésotériques et mystiques dans l'Europe moderne et contemporaine"，summarised in *Annuaire de l'École Practique des Hautes Études*，vol. XCVI，1987－1988。

寻找论据。而凯瑟琳则向阿格里帕寻求建议。尽管摩尔爵士(Thomas More)痴迷于皮科的作品,那也只是在伊丽莎白一世时期,文艺复兴时期,赫耳墨斯主义有一定的影响力。这一学说的支持者有:外交官、作家席德尼爵士,他是布鲁诺的朋友;航海家、作家、伊丽莎白的宠臣雷利(Walter Raleigh,1554—1618);数学家哈里奥特(Thomas Hariot,1560—1621);及运动的领衔人物迪伊(参见第六章)。深受阿格里帕作品影响的迪伊是伊丽莎白文艺复兴当之无愧的领袖。他在泰晤士河畔的摩特雷克(Mortlake)拥有一座搜罗颇富的内传学说图书馆,女王也常驾临此间。

仙 后

[159]伊丽莎白一世统治期间,奥秘哲学引起的争论在当时的文学作品之中亦有迹可循。例如斯宾塞的著名诗作《仙后》(*La Reine des fées/The Fairy Queen*)以及《四首赞美诗》(*Four Hymnes*)就有着文艺复兴新柏拉图主义和基督教卡巴拉学说的色彩。奥秘哲学运动也遇到了对手,诸如马洛(Christopher Marlowe,1564—1593)的剧作《浮士德博士的悲剧》(*The Tragical History of Dr. Faustus*,1594)便谴责了赫耳墨斯学说。剧作主人公是阿格里帕的一位弟子,他登场操弄邪恶的魔法。这部作品获得了巨大的成功,同样获得成功的还有《马耳他岛的犹太人》(*The Jew of Malta*,1592),作者在这部戏中通过对犹太人的批判,对基督教卡巴拉进行了一番挑剔。剧作家、诗人琼森(Ben Jonson,1573? —1637)也在其剧作《炼金术士》(*The Alchemist*,1610)①中对赫耳墨斯学说进行攻讦。至于莎士比亚,则在以其《威尼斯商人》回应马洛的《马耳他岛的犹太人》时提出了针锋相对的观点,而在《威尼斯商人》这部剧中我们可以探觉到 1525 年吉奥尔吉《世界大同》的影响。莎士比亚其他一些剧作亦如是,比如《皆大欢喜》

---

① 这里以及此后给出的所提到作品日期,指的是其初次公之于众的时间。

(*As You Like It*)和《暴风雨》(*The Tempest*)就受到了阿格里帕《奥秘哲学》(1531)的影响。《暴风雨》正是在詹姆士一世之女伊丽莎白公主与莱茵普法尔茨选帝侯弗里德里希五世婚礼庆典期间上演的。历史学家雅慈认为这该剧堪称一部真正的玫瑰十字会宣言。①

培 根

提到玫瑰十字会运动的起源,英国大法官(Lord Chancellor of England)、哲学家培根之名常为人提起。许多学者曾经考查过他与玫瑰十字会之间的关系。我们首先要提到的便是著有大量有关玫瑰十字会运动作品的学者海顿(John Heydon),虽然其说有过犹不及之嫌。他在著作《引领通往世界奇观的神圣向导》(*Le Saint guide conduisant à la merveille du monde*,1662)中有一篇题为"向玫瑰十字会之地前航"的叙事,②该篇文章改写自培根的《新大西岛》(*New Atlantis*)。该文中加入了《兄弟会传说》的一些要素,并且毫不犹豫地把培根提出的"所罗门宫(Solomon's House)"说成[160]"玫瑰十字会圣殿"。

1788年,博纳维尔(Nicolas de Bonneville)著就《苏格兰共济会与三种职业及14世纪圣殿骑士团的比较》(*La Maçonnerie écossaise comparée avec les trois professionset le secret des templiers du XIVe siècle*)。在这本著作中,博纳维尔指出了培根在玫瑰十字会运动发展史上所起到的作用。他认为,在17世纪初,人们根据这位英国哲人的《新大西岛》中的一些思想,创立了玫瑰十字修会团体或北方婆罗门教团(Les Brahmines du Nord)。这些社团的徽标可能会是太阳、月亮、罗盘、四边形、方形、三角形等。博纳维尔还指出,紧随北方婆罗门教团,而于之后的1646年创立的皇家学会,并没有秉承玫瑰十字会士的意愿,而

---

① Yates, *op. cit.*, pp. 187 - 188.

② *The Holy Guide, leading the Way to the Wonder of the World* (*a Compleat Phisician*) *with Rosie - Crucian medicines*, London, 1662.

同一年,一个试图达成大婆罗门(Grand Bramine)思想的新玫瑰十字修会成立了。博纳维尔认为,共济会就是借用了这一玫瑰十字修会的符号系统。不过,他还说这个新修会其实就是重生的旧玫瑰十字会,安德雷在德国、弗拉德在英国分别恢复了它们的活动。他同样指出,培根的这些符号也是取自施威格哈特的《玫瑰十字智慧之镜》(*Speculum Sophicum Rhodostauroticum*,1618)以及安德雷的《基督教神秘主义》(*Mythologie chrétienne*)。[①] 又一个世纪之后,雷根(Jean - Marie Ragon)在其著作《共济会、教务会修会和玫瑰十字会的新阶级》(*Franc - Maçonnerie, ordre chapitral, Nouveau Grade de Rose - Croix*,1860)中延续了这一说法。[②] 另外还有一大群作者也在竭力考证培根是不是莎士比亚剧作的真正作者。[③] 多德(Alfred Dodd)等人甚至认为那位伟大的英国戏剧诗人才是共济会的创始人。而其中见解最为大胆的是魏格斯通(W. F. C. Wigston)的《培根、莎士比亚与玫瑰十字会》(*Bacon, Shakespeare, and the Rosicrucians*,1888)。波特夫人(Mrs. Henry Pott)的《培根和他的秘密社团》(*Francis Bacon and his Secret Society*,1892)以及其他许多作者都继承了他的观点。尽管有些论说值得注意,[161]但这些人经常"开无轨电车"。

---

① Bonneville, Nicolas de, *La Maçonnerie écossaise comparée avec les trois professions et le secret des templiers du XIVe siècle*, Londres, 1788, p. 142 - 148.

② *Franc - Maçonnerie, Ordre Chapitral, Nouveau Grade de Rose - Croix*, Paris, Collignon Libraire - Éditeur, 1860, pp. 17 - 20.

③ 为使我们的主题不致偏离,我们将会绕过这个话题,尽管这一话曾催生出大量出版物。我们建议读者参考唐纳利(Ignatius Donnelly)的著作 *Greta Cryptogram: Francis Bacon's cipher in the so - called Shakespeare Plays*(1887);数学家康托尔(Georg Cantor)的作品 *La Confession de foi de Francis Bacon, Résurection du divin Quirinus Francis Bacon*,还有 *Le Recueil de Rawley*(1896 年,波尔热[Erik Porge chez Grec]于 1997 年以《"培根—莎士比亚"说》[*La Théorie Bacon - Shakespeare*]为题再版);以及斯贝克曼作品 *Bacon is Shakespeare*(1916),及其文章"Bacon or Shakespeare", in *Rosicrucian Forum* Vol. III, No. 1(August 1932) pp. 25 - 27。

神智学家

神智学社(la Société théosophique,伍廷芳译"证道学学会")对这些假说非常敏感,特别是参与玫瑰十字会运动的神智学社成员——他们也是玫瑰十字圣殿修会(Order of the Temple of the Rosy Cross)的创立者。[①] 例如,贝赞特(Annie Besant)在其《大师》(*Les Maîtres*,1912)之中提出培根乃玫瑰十字的化身之一,[②]他与圣哲曼伯爵(lecomte de Saint – Germain)同属源于拉科奇(Rakoczi)王室的修会谱系。而她的一位助手鲁萨克(Maria Russak)在《通道》(*The Channel*)杂志发了一系列文章重申了这些观念。我们还在另一部著作《玫瑰十字会士》(*The Rosicrucians*,1913)中看到了相同的意见,该书由一个与神智学社相近的共济会分部人权社(Le Droit Humain)出版,其中,克拉克(H. Clarke)和贝茨(Katherine Betts)声称培根是玫瑰十字会宣言的作者。[③] 不过,有关培根在玫瑰十字会运动中的角色的种种,神智学家、比利时参议员威特曼斯(Franz Wittemans)于其学说之普及贡献最大。他的作品《玫瑰十字会史》(*Histoire de Rose – Croix*,1919)混合了许多引人注目的元素以及颇具争议的观点。他重申了魏格斯通、波特夫人、斯贝克曼博士

---

① Voir *infra*,chapitre XIV,La roseraie des mages.

② *The Master*,London,Theosophical Publications,1912. 该书记录了贝赞特1907年于伦敦的一系列讲座。同时代的施泰纳(Rudolf Steiner)与她立场观点相似。1912年,贝赞特、鲁萨克(Russak)、维吉伍德(Wedgwood)以及其他神智学家创建了一个追想玫瑰十字会运动的组织。这一工作于1918年中止。鲁萨克之后则成了远古神秘玫瑰十字修会(AMORC)的一员。

③ 该著的作者使用的只是它们的首字母:F. C. 和 K. M. B. 。该书由波斯维尔 – 格罗瑟(Amy Bothwell – Grosse)于帕丁顿(Paddington)出版,波斯维尔 – 格罗瑟是人权社英国分部的知名人士,也是评论刊物《联合共济会员》(*The Co – Mason*)的编者。

（Dr. Speckman）、乌德尼（E. Udny）以及其他一些神智学家的观点。

在《培根：从魔法到科学》（*Francis Bacon：from Magic to Science*，1968）中，罗西（Paolo Rossi）向我们展示了，培根的一些思想观念可与玫瑰十字会宣言形成对比，因为二者在本质上同源，都能上溯到文艺复兴时代的赫耳墨斯神秘学传统。阿诺德和雅慈也持相同观点。现在，历史学家的考证帮助我们更好地了解了玫瑰十字会的起源，并且将培根是《兄弟会传说》和《兄弟会自白》作者的观点淘汰。然而，这不能阻止我们将这位英国哲学家置入 17 世纪的玫瑰十字会运动。在某种程度上，他仍然是玫瑰十字会思想的最佳倡导者之一。[162]也可能是出于这一原因，有些人将他视为 17 世纪玫瑰十字会运动史上最重要的人物之一。雅慈在《玫瑰十字会之光》（*La Lumière des Rose – Croix*）中阐明，培根在各方面都与 17 世纪赫耳墨斯神秘学派保持距离，这特别表现在他反对帕纳克尔苏斯主义的立场，以及他拒绝接受将人看作微缩世界（microcosme）的概念，尽管如此，培根仍然受着玫瑰十字会运动的强烈影响。① 他是运动的真正传承者，通过一项科学改革的计划，他赋予运动以全新的表达，而这一计划，也在不久后促成了英国科学学院——皇家学会的诞生。

《新工具》

培根的计划无疑源自其父尼古拉斯（Nicholas Bacon）。亨利八世与罗马决裂后，老培根受委任担负大学改革之职。一方面，小培根未能讨得伊丽莎白女王欢心，便试着参加詹姆士一世的科学（自然哲学）改革计划。培根在《学术的进展》（*Advancement of Learning*，1605）一书的近开端处用劝诱的话语向国王殷勤道：

---

① Frances Yates，*op. cit.*，chap. XI. 有关这条消息，她使用了罗西（Paolo Rossi）的研究：*Francis Bacon*：*From Magic to Science*，1968。

（对于一个君王来说，只需随意地利用一下他人的才智和劳动，就可以用来装饰自己，显出有学问的样子。如果一个君王喜爱并赞助学问和研究学问的人，真正吸取学问的精华，甚至自己本身就是学问的源泉，这对于一位君王，一位生在帝王之家的君王来说简直可以说是一种奇迹。而且无论神圣的典籍还是世俗的学问您都融会贯通，所以）您同时具备了广被人推崇的赫耳墨斯具有的三种奇才：王者的权势和幸运，教士的知识和睿智，哲人的求知欲和广博。[1]

培根在1620年的《新工具》（*Novum Organum*）中所详尽展示的计划，是科学的重生（restoration）。他希望科学不再是空玄思考的对象，而是能为人类造就繁荣与幸福的真正工具。在著作中，它提出创立一个兄弟会，一个不分国别的有知之人的集群，成员们能为所有人的最高利益而互换知识。这一概念让我们回想起了1614年《兄弟会传说》中的词句。[2]

蜜　蜂

[163]培根通过集体研究计划将科学制度化，他想要能够理性地、有条不紊地来组织实验室。总体而言，我们可以认为，培根的计划是于其后不久成形的学术的先兆。他想要将古老的先验（a priori）方法和演绎逻辑替换为一种实验的、归纳的新逻辑。他使用了蚂蚁、蜘蛛和蜜蜂的形象，来表明研究者应有的态度。蚂蚁积累（经验论哲学）；蜘蛛装物入网（唯理论哲学）；而蜜蜂则四处收集花粉，

① 译文参培根《学术的进展》，刘运同译，上海人民出版社，2007，页3。

② 需要指出的是，《神圣知识及人类知识的进步与发展》（*Of the Proficience and Advancement of Learning Divine and Humane*）于1605年出版的同时，第一部玫瑰十字会宣言也在5年之后以抄本形式开始流传，且于1614年初次付梓。

之后将其酿成蜜(两种哲学的平衡)。"玫瑰给蜜蜂以蜂蜜。"弗拉德在使用相似的象征时提到。[①] 英国炼金术士沃罕(Thomas Vaughan)则表示,根据维吉尔,蜜蜂群中亦有最高天流溢(émanations de l'empyrée)的神圣智慧之一芥(《神魔法的人智学》[*Anthrosophia theomagica*],1650)。培根在《新工具》(*Novum Organum*,1620)中想要废除亚里士多德的古代逻辑。[②] 必须指出,毫无疑问,由于谨慎和倾向,他在作品里给奥秘哲学留下的空间微乎其微。

然而,培根强行实施的改革计划未能获得成功。受其保护人和赞助者——女王的红人埃塞克斯伯爵殒殁之波及,他在 1601 年首次遭贬黜,尽管如此,他还是赢取了新王詹姆士一世的信任。培根于 1617 年成为掌玺官,翌年即担任国家最高官职——大法官,同年受封维鲁拉姆男爵(Baron Verulam)。1621 年他受赐圣奥尔班斯子爵(Viscount St. Albans)之名,但其后他因受到陷害而被剥夺了所有权力,事业也因之中断。正是在这一阶段,他写出了《新大西岛》。[③] 他没能成功地在当时的研究机构中推进自己的观念,便重新叙述了这个一生都占据着他思想的乌托邦图景。[④]

---

① 《玫瑰给蜜蜂以蜂蜜》("Dat rosa mel apibus"),《至善》(*Summum Bonum*)中的著名插画。

② *Novum Organum*, London, 1620.

③ 该著写作时间还留有存疑之处。一般公认培根是在 1623 年创作这部作品的。参 Michele le Doeuff and Margaret Llasera, *La Nouvelle Atlantide*, Paris, Payot, 1983, p. 13. 培根希望这部作品能接在《木林集:十个世纪的自然史》(*Natural History* [*Sylva Sylvarum*])之后出版,后者他早在 1620 年就以草稿形式发布。

④ 正如克里格尔(Blandine Kriegel)所说,文艺复兴时期,乌托邦话题与哥白尼革命相辅相成。它尝试着为新世界寻找一种新的平衡。参"L'Utopie démocratique de Francis Bacon à George Lucas", in *Revue des deux mondes*, (April 2000) pp. 19 – 33。

新大西岛

［164］这部作品详述了一群旅行者离开秘鲁后驶往中国和日本的故事。他们被一阵不利的风刮走而致迷航。由于口粮短缺，他们觉得自己离死不远，然而此时终于发现了一座未知的岛屿。在他们抵达并着陆的同时，一些官员给了他们一本书卷，告知他们泊留期间的一些要求。如果要到岛上来，他们必须同意居住在“外邦人宾馆（Strangers' House）”。这份文件上贴着一道封条，以十字形显明革鲁宾（cherubim）之翼，这一徽记，让人想到《兄弟会传说》的文末之语：“*在翅翼的荫蔽之下，哦耶和华。*”这个叫作本撒冷（Bensalem）的岛屿住着一个怪人，他将智慧与学识成功地结合。

在岛民的社会结构之中，学识既是目的，也是原则。他们似乎已经完成了知识的“伟大复兴”，并且找回了亚当堕落以前天国乐土，而这正是培根与玫瑰十字会宣言所共同设想的目标。旅行者们在外邦人宾馆暂住。在此之前，一位大使早就向他们解释过，这个国家由“所罗门宫”或“六日工程之学院”领导。这一说法让人想到《兄弟会自白》曾说过的，在终末的时间之前，玫瑰十字会将会点亮“第六盏烛台”。与此同时，它也指向玫瑰十字会宣言所用到的以利亚预言典故，这一预言在当时欧洲颇为盛行。

> 所罗门宫……目的明确地知晓事物的起因及其隐秘之运动，它将人类帝国的边界后撤，以将一切之可能付诸实现。①

这一祭司－科学家群体拥有一个庞大的实验室，他们在此从事科学及农业、畜牧业、医学、机械、艺术等方面的研究工作，这些研究

① *The New Atlantis*, followed by “Voyage dans la pensée baroque” *op. cit.*, p. 72.

的成果可以使这座充满繁荣与和平的科学乐园里的所有居民受益。

《新大西岛》这部作品的中心是描绘本撒冷岛上的各种科学财富以及社会团体。这部短小精悍的作品未克有终。它直到作者去世的翌年1627年,[165]才由他的个人牧师劳利(William Rawley)出版。尽管"玫瑰十字会"之名在这部作品,以及培根其他著作里都没有出现,然而玫瑰十字会的影响,却能处处让人感到。这种相似性没有逃过玫瑰十字会的辩护者的眼睛,海顿便在他的一些作品中竭力强调这种关联。对于当时早就以抄本形式广为流传的《兄弟会传说》,培根不可能视而不见。因为我们记得,1613年詹姆士一世的女儿伊丽莎白与莱茵普法尔茨选帝侯、玫瑰十字会的保护者弗里德里希五世的婚礼庆典活动,培根就曾参与其中。培根为之策划的一场活动——中殿律师学院和林肯律师学院假面舞会,就在婚礼的第二天进行。

皇家学会

培根去世之后没太多年,他的科学改革计划得到落实,皇家学会于1660年建立。1645年,于英国内战(1642—1651)剑拔弩张之际举行的会议使得学会诞生。学会的第一批核心成员包括了许多躲避白山战祸(1620)而来的莱茵普法尔茨逃难者,如哈克(Theodore Haak)和普法尔茨选帝侯的个人牧师威尔金斯博士(Dr. John Wilkins)。威尔金斯对玫瑰十字会宣言的概念非常熟稔。他在《数理魔法》(*Mathematicall Magick*,1648)之中引用了《兄弟会传说》和《兄弟会自白》,该著得到弗拉德和迪伊作品的启发。故而该团体的另一名成员波义耳(Robert Boyle)在信中论及这些会议时,使用"不可见学院"一语,也就不消太过惊奇,这个词语当时经常用来描述玫瑰十字会。同样值得注意的是,皇家学会的初始成员之一、炼金术信徒默雷爵士(Sir Robert Moray),便是沃罕的赞助人。1652年,沃罕以菲拉列退斯(Eugenius Philalethes)的笔名,将前两部《宣言》英译并出版，题为“传说与自白”（*The Fame and Confessio*）。

[166]这些思想家想要将前辈们的哲学和宗教遗产清理干净。在他们举办的数次会议之后，1660 年，皇家学会诞生。正如雅慈所言，尽管学会的主要目的是参与科学的进展而非普遍的教育改革，它还是接受了玫瑰十字会的部分理想，这些理想令培根自己也得到启发。斯普拉特（Thomas Sprat）在《皇家学会史》（*The History of the Royal Society*，1667）中似乎已经理解了这一点。这本书的卷首插图为查理二世国王（King Charles II）的胸像，其两边分别为学会的第一任主席布朗克子爵（Viscount WilliamBrouncker）以及培根爵士。而在哲人的上方，我们可以看见一枚翅翼，它似乎又唤起《传说》末尾处那玫瑰十字会的言语：“在翅翼的荫蔽之下，哦耶和华。”值得注意的是，这副插画的作者艾芙琳（John Evelyn）即来自波希米亚。

夸美纽斯

参与建立皇家学会的人中有许多是与波希米亚玫瑰十字会运动直接相关的著名人物。捷克哲人、教师和作家科门斯基是其中最引人注目者之一，他的别名夸美纽斯更为人熟知。夸美纽斯 21 岁之时离开了摩拉维亚（Moravia）前往海德堡继续学业。此后他出席了弗里德里希五世与伊丽莎白的加冕礼。他的一生都在辅佐海德堡君王夫妇，甚至白山大败之后，他仍抱持弗里德里希五世回归王座的希冀。紧随这场悲剧，夸美纽斯的家被烧毁，他被迫逃亡，不久之后，他又失去了自己的妻子和儿女。夸美纽斯和安德雷是朋友，他对于玫瑰十字会宣言所阐述的改革计划热情高涨。他的作品《世界的迷宫与心灵的天堂》（*Le Labyrinthe du monde et le paradis ducœur*，1623）是捷克文学中的伟大经典，也有人认为是世界文学经典，该作让人想起了他在玫瑰十字会运动中寄予的希望。这是一本理想主义者之书，而他的期许却因三十年战争的爆发而毁灭。该作第十二章题为“朝圣者为玫瑰十字会士见证”（Le pèlerin témoigne sur les rosicruciens)，[167]夸美纽斯在该章中以一种隐而不彰的方式提到，灾难将会随着弗里德里希五世统治于1621年的终结而到来，以致由玫瑰十字会运动所发起的改革落下帷幕。我们就此可以理解，夸美纽斯与友人安德雷的乌托邦作品《基督城》(*Christianapolis*，1619)以及早些时候康帕内拉的《太阳之城》(1602)截然相反，他所描绘的是一个万事万物运行错误的城市，科学、职业等等无不如此，人只能在仅有的一处找到和平与知识，那就是"心灵的天堂"。他开始梦想一个销剑作钩、铸剑为犁的时代。

泛智论

悲恸的时代令夸美纽斯反思教育的重要性。玫瑰十字会宣言中所表现的普遍改革观念，很大程度上促成了一个他所规划的机制的孵化，那就是基于宏观－微观世界的关系的泛智论和普遍知识。那段时间里(1627—1632)，夸美纽斯完成了他的一部主要著作，《万物普遍艺术之教本》(*Didactica Opera Omnia/La Grande Didactique ou l'Art universel de tout enseigner à tous*)。① 这部作品由哲学部分、神秘主义部分，和一个谈及教学法与教学工具的部分组成；事实上，夸美纽斯并非单纯反思教学，他也对其成果感兴趣。他还加入了普遍历史的理论，并以教学的视角参考了为人类恢复自亚当堕落而失去的"纯粹"所提供的方案。它是人们为永恒生命准备自身的最好方法。因而他渴望全人类，无论背景，都能够接受这种方式的教学。安德雷在《劝诫书》(*Exhortation*)一文中支持了《万物普遍艺术之教本》所推行的教育改革，他呼吁所有人都能循从夸美纽斯所倡议的方法。

遭强制驱逐多年后，夸美纽斯受他海德堡大学时代的同学哈特利布(Samuel Hartlib)之邀，来到英国参与后者的教育改革计划以及

---

① *La Grande Didactique*, Paris, col. "Philosophie de l'éducation," 1992, ed. Klincksieck.

慈善社团的组建工作。[168]这二位都是培根的仰慕者，他们认为自己正奉命构筑他的“新大西岛”。夸美纽斯正是在英国写下了他的《光之道》(*Via Lucis*，1641)，[①]“宣言”主题在该著中彰显无遗，以至于一些历史学家将该书称为“夸美纽斯的《传说》”(la *Fama* de Comenius)。同样明显的是，皇家学会也对他施予了巨大影响，该书1660年阿姆斯特丹版前言便称其成员为先觉者(Illuminati)。

光之议会

1645年起，夸美纽斯开始撰写一本代表着他学力顶峰的著作：《人类事务改革的普遍商谈》(*La Consultationuniverselle sur la réforme des affaires humaines*)。这部著作的中心概念是为了建立一个繁荣和平的时代而进行适当改革的需求，这让我们想起了“宣言”中的基础概念。这部著作分为七个部分(只完成了两部分)，这个数字的象征意义马上就超越了该书范围。每一部分都以一个希腊人的名字命名，这些名字的前缀词根泛(pan)代表着普遍性的含义：泛觉醒(Panegersia)、泛光(Panaugia)、泛智(Pansophia)、泛教化(Panpedia)、泛语言(Panglossia)、泛改造(Panorthosia)和泛促进(Pannuthesia)。这些与众不同的学科将会引导人类反映出自己在创世万物中的地位，以凝视普遍的光、通往普遍的智慧、采用普遍的语言，并推行面向全人类的教育等等。他还筹划建立一个世界性组织，其中，每个国家都会受到三个组织的领导，即光之学院、健康法院以及国际和平法庭，这些机构预见了几个世纪后的联合国、联合国教科文组织等伟大国际体系的诞生。[②]

我们可以说，通过夸美纽斯，玫瑰十字会运动成了促使人们构

---

① Via Lucis，1641. 该著仅有手抄本。

② 此书所作的概述可供参阅：*Utopie éducative*，*Comenius*，Paris，Jean Prévot，1981，ed. Belin，pp. 210－264。

思教育的新范式的奠基。米什莱(Jules Michelet)将夸美纽斯描述为"教育界的伽利略"。大教育家皮亚杰(Jean Piaget)也对他仰慕有加,认为他是教育学、心理学、教学方法以及学校与社会关系研究的先驱。[1] 夸美纽斯因其人文主义情怀而广受赞誉和崇敬。[169] 1956年12月,联合国教科文组织向他致以崇高的敬意。在该次大会的会谈上,人们嘉许夸美纽斯为教育理念传播的先行者,并认为他的思想正是联合国教科文组织创立的灵感源泉。

正如我们所见,玫瑰十字会宣言在当时的哲学家中产生反响,并在欧洲文化发展历程中起到了重要的作用。然而作为这一时代思潮运动的结果,内传论、哲学和科学,因同时受到启蒙运动(les Lumières)和天启主义(l'illuminisme)两方面的作用,最终彼此分离。这一时期,第一批以西方内传论为特征的大型团体开始诞生。在此之前,奥秘哲学的支持者们只能形成松散的团体,并不真正地发起有组织的运动,然而,此时诸如玫瑰十字会和共济会之类的启示修会出现了,他们在会馆(loges)之中形成组织,并传播启示。

---

① 皮亚杰曾专门撰文赞美夸美纽斯,见 *Revue de l'UNESCO*,1957。其文由《教育的乌托邦》原稿改编而成。

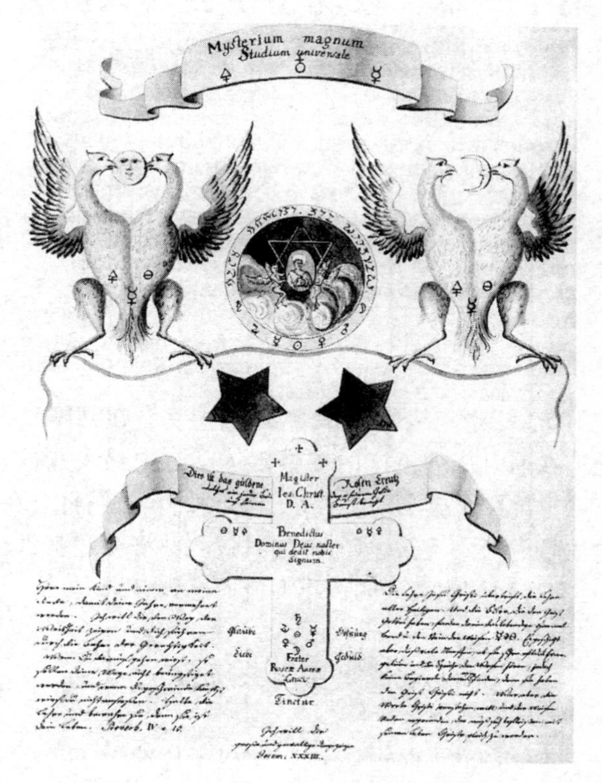

18 世纪手稿《玫瑰十字兄弟会神智学》(*Theosophia F. F. R. R. Ros = Cruc*)中的插图(AMORC 收藏档案)。

第十一章　玫瑰十字会与共济会

——埃及源头、艾赛尼派、圣殿骑士

今天我们在共济会会堂里看到的，全是从玫瑰十字会和北方婆罗门教团借鉴而来，甚至共济会的寓言典故，也是一字一句自彼沿袭。

——博纳维尔《苏格兰共济会与三种职业及14世纪圣殿骑士团的比较》(1788)

[175]随着三十年战争的爆发，玫瑰十字会在德国淡出了公众视线。他们在当时传播极广的炼金术运动之中寻求庇护。与此同时，在英国，玫瑰十字会参与了共济会的创始。他们将会在18世纪中叶以更清晰的形象重新登场，并为其较之共济会和基督教有更早起源，以及拥有溯及埃及人的传承源流而感到自豪。

玫瑰十字与共济会

共济会于18世纪的英国兴起，植根于玫瑰十字会运动耕犁过的肥沃土壤之中。布勒(Johann Gottlieb Buhle，于1804年)和昆西(Thomas de Quincey，于1824年)等学者认为共济会就是玫瑰十字会的派生团体。早至1638年，在爱丁堡出版的亚当森(Adamson)诗歌《缪斯》(*The Muses*)中就曾描述过这两大运动之间的关系。他在诗中写道："因为我们是玫瑰十字的兄弟会，我们拥有石匠的言语和双重景象。"数年后的1676年10月10日，《可怜的罗宾的智慧》

(*Poor Robin's Intelligence*)[1]中发布了一通告示:“玫瑰十字的古老兄弟会,赫耳墨斯学说的专家学者以及公认石匠公司决定会餐。”[2]而后1730年9月5日《每日新闻》(*Daily Journal*)所刊登的一篇文章再次强调了它们的这一联系,[176]该文指出:

> 国外有一个社团,英国的共济会从它那里复制了一些仪式,并且,他们力求向世界说明,他们自该社团传承而下,并与该社团实质等同,那个社团就是玫瑰十字会。

I. O. 修士

需要提出的是,共济会修会组织可考的最早两位会员,都同与玫瑰十字会运动有着或直接或间接联系的人物有涉。第一位可追溯到1641年的5月20日,其时,默雷爵士在爱丁堡的玛丽礼拜堂会馆加入了共济会。尤其引人注意的是,作为皇家学会的初始成员之一和炼金术代表人物,默雷是沃罕的友人和捐助者,而在1652年,沃罕以菲拉列退斯的假名,将《兄弟会传说》和《兄弟会自白》译成英语——《玫瑰十字兄弟会的传说与自白》(*The Fame and Confession of the Fraternity of R:C:*)。

第二位可考的会员为阿什摩尔(Elias Ashmole,1617—1692),享有盛誉的英国古董商人,他于1646年10月16日获允接纳入沃灵顿(Warrington)的一个共济会会馆。六年后,他出版了他的《不列颠化学讲坛》(*Theatrum Chemicum Britannicum*,1652),一部收录了重要的炼金术论文的文集。阿什摩尔在该书第一行文本中就提到

---

① [译按]《可怜罗宾》系列讽刺作品年鉴,始于1663年的《可怜罗宾年鉴》,此后,相似作品即以“可怜罗宾”为题名写作出版。

② [译按]公认石匠公司:共济会运动中,伦敦石匠公司(The London Company of Freemasons)将特殊的石匠会员称为思辨的(speculative)、自由的(free)、公认的(accepted)石匠,此为确立会员身份的阶段之一。

了《兄弟会传说》。他回顾了这第一部玫瑰十字会宣言述及基利斯廷·罗森克鲁茨首批四位伙伴之一的"I. O. 修士"(Frère I. O.)来到英格兰的故事。另外的一些情况同样反映出阿什摩尔对于玫瑰十字会运动有着特别的兴趣。例如,牛津大学图书馆(Bodleian Library)所藏阿什摩尔手稿中,我们能看到一部玫瑰十字会宣言的亲笔译文,以及一封请求获允加入玫瑰十字兄弟会的信件。一百多年以后,博纳维尔甚至认为,共济会的所有寓言、象征符号以及语词全系借鉴自玫瑰十字会。① [177]共济会源于玫瑰十字会的说法并不准确,然而我们也必须指出,最早的共济会会员也是英国18世纪玫瑰十字会运动中的一员。

安德森宪章

通常我们认为共济会的创建工作始于1717年伦敦总会的建立。但是这一关键时刻与1723年当时会内大师父(the Grand Master)沃顿公爵(the Duke of Wharton)主持出版《安德森宪章》(*Anderson's Constitution*)一事有涉。这部文献由安德森(James Anderson)、德札古利埃(John Theophilus Desaguliers)和佩恩(George Payne)编纂,其内容为"古老石匠档案"的重组和订正。他们所使用的材料为《古老职责》(*Old Charges*),这些文献属于古老石匠兄弟会或公会,源自14世纪的古老组织。其中典型的如《雷吉乌斯手稿》(*Regius MS*, c. 1390)以及《库克手稿》(*Cooke MS*, c. 1410)。共济会并非古代既有石匠公会的直接继承,而是一个思想者的社团,他们是所谓的"思辨的"石匠。《宪章》描述了谱系族系,追溯至亚当,声称具有"自由七艺"(Arts Libéraux)的正统继承权,亦即上古大洪水劫后余存的两根柱子上所镌刻的知识。

---

① 原文括号内容:*La Maçonnerie écossaise comparée avec les trois professions* and *Le Secret des Templiers du XIVe siècle*,1788。

除了共济会传奇般的历史,《安德森宪章》还载有组织规章,以及一些意在为会馆会议伴奏的歌曲。总体上,我们可以认为,《宪章》的规划社交性多过精神性。在这样一个因宗教改革和反宗教改革而引起教会分裂的时代,共济会仅仅只能劝诫其会员:

> 归顺那所有人都接受的宗教,将他们那特殊的主张留给他们自己,也就是说,成为善人、真实的人,成为一个荣誉且诚信的人,无论他们如何区分教派或信仰。①

海勒姆与罗森克鲁茨

[178]18 世纪早期的共济会与我们今日所知的团体组织不尽相同。直到它成立的若干年之后,它才采取基于学徒(Apprenti)、副手(Compagnon)和大师(Maître,出自英国的共济会蓝色会馆[Maçonnerie bleue])三种等级,或英语中所说的工艺等级(Craft Degrees)来作为基本结构。最早它仅由两个等级组成:学徒和同志(Companion)。第三等级称为"大师",是在 1730 年左右产生的。关于这一等级的正式提及仅在《安德森宪章》第二版(1738)中有征。直到 1760 年,与其关联的象征体系,也就是海勒姆(Hiram)的传说才真正为英格兰接受。② 从某些方面,诸如有关大师墓穴发现的象征体系中,海勒姆呈现出了基利斯廷·罗森克鲁茨的特征。我们是否可以像费弗尔所坚称的那样,认为海勒姆是基利斯廷·罗森克鲁茨的继嗣者?

---

① "Constitution d'Anderson", in *Textes fondateurs de la tradition maçonnique 1390 – 1760*, traduits et présentés par Patrick Négrier, Paris, Grasset, 1989, p. 226.

② 有关大师等级的出现,参 Goblet d'Alviella, *Des origines du Grade de Maître dans la Franc – Maçonnerie*, Paris, Trédaniel, 1983 and Roger Dachez, "Essai sur l'origine du grade de Maître", in *Renaissance Traditionnelle*, No. 91 – 92, July – October 1992。

> 这位第一人也是位神话性质的创始者，在这种情况下，这个基督徒形象可归结到与之关联的抽象概念，即一个原初传统画廊之中伟大僧侣的形象。①

起先，共济会并不以启示性社团的姿态出现。事实上，其礼仪被称作“接待的仪式”。术语“启示”(initiation)，仅在1728至1730年左右以文献形式出现，直到1826年，[179]才在法国成为正式的官方用语。② 尽管共济会的仪式特征为其会议赋予了一种神秘因素，会馆基本上依然是一个开展慈善事业和进行美术培训的场所。③

埃及秘仪

和文艺复兴截然相反的是，对埃及的指涉确确实实地从17世纪消失，然而总有几位例外，其中如帕纳克尔苏斯的弟子多恩。多恩对于他所处时代的内传论深感不满，他认为，原初的天启自远古时便为亚当所信，后又为埃及人所完善，而今则被那些传播者，也就是希腊人歪曲了。另一位例外则是基尔歇尔(Athanasius Kircher，1610—1680)，耶稣会学者，考古学、语言学、炼金术以及磁学方面专家。几十年来他始终致力于破解埃及象形文字之谜。他在著作《埃

---

① Antoine Faivre, *Acces de l'ésoterisme occidental*, Paris, Gallimard, 1996, Vol. 2, p. 285.

② Irène Mainguy, *Les Initiations et l'initiation maçonnique*, Paris, Editions Maçonniques de France, 2000, p. 80.

③ 新造词“内传论(esoterism，内传主义)”首见于1742年，由提尔塞(Louis - François La Tierce)提出。这位共济会员将《安德森宪章》和拉姆塞演讲的译为法文并加以改编，而有《法兰西共济会至尊之兄弟会的新义务与地位》(*Nouvelles obligations et Status de la très vénérable confraternité des Franc - Maçons*, 1742)一书。

及的俄狄浦斯》(*Œdipus Ægyptiacus*,1652)中宣称,这些神秘字符隐含了大洪水之前,人们所倚仗的知识的残余部分。他因此认为埃及是一切知识的摇篮。[①] 在19世纪早期商博良(Champollion)揭示象形文字的意义以前,基尔歇尔的著述一直是有关埃及的指津之作。

标志着人们重新建立起对埃及内传论关注的两部著作为:生于苏格兰的法国小说家、历史学家拉姆塞(Andrew Michael Ramsay,1686—1743)的《居鲁士之旅》(*Les Voyage de Cyrus ou la Nouvelle Cryopédie*,1727);以及特拉松神父(Abbé Jean Terrasson,1670—1751)于1731年写就的《塞提的一生:古代埃及私人回忆录选节》(*Séthos,histoire ou vie tirée des monuments,anecdotes de l'ancienne Égypte*)。第一本书详述了其中心人物居鲁士(Cyrus)的行游,他在与一些波斯琐罗亚斯德教"神学家"对话之后,动身前往忒拜(Thèbes),并在这里得知了学院的创立者,三倍伟大者赫耳墨斯的故事。这部小说更是反对了当时的无神论学说,它获得了巨大成功,在全欧范围迻译。[②] 而在第二本书中,特拉松神父以空想构造了埃及古代文化,包括它的宗教、社会组织和科学趋向,其中也包括炼成(transmutation)的技艺,三倍伟大者赫耳墨斯即掌握其秘密。读者可以看到一位埃及王子在孟斐斯(Memphis)的秘密神庙中受召皈依。[③] [180]正如里夏

---

① 有关这位令人震惊的人物,参 Jocelyn Godwin,*Athanasius Kircher:A Man of the Renaissance in Quest of Forbidden Knowledge*,Paris,Jean - Jacques Pauvert,1980。

② 参 Andrew Michael Ramsay,*Les Voyages de Cyrus*,édition critique établie par Georges Lamoine,Paris,Honoré Champion,2002。《居鲁士之旅》受到了费奈隆所写的一篇教化文章《忒勒马可》(*Télémaque*,1699)的启发。这篇令人想起荷马和维吉尔史诗的教化小说乃为年轻的勃艮第公爵而作,用以教导他不加暴行实施统治之技艺。与费奈隆笔下的英雄人物一样,居鲁士以行万里路来获取自身之学习。

③ 特拉松神父的作品盖缘费奈隆《忒勒马可》(写于1695年,1699年由拉姆塞出版)而写,其文章结构进程与之相似。他在故事的编写之中详细叙述了有关埃及的一切,展示出超凡的学识。他所提到的学者有:狄奥多罗斯、亚历山大里亚的克莱门、希罗多德、扬布利柯和基尔歇尔。

迪埃(Boucher de la Richardière)所述,

> 它将公认晦涩难懂的伊西斯秘仪,以如此逼真的程度向人展示,乃至让人相信,这些都会由一位启示者或一位埃及的祭司来向他揭示。[①]

这本书让埃及再一次时兴起来,拉莫(Jean - Philippe Rameau)1751 年的歌剧芭蕾《俄赛里斯的诞生》(*La Naissance d'Osiris*)就是其鲜明的例证。莫扎特则更于若干年后谱就《魔笛》(*La Flûte enchantée*,1789),该剧糅合了共济会启示以及埃及传统。

诺阿希特宗教

特拉松神父《塞提》一书刺激了无数共济会会员创设新章程的构想,并且,在若干年之后,共济会会员等级的层次结构也得到了极大的丰富。1736 年 12 月 26 日,费奈隆(Fénelon)与盖恩夫人(Mme Guyon)的弟子、苏格兰“骑士”拉姆塞在巴黎路易德阿让会馆(Louis d'Argent Lodge)进行了一场划时代的演讲,我们口中的“高阶等级”(hautsdegrees,英国称侧边等级,side - degrees)因此而诞生,这是比大师等级更高的等级。[②] 在他的演说中,拉姆塞将共济会描述为重生的“诺阿希特(Noachite,意为诺亚的后代)宗教”,这是一种原初的、普遍的并且是非教条的宗教。他还提到这一神圣的秩序由十字军骑士团带回欧洲,然而最终被人遗忘,除了在英伦三岛,特别是苏格兰。共济会此后从大不列

---

① “Notice sur la vie et les ouvrages de l'abbé Terrasson,” in *Séthos, histoire ou vie tirée des monuments, anecdotes de l'ancienne Égypte*, Paris, D'Hautel, 1813, vol. 1, p. 12.

② 1737 年 3 月,拉姆塞写了这篇文章的第二版,篇幅长于初版,他在其中提出了“大百科全书”之概念。

颠传播到了整个欧洲。很久以前，拉姆塞所描绘的有关圣殿骑士(templiers)、骑士精神以及旧约的传说唤醒了高阶等级创立者们的好奇心。[1] 埃及，以及诸如炼金术、占星学、卡巴拉以及魔法的奥秘知识也都包含在了这种转换之中。1740 年至 1773 年，高阶等级表现出了某种无秩序状态，其中，玫瑰十字则以一种高阶等级的形式重新出现。在一段时期中，后者享誉颇盛，人们把它视为最终等级，甚至是共济会中的至高无上(nec plus ultra)。[2]

[181]然而，某些高层等级的体系却构成了独立的组织。法国尤其如是，1754 年左右，帕斯夸尔(Martinès de Pasqually，1710？—1774)的寰宇石匠骑士与被选祭司修会(Ordre des Chevaliers Maçons Élus – Cohens de l'Univers)兴起。德国亦如是，大概同一时间，鸿德公爵(Baron von Hund，1722—1776)创立了谨遵会(Strikte Observanz)。正是在这一时期，玫瑰十字会通过整合入自主修会而重获自由。

黄金玫瑰十字修会

起初，玫瑰十字会的出现，其助力来自炼金术，以及 1700 至 1750 年间有过巨大进展的赫耳墨斯之艺。萨克森、西里西亚(Silésie)、普鲁士、奥地利和巴伐利亚地区出现了无数炼金术士团体。甚至还有人说维也纳居住着几千个炼金术士。[3] 大部分炼金术士都称自己从玫瑰十字会哲学中获取灵感。纽伦堡炼金

---

① 需指出，拉姆塞并未创制任何仪式与等级制度。然而一般认为他为该运动注入了动力。

② 有关这一问题，参 Michael Piquet："Le Grade de Rose – Croix：les sources du Nec plus Ultra" in *Renaissance Traditionnelle*，No. 110 – 111，July 1997。

③ René Le Forestier，*La Franc – Maçonnerie templière et occultiste aux XVIIIe et XIXe siècles*，Paris，Aubier – Montaigne，1970. Introduction and Chapter III.

学社(Alchemical Society of Nuremberg)就是这些团体中的一个。根据一些学者的说法,莱布尼茨就曾担任过该社团的书记。

1710 年,也就是《安德森宪章》发布的七年之前,一位有着虔信派趋向的路德宗牧师雷纳图斯(Sicerus Renatus,即李希特[Samuel Richter]),传闻还是帕纳克尔苏斯和波墨的追随者,出版了《自黄金与玫瑰十字修会,为兄弟会的哲人石所做的真实而充分之准备》(*Die wahrhafte und volkommene Bereitung des philosophischen Steins der Brüderschafft aus dem Orden des Gulden und Rosen Kreutzes*)。这本炼金术文集由实验室操作的相关内容组成,并附有统治黄金玫瑰十字修会的 52 条规章。该宪章表明,修会内不可多于 63 位修士,并应选出一位终身制的最高统帅(Imperator)来指导修会。雷纳图斯在序言中指出,这部书并不是他自己的作品,而是一位“艺术之教授”手稿的复件,而这位“教授”的身份则是他所不能明言的。他还表明,修会有两大中心,分别位于纽伦堡和安科纳(Ancona),然而若干年之后修会的成员们纷纷离开欧洲前往印度,去往更为宁静的环境中生活。

雷纳图斯的这部著作并非原创,它受到了司帕勃《答神启兄弟会》(*Echo der von Gott hocherleucheten Fraternitet*,1615)[182]以及迈尔的《黄金忒弥斯》(1618)的影响。它还借鉴了不可分者修会——一个 1577 年建立的炼金术修会的规章。事实上,雷纳图斯所描述的这一修会似乎从来就没有存在过。他只不过是用了一个“金玫瑰十字会”的名字,而这个名字在 1630 年摩尔缪斯的《自然的全部秘密》中就已经使用过了。摩尔缪斯写下一个故事,称有一个叫作罗斯(Frédéric Rose)的人,他住在多芬纳(Dauphiné,法国东南部),他在 1622 年创立了一个由三人组成的秘密社团,名之金玫瑰十字会。而“金玫瑰十字会”一语就变得有名起来,它的一些规章,则出现在了很久以后的玫瑰十字王公骑士团(Princes Chevaliers Rose - Croix)的共济会 - 玫瑰十字等级体系之中。

金羊毛

其后若干年,一个名号含有"黄金"一词的玫瑰十字修会诞生了。1749 年,菲克涂尔德(Hermann Fictuld)出版了《金羊毛》(*Aureum Vellus*),他在书中提到了一个"金玫瑰十字社团",他将之描述为金羊毛的继承者,由勃艮第公爵好人菲利普(Philippe le Bon)创始。其后,1757 年左右,菲克涂尔德创立了一个共济会修仪团体,名为玫瑰与黄金十字兄弟会(Societas Roseœ et Aureœ Crucis),又称黄金玫瑰十字兄弟会(Fraternité des Rose - Croix d'or),该社团倾向于炼金术与虔信派,它由玫瑰十字会等级体系组编而成。这一兄弟会在许多城镇发展迅猛,诸如美茵河畔法兰克福(Francfort - sur - le - Main)、马尔堡(Marburg)、卡塞尔(Kassel)、维也纳和布拉格。它似乎在 1764 年左右销声匿迹,然而实际上,它是通过略温菲尔德博士(Dr. Bernhard Josef Schleiss von Löwenfeld)和施罗德尔(Joseph Wilhelm Schröder)的努力而进行了自身的改革。它最终孕育了另一个玫瑰十字共济会修仪团体,这所雷根斯堡(Regensburg)的共济会馆最初定名为"三匙的新月(la Croissante auxtrois clefs)",于 1770 年至 1777 年间在巴伐利亚、奥地利、波希米亚和匈牙利活动。此后的 1771 年,维也纳的希望会馆紧接着成立了,该会馆后又派生出三剑会馆(Trois Épées)。后者成了玫瑰十字共济会修仪团体教授炼金术与神通力的温床。

阿非利加建筑师

[183]这一修会在 1767 年已经历过一次分裂,然而,在普鲁士军官柯彭(Karl Friedrich von Köppen)的带领之下,一个自称为阿非利加建筑师(Architectes africains)的团体又从修会中分离了出来。这一修会最为惊人的特点在于其中的埃及因素,言"阿非利加"即

言“埃及”。

这个团体在1770年推出了一本册子:《卡塔瑞波阿:进入埃及祭司古代秘仪的入会仪式》(*Crata Repoa ou Initiationsaux anciens mystèresdes prêtres de l'Égypte*),引起了巨大反响。[1] 卡塔瑞波阿是一个埃及人的秘密团体,由第一位法老美尼斯(Ménès)所创立。阿非利加建筑师有七个等级。第一级别为帕斯托佛利斯(Pastophoris,新手或初学者),会员被接引到象形文字的秘密之中,并且收到一顶金字塔形的帽子,和一个名为“森林”的围裙。第二级别为尼奥科利斯(Neocoris,工匠或学徒),受启者被授予一把节杖(caducée),他需要学习俄赛里斯双手交叉绕过胸前的姿势。第三级别为美兰尼弗利斯(Melanephoris,导师或传授者),他将面对死者的王国,并被置于俄赛里斯的石棺之前。第四级别为基利斯督弗利斯(Christophoris,专家或能者),他将接到一种被称为“阿穆尼克(amounique)”的神秘语言。第五级别为巴拉哈特(Balahate,贤者或大师),他将学习炼金术。在此之后的第六级别为占星术师(Astronomus),他将被教授天文学,并被引领到诸神的门前。等级制度最后一级为第七级别的先知(Propheta)或匝斐纳特帕乃亚(Saphenat Pancah[2]),在这一等级,修会的所有秘密都将得解。

这一修仪团体在弗里德里希二世(Frederick II)的助力下传往普鲁士以外,1773年,柏林、瑞士以及法国都有了阿非利加建筑师的会馆。另外,这一修仪团体还有个法国版,由五个等级构成:埃及学徒、爱琴秘仪受启者、世界公民、基督教贤哲以及寂静骑士。它是由一名斯特拉斯堡(Strasbourg)出生的波尔多(Bordeaux)籍“被选

---

① 这部作品由拜勒(Antoine Bailleul)于1778年译为法语并出版。时至近日,1995年,修院出版社(Les Editions du Prieure)又出了该书的复刻版。《卡塔瑞波阿》对布拉瓦茨基影响巨大。

② [译按]思高圣经创世纪41:45注:匝斐纳特帕乃亚一名为埃及语,即“世界的养育者”或“施生命者”的意思。

祭司"(Élu - Cohen)库恩(Frédéric Kuhn)传入法国的。阿非利加建筑师在斯特拉斯堡、波尔多(Lodge of the Flaming Star with three lilies)和巴黎同时拥有会馆。只不过,修会的存在譬如朝露,柯彭厌倦了一直以来的争执,于1775年退出,而这一修仪团体也于1781年正式解散。波尔多会馆为大东方社(le Grand Orient)吸收,然至1824年便也消亡。[184]无论如何,《卡塔瑞波阿》所传布的这些观念影响到了很多人(其中包括布拉瓦茨基[Helena Petrovna Blavatsky]的思想),以及自称埃及源流的形形色色的社会运动。

古老体系之金玫瑰十字

这次分裂没有阻止黄金玫瑰十字修会继续活动,它开始了新的发展阶段。1776年,三剑会馆的一些会员组建了一个新的玫瑰十字共济会修会,其名为古老体系之金玫瑰十字修会。对该会创立起到最大作用之人为普鲁士军官毕肖夫斯韦尔德(Johann Rudolf von Bischoffswerder,1741—1803),他于弗里德里希大帝(grand Frédéric)去世后担任陆军部长;以及沃尔纳(Johann Christoph Wöllner),他是弗里德里希威廉二世(the King Frederick William II of Prussia)的经济顾问。柏林的祖国母亲总会"三球体"(The Grand National Mother Lodge of the Three Globes)成了这一修会活动的中心。该会采用了九个级别的等级体系,依次为青年人、理论家、实践者、哲人、平民、贵族、专家能者、教师和法师,①1777年,在布拉格修会召开的会议中,这些象征因素得以纳入修订文件之中。

佛厄斯蒂(René Le Forestier)已阐明,青年人级别的教义是威尔灵(Georg von Welling)《神智学及魔法 - 卡巴拉文集》(*Opus mago - cabbalisticum et theosophicum*,1719)中110页内容的重现,该书曾引领歌德

---

① 原文:Juniores, Theoretici, Practici, Philosophi, Minores, Majores, Adepti Exempti, Magistri et Magi。

进入玫瑰十字会的思想。理论家级别的教条及仪式则借鉴自格拉泽尔(Christoph Glaser)的《新医学化学实验室》(*Novum laboratorium medico - chymicum*,1677)。而教给教师级别的炼金实践,则取自昆拉特的两本书:《公教混沌物理化学教义》(*Confessio de Chao Physico - Chemicorum Catholico*,1596)和《永恒智慧讲坛》(1609)。我们现在可以很明显地将该修会的仪式和教义联系到炼金术。①

这场炼金术、玫瑰十字会和共济会因素杂糅的运动中诞生了一本名作《16 及 17 世纪玫瑰十字会的秘密符号》(*Symbolessecrets des rosicruciens des XVIe et XVIIe siècles*, Altona, 1785 and 1788)。② 该书主体由配图精美的炼金术文章构成,它经常被认为是三部宣言之后最重要的玫瑰十字会著作。

艾赛尼派与圣殿骑士

[185]古老体系之黄金玫瑰十字共济会修会——我们在此将修会明确定义为"共济会的",以使这场运动与近年来的团体区分开来,后者使用着相同名号,而同 18 世纪玫瑰十字会并无联系——有一个区别于 17 世纪玫瑰十字会运动的特征:它自称其源流可上溯至奥尔慕斯(Ormus/Ormissus),一位由圣马克受洗的埃及祭司。奥尔慕斯受洗后将埃及秘仪基督教化,并创立了奥尔慕斯修会,立一红釉黄金十字架为其标志。公元 151 年,艾赛尼派与该会合流,自此修会便以摩西、所罗门与赫耳墨斯秘密的守护者为名。

4 世纪以后,该修会从未拥有超过七位会员。12 世纪,它收纳了若干圣殿骑士,而当 1187 年基督教世界失去巴勒斯坦,该会会员也失散在了世界各地。其中三人安置后建立了东方建设者修会。鲁尔(Ramon Llull/Raymond Lully)获允入会,不久之后他便纳引了

① René Le Forestier, *op. cit.*, Book II, Chapter I, pp. 543 - 555.

② 该著近由玫瑰十字修会 AMORC 出版。

英国国王爱德华一世(Edward I)。到最后,只有约克(York)和兰开斯特(Lancaster)家族的会员能够成为该会权要。正因如此,修会标志黄金十字架之上放置着玫瑰,此为两家族共同的族徽。

亚细亚天启骑士团暨兄弟会

这就是黄金玫瑰十字共济会修会成立的由来。尽管是一种神话性的联系,这个18世纪兴于德国的修会,基本上还是仿效圣殿骑士谨遵会(Stricte Observance templière)而发展起来的,后者是当时德国最重要的共济会修仪团体。必须强调的是至该时段为止,玫瑰十字会运动仅仅催生出一些小型团体,而其礼仪也尚未为人发现,反之,古老体系之金玫瑰十字共济会修会则留下了数量庞大的档案文献为其活动之佐证。此外,该会在中欧广泛传播,诸如弗里德里希威廉王子(prince Frédéric - Guillaume)以及俄罗斯旅行家、[186]慈善家诺维科夫(Nikolaï Novikov)等许多名人都是它的会员。至1787年,该修会为其创始者所解散,而在此之前,它衍生出了亚细亚天启兄弟会(Les Frères initiés d'Asie,1779)这一团体,黑森 - 卡塞尔的卡尔方伯(Charles de Hesse - Kassel futle Grand Maître)为其大师傅。神秘的圣哲曼伯爵便毫无疑问是该运动中的一员。事实上自1778年起,他便居于卡尔方伯处,后者是他的学生和捐助人。①

玫瑰十字衔级

玫瑰十字会高阶等级在共济会内出现,与古老体系之金玫瑰十

---

① 有关亚细亚天启骑士团暨兄弟会和圣哲曼伯爵,参 Arthus Mandel,*Le Messie militant - Histoire de Jacob Frank et du mouvement frankiste*, Paris, Arché, 1989。佛厄斯蒂也提到了这位著名的炼金术士,见前揭书。关于这位人物,又可参 Paul Chacornac,*Le Comte de Saint - Germaine*, Paris, Éditions Traditionnelles, 1947。该题在本书范围之外故不以深讨。

字共济会修会盖系同时。其存在最早可确定为1757年,当时在智慧与和谐之子(Enfants de la Sagesse et Concorde)会馆的活动中,以玫瑰十字骑士(Chevalier Rose - Croix)为名出现。正如我们所知,玫瑰十字衔级(grade de Rose - Croix)不久就被认为是共济会等级中的至高无上者(nec plus ultra)。它是1786年法兰西礼会(Rite français)的第七等级暨最高等级,也是古老而公认之苏格兰礼会(Ancient and Accepted Scottish Rite)的第十八等级。然而它所表现出的一个特殊方面,在之后激起聚讼无数。在此之前,共济会等级制度整体一直强调智慧的普遍性,而与此相反,这一特殊的衔级却突出地体现了基督教的特征。这也是为什么在19世纪,一部分共济会会员要推出其符号体系的哲学阐释,来设法去除其中的基督教因素。[①] 而储迪公爵(Baron Théodore Henri de Tschoudy)在其《东方三贤士之星》(*Étoile flamboyante*,1766)中将之称为"衔级里的天主教"。事实上,共济会象征体系并不指涉17世纪玫瑰十字会运动的内容。它不讨论基利斯廷·罗森克鲁茨,它描述的是基督的受难、钉死[②],以及其后的复活,而且,它由爱宴[③]所构成,这是一种仿效最后的晚餐分享饼和酒的礼仪。一旦得到接纳进入这一衔级,受纳者会重新经历耶路撒冷圣殿毁灭之后的彷徨。他们寻找"失落的言"(la Parole perdue),[187]而他们的旅行使他们得以发现信望爱三德(la Foi,l'Espérance et la Charité)。最后,I. N. R. I. 之中隐秘的意义将为他们揭示。[④]

玫瑰十字衔级最古老的仪式可追溯至1760年(斯特拉斯堡)以

---

① Pierre Mollier:"le grade maçonnique de Rose - Croix et le Christianisme: enjeux et pouvoir des symbols", in *Politica Hermetica*, No. 11,1997.

② [译按]Golgotha,耶稣被钉死之地,原意为骷髅地,音译哥耳哥达或各各他,参马太福音27:33。

③ [译按]Agape,参犹达书1:12。

④ [译按]I. N. R. I. :Iesus Nazarenus Rex Iudaeorum(纳匝勒人耶稣,犹太人的王)首字母简写。此为耶稣受难后钉在十字架上的铭文。

及1761年(里昂),即法兰克福的玫瑰与黄金十字兄弟会出现的前几年。查阅梅斯(Metz)共济会与里昂共济会于1761年6月的通信可知,里昂共济会实行了一种为其梅斯共济会兄弟所不知晓的等级体系,即鹰和鹈鹕的骑士、圣安德肋的骑士,或者圣屋石匠(maçon d'Heredom),这些只是共济会玫瑰十字衔级的另一套名称。这次对谈附及这一等级体系的另一版本,该体系描述修会的起源,提到了赛伯伊人、婆罗门教、东方三贤士、圣职者(hiérophantes)和德鲁伊教,它认为这些是玫瑰十字会的先祖。[①] 玫瑰十字会被描述成了这条启示链的后裔,其环节包括埃及人、琐罗亚斯德、三倍伟大者赫耳墨斯、摩西、所罗门、毕达哥拉斯、柏拉图和艾赛尼人。这让我们想起了迈尔在《喧哗后的沉默》中,为复兴赫耳墨斯学派和启蒙运动所珍视的原初传统之概念而提出的谱系。我们可以在《石匠骑士,或曰大东方社治下四大高级修会之准则》(*Régulateur des chevaliers maçons ou les quatre ordres supérieurs suivant le régime du G…O…*, 1801)中发现这一概念。

精神骑士道

[188]共济会玫瑰十字衔级中所发现的元素毋庸置疑地将我们指引到了1760年于斯特拉斯堡所发现的一份手稿。这部题为"基督徒中的共济会员"(*De la Maçonnerie parmi les chrétiens*)的文本以一种奇特的方法触及了共济会的起源,它提出,共济会员是圣墓咏经团(chanoines du Saint - Sépulcre)的后裔,而后者则为从属艾赛尼传统的玫瑰十字守卫者。咏经团后来将会把他们的秘密教义托付于圣殿骑士团。

这些共济会玫瑰十字衔级指涉了埃及、艾赛尼派和圣殿骑士,

---

① 这一文本可追溯到1765年,在巴黎历史图书馆(Bibliothèque Historique)中或可得见。

以其为启示的源头所在。他们尝试着将玫瑰十字会运动与古代宗教和原始基督教的贤者人物相联系。而原始基督教,又往往是由于艾赛尼派和圣殿武士而理想化的产物。[①] 事实上,这些衔级再一次提出了有关传统的起源,和有关不同启示思潮之间关系的问题。

应当承认,他们对于这些起源的叙述也不可尽取,科宾就责难佛厄斯蒂在这些课题的研究中仅仅因自我满足而单单采取这一种视角。奥尔慕斯这样的人物是否真实存在意义不是太大。对于科宾来说,只有搁置历史考察,这一精神源流才能为人理解。人们必须将艾赛尼派、圣墓咏经团或者圣殿骑士从根本上作为引向全新、更高现实的象征符号来思考。因而,我们必须提请各位警惕,某些修会通过复活那些已失去内在含义的仪式和器具,用以假扮圣殿骑士的继承者,终究只是贻人笑柄。德梅斯特伯爵(Joseph de Maistre,1753—1821)在《忆布伦瑞克公爵》(*Mémoire au duc de Brunswick*)中曾说,圣殿骑士以前便存在启示传统,而且在圣殿骑士之后,它也会延续下去。

在此前提到的有关启示修会的神话中,科宾观察到一些元素通过一种精神的骑士道反映出了精神的源流。这一光之兄弟会自从创世之始便开始活动,为了人类向着精神圣殿的攀升,换言之,为了人类与上主的和解。他说:

> 这一传统的连续性,并非依靠固有的、历史的因果关系,它只能通过象征符号进行表达。人们将其薪传者提高至象征性人物之地位。[②]

为此目的而服务的这场运动的源流并不显于可见的历史,它显

---

① René Le Forestier, *op. cit.*, pp. 68 - 84 and 157 - 164,更重要的是科宾所做的更全面的分析,*Temple et contemplation*, Paris, Flammarion, 1980, pp. 376 - 379。

② Corbin, Henry, *Temple et contemplation*, *op. cit.*, p. 373.

于神圣历史,即圣化的历史。在这个意义上,在这些不同运动中观察一种源流,亦可不从字面取其义。[189]然而必须提出的是,在我们在此言及的时代中,玫瑰十字会经常被视为这一精神骑士道的瑰宝。

启蒙运动与天启主义

综上所述,18 世纪见证了大量启示修会的创诞。我们在此提到的,也仅仅是与玫瑰十字共济会直接或间接相关的那些。然而在我们已讨论的运动以外,我们也可以谈谈玫瑰十字会在秘密之中的继续演进。这种修会的扩增常常引起内传论世界内的迷惑。而在其正中,偏向于启蒙运动的实证主义者与偏向于天启主义(l'illuminisme)的唯精神论者(spiritualistes)之间的交锋已经发生。随着拿破仑的埃及之战,人们愈发迷恋这片古老的土地,而西方内传主义却因人们发现的一个新领域的展开而震动,那就是磁性学说。

西卜利(Ebenezer Sibley)《物理和奥秘科学》(*A Key to Physics and the Occult Sciences*,1800)。

第十二章　磁性学说与埃及秘智学

梅斯默就像盗取天火的普罗米修斯，而相比之下，富兰克林仅仅是个递送工。

——列维《魔法的历史》(1859)

[193]18 世纪，赫耳墨斯学说遭遇西方世界的一大历史转折点——启蒙运动。在这个时代，内传论的支持者们沉迷于埃及，并对新兴的磁性科学如痴如醉。这些要素是如何联系到一起的？它们又为理解玫瑰十字会运动的演化历程提供了些什么？对这一系列问题的考察至关重要。

光

这场哲学运动诞生于今人称为“启蒙时代”的历史时期，它的特征是赋予进步以完完全全的信心。人们认为，理性是人类绝对的可靠引导，并且以怀疑的眼光去审视宗教与传统所显示的一切。人性所追寻的光并非从主而来，而来自我们每个人的内在，经由我们的智慧而闪耀。

[194]这一时期，人们利用新的视角观察世界。人类的知识在几年之内就得到了极大的拓展。1746 年，一组破天荒的实验将一种具有巨大潜力的能源——电力带到了这个世界上，这对于路易十五以前的人们来说是难以想象的。帕潘发现了蒸汽动力，并将之第一次付诸应用，由于这一新能源的出现，劳动生产关系迅速发生变革，近现代工业应运而生。1783 年 11 月，巴黎人民见证了载人热气球的成功升

空。此后,拉瓦锡(Antoine Laurent de Lavoisier,1743—1794)使化学家们实验性的论证与炼金术士的学问彻底分道扬镳。布封(George Louis Leclerc Buffon,1707—1788)的著作宣扬进化论,它在生命现象的科学理解与宗教所捍卫的创世学说之间竖起一道不可逾越的壁垒。

感觉主义

18 世纪不只属于科学家,它也是哲人的时代,尽管后者首先也是学者。孔狄亚克(Étienne Bonnot de Condillac,1714—1780)宣称感觉(sensation)是所有知识的起源。据他所言,一个人获取其自身意识以及潜能,并非来自他所思,而正如笛卡尔所说,是来自他的感觉。孔狄亚克引发了感觉主义(le sensualisme)运动,从者包括哲学家爱尔维修(Claude Adrien Helvetius,1715—1771)、霍尔巴赫公爵(Paul Henri Thiry,Baron d'Holbach,1723—1789)。两人都拥护绝对的唯物主义及无神论,提出宗教是暴政的工具,是理性的对立面,他们也维护人们对幸福的追取。

人是机器

这个时代的思想议题,并非人心内在的改善,而是要推进给每个人带去幸福的过程。而且,这一时代对内在人和灵魂本身的存在之究竟提出了质疑。[195]拉美特利(Julien Offray de la Mettrie,1709—1751)的名篇《人是机器》(*L'Homme - machine*,1948)将人类降格为区区一介机械,它们不需在造物主内寻找存在。当时大部分哲学家都认同这一观点。卢梭(1712—1778)尽管反对这种看法,他还是与爱尔维修、伏尔泰、孟德斯鸠以及孔狄亚克等人合作,完成了启蒙世纪的最高成就:狄德罗(1713—1784)和达朗贝尔(Jean le Rond d'Alembert,1717—1783)的《百科全书》(*Encyclopédie*)。该百科全书的理性主义和唯物主义给当时的文化带来了巨大影响。耶稣会士和詹森派人士斥其为“恶魔之书”。

在这样的明确立场之下，我们试着问问我们自己，18 世纪的人们如何依然会普遍相信自身之中存在着一个更高原则、一个灵魂，而依靠于一位作为假定前提的神。当然，普通人几乎无法意识到各种启蒙运动的见解，但是，天启主义（l'illuminisme），[①]或言内传主义，其主张则对这一问题耿耿于怀。一门新的学科——磁性学说（le magnétisme）[②]的出现让他们对此进行研究，因而引发了唯心主义者与唯物主义者之间激烈的论战。不久，被选祭司修会前书记福尼神父（Abbé Fournié）便宣称，磁性学说是上主所赐予的，它帮助我们理解，我们有一个灵魂，区别并独立于我们的肉身。[③]

磁性学说

列维（Éliphas Lévi）认为，18 世纪最浓墨重彩的一笔，既非《百科全书》，也非伏尔泰与卢梭的哲学，而是梅斯默（Franz Anton Mesmer，1734—1815）所发现的磁性学说。他说：“梅斯默就像盗取天火的普罗米修斯，而相比之下，富兰克林仅仅是个递送工。”[④]叔本华也认为这一学说“在人类所有发现中有着最伟大的创见，尽管很多

---

① 费弗尔对此课题有过全面的研究，*L'Ésotéricisme au XVIII siècle*，Paris，Seghers，1973. 有关此课题也可参考维亚特（Auguste Viatte）的两卷本著作，*Les Sources occultes du romantisme*，Illuminisme et Théosophie，1770—1820，Paris，Honoré Champion，1979。

② ［译按］或曰磁流学说，其实质为一种催眠方式，但与一般意义上的催眠术（hypnotism）又有微妙的差异，故本书使用磁性学说、磁流催眠等词来指称梅斯默的磁流催眠学说，它的理论基础是：生物体内含有磁流，通过对磁流进行干涉，可达到催眠、“磁疗”和康复的目的。

③ Pierre Fournié，*Ce que nous avons été，ce que nous sommes，et ce que nous deviendrons*，Londres，A. Dulau et Co. ，1801，p. 363.

④ Élipas Lévi，*Histore de la Magie*，Paris，Félix Alcan，1922，book VI，chap. 1，p. 416.

时候,它带给我们的谜题远比它解决的要多”。[①] 这门新兴科学的创始人梅斯默是一位出生于德国南部士瓦比亚(Swabia)地区的医生。1766 年,梅斯默撰写了题为“行星影响的物理医学论说”(*Dissertatio physico – medica de planetarum influxu*)的博士论文,[②]他在文章中论述了万有引力的成因及其对于健康的影响。[196]他重申了帕纳克尔苏斯和弗拉德有关世界之灵(l'Âme du Monde)的假说、佛兰德炼金术士范赫尔蒙特(Van Helmont)有关医学磁性学的假说,[③] 以及麦克斯韦(William Maxwell)的学说。[④] 梅斯默将上述不同观点与牛顿所阐述的物理学原理,还有他自己的思考相互比较并进行总结,建立了名为“动物磁性学说(magnétisme animal)”的理论。在为这一名称追本溯源时,梅斯默指出:

> 躯体对于一切存在之物周遭的泛在流体动作具有敏感特性,其目的是维持一切生命机能的平衡。[⑤]

梅斯默声称,恢复病人体内健康所必要的和谐是一种微妙的能量,可收集用以治疗疾患。他还称他可以治愈所有种类的疾病。1772 年,他开始应用磁性学治病。梅斯默最终通过亲手进行磁流催眠,实现了令人瞩目的成果。他也使用磁性催眠水进行治疗,基

---

① *Essai sur les apparitions et opuscules divers*, Paris, 1911, p. 94 et *Le Monde comme volonté et comme représentation*, Paris, PUF, 1978, p. 200.

② *Dissertatio physico – medica de planetarum influxu*, Vienna, 1766. 该文于 1971 年由阿玛杜在文集《动物磁性学说》(*Le Magnétisme animal*, Édition Payot)中发表,该文集重新编纂了梅斯默在此课题上的著作。文集中还有他的通信,以及他的其他一些文章,如: *Schreiben über die Magnetkur*, *Mémoire sur la découverte du Magnétisme animal*。

③ *De Magnetica vulnerum curatione*, Paris, Vic. Leroy, 1621.

④ *De Medicina magnetica*, Frankfurt, 1679.

⑤ *Extrait du Catéchisme du Magnétisme animal*,这是梅斯默致其追随者的一篇文章。参 F. A. Mesmer, *Le Magnétisme animal*, *op. cit.*, p. 225。

本上是与他那因治疗病人而闻名的桶(baquet)一起使用。这个大盆周长大约1.8米,它里面混装着玻璃瓶碎片、破裂的硫黄条和一些铁锉。大盆装满水,盖上穿过铁杆的盖子,采用这样的摆放法,病人便可将一根铁杆的端部一头与其身体部分接触,让身体接受恢复性治疗。

和谐学会

很快,有人怀疑起梅斯默只是个江湖郎中,甚至把他说成巫医。不过,他的态度依然坚定不移,他一生始终不停地向人解释,磁性学说非但与超自然并无关联,反而蕴含了物理现象。梅斯默为其论敌的攻讦所累,故离开维也纳,先是侨徙慕尼黑,后又去往巴黎。他在巴黎出版了《动物磁流发现论说》(*Mémoire sur la découverte du magnétisme animal*,1779),这本册子尝试为其学说的起源辩护,也揭露了人体周身循环的泛在流体的存在。[197]梅斯默的自传里有不少篇幅明确表达出对官方科学的不满,然而他还是将这本著作转送给了全世界的47个研究机构,范围覆及美国、荷兰、俄罗斯和西班牙。

该出版物中记录着梅斯默与法兰西科学院、法兰西医药学会以及巴黎学会的无数次争论。异议迫使他再次上路。他此后迁往比利时的斯帕镇(Spa)。在这里,梅斯默的病人们因磁性学治疗对健康所起的效用而兴奋不已。其中的两位,里昂的律师贝尔加斯(Nicholas Bergasse)以及阿尔萨斯的银行家孔曼(Kornmann)帮助他建立起一个可供病人接受磁性学治疗,并可对该学科进行研究的机构。1783年,梅斯默创立了和谐学会(Société de l'Harmonie),这标志着磁性学说取得了更大的成功。当时甚至连圣马丁(Louis - Claude de Saint - Martin)都对此非常痴迷。梅斯默力图阐明磁性学说与奥秘主义并无关系,然而令人讶异的是,他为和谐学会设置了一套属于共济会礼仪的形态。他称其学会为“会馆”(lodge),并使用象形文字以及象征符号来传授学说。更有甚者,学员在获准进入学会时,要举行一道与启示修会入会仪式多有相似之处的接纳礼;它的会晤发展出强烈的秘密倾向,且由实为仪式的典礼构成。事实上,我们可以认为和谐学会就是一种准共济会社团。梅斯默本人就是一名共济会员,而学会中大部分会员亦如是,其中还有不少马丁派人士。① 不久之后,梅斯默授权在许多城镇建立学会,普伊斯哥侯爵(The Marquis de Puységur)在斯特拉斯堡建立了友人重聚和谐慈善会(Société harmonique de bienfaissance des amis réunis),同时,杜切齐博士(Dr. Dutrech)在里昂建立了联合会,而墨赛博士(Dr. Mocet)也在波尔多建立了一个学会。

埃及艺术

罗马教会在18世纪失去影响力,[198]这使得人们能够更自由地求教于其他形态的精神学说,而早些年开始的对于埃及的迷恋也融入了这股思潮。这一潮流发生于17世纪的艺术领域。在圣日耳曼莱昂(Saint - Germain - en - Laye),作曲家鲁力(Jean - Baptiste Lully)受到埃及的启发,写就歌剧《伊西斯》(*Isis*,1677);而在巴黎,勃艮第大剧院呈上了列雅尔(Jean - François Regnard)的作品《埃及木乃伊》(*Les Momies d'Égypte*,1696),克莉奥帕特拉(Cleopatra)和俄赛里斯在剧中登场亮相。我们曾提过的特拉松神父的那篇小说《塞提的一生:古代埃及私人回忆录选节》(参见第十一章),描述的是胡夫金字塔(lagrande pyramide)和孟斐斯(Memphis)神庙中的入会仪式。若干年后,作曲家拉莫(Jean - Philippe Rameau)在凡尔赛上演了芭蕾舞剧《婚姻礼仪:埃及的众神》(*Les Festes de l'Himen ou les*

---

① "马丁派"这一术语在此意指帕斯夸尔(Martinez de Pasquales)、维勒莫兹和圣马丁运动的参与者。其中,圣马丁运动在1787以后涵盖在意项之内。译按:参见第十一章,帕斯夸尔是寰宇石匠骑士与被选祭司修会的建立者,圣马丁盖为帕斯夸尔之追随者,1768年起为被选祭司会成员。

Dieux de l'Égypte,1747),此剧中俄赛里斯亦有登场。这一场景又在他的芭蕾歌剧《俄赛里斯的诞生》(*La Naissance d'Osiris*,1751)中得到进一步完善。

建筑学同样不甘示弱,皮拉内西(Giambattista Piranesi)在其《装饰壁炉种种》(*Différentes manières d'orner les cheminées*,1769)中提到了大量由埃及得到灵感的装饰风格。玛丽安托瓦内特女王(La reine Marie - Antoinette)沉醉于埃及美学,因而在王宫中布置了许多这种风格的物件,特别是凡尔赛、枫丹白露和圣克卢(Saint - Cloud)的斯芬克斯。莫扎特为盖布勒公爵(Baron von Gebler)的戏剧《埃及之王塔莫斯》(*Thamos, König in Aegypten*)谱曲,并将其中的一些元素在他的《魔笛》(*Die Zauberflöte*,1791)之中再次演绎,这是一部受到古埃及影响的共济会色彩歌剧。德国作曲家瑙曼(Johann Gottlieb Naumann)的一部灵感源自埃及的歌剧《俄赛里斯》(*Osiris*,1781)在德累斯顿(Dresden)首演,同时,埃克哈茨豪森(Karl von Eckartshausen,1752—1803)写就小说《科斯提的航行》(*Kostis Reise*,1795),作品中描述了英雄如何受到金字塔中共济会象征符号的隐秘意义所指引。①

埃及建筑

在前一章中我们提到18世纪的共济会修仪团体黄金玫瑰十字修会曾将埃及作为他们的参考。[199]当时的这种潮流在1766年又发展出了新的方向。团体"阿非利加建筑师"在普鲁士军官柯彭的带领下从"三球体"修会独立,"三球体"则是标明为金色玫瑰十字的一所会馆。1770年,阿非利加建筑师编写了《卡塔瑞波阿:进

---

① *Égyptomania, l'Égypte dans l'art occidental* 1730—1930, Paris and Ottawa, Réunion des Musées nationaux, 1994. 此书为该学科的无价宝库,图文并茂且绚烂多彩。

入埃及祭司古代秘仪的入会仪式》(见前章),一本名声大噪于后世的小册子。阿非利加建筑师这一社团(言“阿非利加”实言“埃及”)来自卡塔瑞波阿——美尼斯法老所创立的一个秘密社团。为复现古代金字塔所给人的启示,柯彭为社团设计了一套七衔级系统。第一级别为帕斯托佛利斯(新手或初学者),会员被接引到象形文字的秘密之中,并且收到一顶金字塔形的帽子,和一条名为“森林”的围裙。第二级别为尼奥科利斯(工匠或学徒),受启者被授予一把节杖,他需要学习俄赛里斯双手交叉绕过胸前的姿势。第三级别为美兰尼弗利斯(导师或传授者),他将面对死者的王国,并被置于俄赛里斯的石棺之前。第四和第五级别分别为基利斯督弗利斯(专家或能者)和巴拉哈特(贤者或大师),他们将学习炼金术。在此之后的第六、第七级别分别为占星术师和先知,他们将与三倍伟大者赫耳墨斯沟通。弗里德里希二世是阿非利加建筑师的资助人。该团体有一座巨大的图书馆和一间化学实验室。1773 年,团体在柏林、瑞士和法国都有分会。[①]

原初崇拜

正是在这段时期,一部书籍的出版标志着比较宗教研究进入关键阶段,这就是热伯兰(Antoine Court de Gébelin)的《原初世界:分析及其与现代世界的比较》(*Le Monde Primitif analysé et comparé avec le monde moderne*,1773—1784)。[②] 这位学者用自己的方式,通过研究各种语言的来源加快了原初传统研究的进程。借由探寻失去的世界,他试图复原人类的原始语言,以恢复其原初之纯净。一番思

---

① 本段相关问题请参阅前一章“阿非利加建筑师”一节。

② 关于这一人物及其著作,参 Anne - Marie, Mercier - Faivre, *Un Supplément à “l'Encyclopédie”*, *Le Monde primitif d'Antoine Court de Gébelin*, Paris, Honoré Champion, 1999。

索之后，热伯兰相信，巴黎此前乃是一个埃及圣所的中心。据他所言，所谓巴黎（Paris）之名得源于伊西斯之桅（Bar Isis），即“伊西斯的帆船”（barque d'Isis）。① 他声称巴黎圣母院现址上曾经矗立着一座供奉伊西斯的圣所。[200] 他在《原初世界》（*Monde primitif*，1781）卷三中撰有第一部专论塔罗牌的内传研究。他认为塔罗牌起源于埃及，并申明透特神为其发明者。

1783 年，热伯兰疾病缠身，接受梅斯默的治疗。他在一场巴黎博物学会（其所属著名的九姐妹[Neuf – Sœurs]会馆的一个学术分会）的会议上，将身体康复归功于磁性学治疗，因而引起巨大反响。7 月，他发表了一封写给国王路易十六关于磁性学说的书信。这封信很快就传遍巴黎，引起了围绕梅斯默的争议，而热伯兰于次年病逝则对此更是火上浇油。他的门人艾岱雅（Etteilla，Jean – Baptiste Alliette，1738—1791）继续着他的塔罗与埃及研究，艾岱雅还建立了一个神秘主义启示修会：埃及完美天启（Parfaits Initiés d'Égypte）。

紧接着前一章有关宗教比较研究的内容之后，我们就可以适时地提出一部在《原初世界》的作者去世后引起重要反响的著作，即迪普伊（Charlse – François Dupuis）的《一切信仰崇拜或普遍性宗教的起源》（*l'Origine de Tous le Cultes ou Religion Universelle*，1795）。这部神话学鸿篇巨制的中间章节由“秘教的相关论文”所构成，它尝试阐明所有宗教教义、故事及节庆都有一个基于天文现象的普遍性宗教的共同起源。该书作者是一名共济会员，他将秘教溯源至他们的埃及源头。迪普伊认为它们是恶的、有缺陷的，且是真理的对立面，因为对他来说，“秘教仅属于错误与欺讹，真理与之毫无关联”。他撕开基督教的外衣，斥责其组成环节乃借鉴自古代宗教，而又歪曲了其中的意义。迪普伊的著作获得了唯理论者的极高评价，被奉

---

① *Franc – Maçonnerie et religion，Antoine Court de Gébelin et le mythe des origins*，ed. Charles Porset，Paris，Honoré Champion，1999.

为经典。[1]

卡里奥斯特罗

卡里奥斯特罗(Alessandro Cagliostro)所创立的埃及共济会社团让埃及与磁性学说以某种方式走到了一起。卡里奥斯特罗是个谜一样的人物,[201]他早先就加入了共济会,1777 年,他加入了伦敦希望会馆(L'Espérance de Londres),这一会馆是鸿德公爵于 1750 年创立的圣殿骑士谨遵会的附属社团。据信,卡里奥斯特罗在 1766 至 1768 年间于马耳他接受了玫瑰十字会的入会仪式,然而无人知晓他的入会引介人是谁。1778 年,他在荷兰建立了第一个新型的埃及礼仪的(共济会)会馆。环游欧洲之后,卡里奥斯特罗于 1784 年 10 月来到里昂。当年 12 月,他在凯旋智慧社(La Sagesse Triomphante)就任,这是他的修会的母会。和梅斯默一样,卡里奥斯特罗设置了两个"隔离",即天启自然的治愈。第一重隔离能让埃及共济会"道德完善",第二重则让其"机体完善"。[2] 据法国作家、内传论者阿玛杜(Robert Amadou,d. 2006)所言,卡里奥斯特罗的仪式实践以及个人实践,即使并非发展自历史上的埃及传统源流,仍然"热忱地接受了经由科普特礼基督教所传递的法老制埃及系谱"。[3] 我们在此能够发现神通力、宗教魔法以及对于永生的追寻,特别是那些具有对埃及智慧操演和强烈渴望的因素。

无论是否正在进行活动,奥秘学说、磁性学说、圣殿骑士派、玫

---

① 关于这部著作的起源,参:Claude Rétat:"Lumières et ténèbres du citoyen Dupius",in *Chroniques d'histoire maçonnique*,No. 50,IDERM,1999,pp. 5 – 68。

② Arturo Reghini, *Cagliostro, documents et etudes*, Milan, Arché, 1987, chap. II,pp. 43 – 68.

③ 参阅文章:"Cagliostro" in *Encyclopédia de la Franc – Maçonnerie*,Livre de Poche,2000,p. 247。

瑰十字会和马丁派，一切类型修仪团体的发展，都令共济会追问自身渊源何在。1784 至 1787 年间，共济会菲拉列退斯团体召开了一场大型的国际集会，会议邀请每位出席者提出他们感到最能够让修会引导其跟随者走向智慧的办法。① 资料显示，1785 年，卡里奥斯特罗正是在这一场合作出如下讲话：

> 先生们，不要再苦寻圣化观念之中的象征涵义了，它是六千年之前埃及古贤的创造。赫耳墨斯－透特神给出两个词。其一为玫瑰，因这种花朵呈球形，盖统一之最完善的象征，又因它氤氲的香氛，宛如生命之启示。这玫瑰置于一柄十字架的中央，十字架表现的，是两个直角末梢结合之形象，而它的直边则可以由着我们的概念延伸至无限，[202]在高度、宽度与深度的三重意义之上。这一符号在物质而为黄金，奥秘科学之中，黄金正意谓光与纯净；大贤赫耳墨斯称之为玫瑰十字，亦即，大无限之球界(Sphère del'Infini)。

卡里奥斯特罗的使命转瞬即逝。“钻石项链事件”之后，他遭到罗马异端审判所的追捕，最终在 1789 年 12 月 27 日入狱。严刑拷打之后，他被定以异端和魔法之罪，后于 1795 年 8 月 26 日死于蒙泰费尔特罗(Montefeltro)周边的圣莱奥(San Leo)。他的公众生涯只有短短 13 年。

谴责磁性学说

自 18 世纪初叶起，法国皇室就已丧失了它那突出的社会地位，取而代之的是，艺术家、作家、哲人、学者云集于沙龙。磁性学说很快就风靡起来，有关它的聚会活动非常活跃，甚至成了上层社会高度欣赏

---

① 有关这场总集会，参 Charles Porset, *Les Philalèthes et les Convents de Paris*, Paris, Honoré Champion, 1996。

的一项娱乐。毫无疑问,这种实践活动对“理性”构成了挑战,后者在启蒙运动的追随者那里已经上升为一种教条。1784 年,国王路易十六任命一个由拉瓦锡、富兰克林以及四名法兰西医药学会会员所组成的委员会对这一事件进行研究。委员会尽管承认磁性学治疗的效果,但仍示以强烈反对,认为它不科学、迷信因素浓厚。他们从根本上把它看作一种想象的疗效。反对磁性学说的小册子于是多了起来。

梦　游

18 世纪末,梅斯默学派举步维艰。1785 年,梅斯默的主要合作伙伴暨译者(梅斯默的法语很糟)贝尔加斯被逐出和谐学会。不久后,梅斯默结交了诸如圣马丁、迪托瓦 – 门布里尼(Jean – Philippe Dutoit – Membrini)等唯精神论者,并开始质疑磁性学说。[①] 梅斯默这个永远的漫游者短暂前往图卢兹(Toulouse),并于 1786 年 3 月在布尔(Du Bourg)家定居,布尔是被选祭司修会的家族,与圣马丁交往密切。[②] 数年后的 1789 年,[203] 和谐学会解散,梅斯默则于 1815 年转到了“永恒东方会”。然而,磁性学说在一段时间内转向了奥秘学说。炮兵上校,普伊斯哥侯爵莎斯特内(Armand Marie Jacques de Chastenet, marquis de Puységur)的发现引领磁性学说转入一个新的方向:梦游(le somnambulisme)。[③]

---

① 参 Jean – Philippe Dutoit – Membrini (a. k. a. Keleph Ben Nathan), *La Philosophie Divine appliquée aux lumières naturelles, magiques, astrales, surnaturelles, célestes et divines*。该文引用了圣马丁对磁性学说的危险性的批评文字。

② 这一家族直到恐怖统治时期(即雅各宾专政时期,1793—1794)一直在使用磁流催眠术。参 Tournier Clément, *Le Mesmérisme à Toulouse*(1911)。

③ 有关磁性学说的历史,参阅论文:Bertrand Méheust, *Somnambulisme et médiumnité*, vol. 1, “*Le Défi du magnétisme*” and vol. 2, “*Le Choc des sciences psychiques*”, Institut Synthélabo, from the collection “*les Empêcheurs de penser en rond*”, Le Plessis – Robinson, 1999。

当对一个个体施以传递催眠(passes),令之入睡几分钟后,该个体便进入一种昏睡状态,亦即"磁性睡眠(le sommeil magnétique)"。1784年4月,普伊斯哥侯爵在被梅斯默原理催眠后,发现当个体进入深沉的磁性睡眠时,他的人格会被改变。一种异乎寻常的感觉延展自内产生,令他看到和听到一些人类心智无法进入的东西。主体则更是成为一个中介,它被赋予惊人的洞察力,足以回应那些触及不可视之物的问题。这是磁性催眠式的梦游,或曰人为梦游之肇始,这一探索衍生出一项重大发现,那就是无意识。[1]

任何倾向于不可见科学、倾向于被选祭司的第一级别的人,都无可避免地为这一实践所引诱。梦游者所传的神谕到处都有记载。维勒莫兹也追逐这一热潮,而很有可能,这一实践就是被选祭司修会殒殁的主因。有了梦游以后,那些为与不可见者交通而存在的苦修主义以及复杂的仪式都变得毫无必要,人们所需要的仅仅是让一位病人进入磁性睡眠并对之进行问询。可惜,实践证明万事万物不可能如此单纯,作为运动的参与者,天启学社(Société des initiés, 1785)的创始人维勒莫兹在1785年4月至1788年10月间付出了代价。[2] 在此之后,他与萨尔茨曼(Rudolf Salzmann)等马丁派人士结交,而萨尔茨曼则认为维勒莫兹十分危险,因为他一心想要揭开其他世界的面纱,却不愿将圣化的工程介入其中。

在18世纪,天主教会并未着力惩责磁性学说。而对于共济会,它却态度决绝,[204]这是因为对内传主义的迷恋导致许多基督徒设法加入共济会馆。1738年,一道教宗诏令,即《克雷门十二世大赦令》(*In eminenti*)把对共济会的控告摆上了台面,此后,本笃十四

---

① Réne Roussillon, *Du Baquet de Mesmer au "baquet" de S. Freud, une archéologie du cadre et de la pratique psychanalytique*, Paris, PUF, 1992.

② 参 Christian Rebisse, "L'Agent Inconnu", in *Pantacle* no. 1, January 1993, pp. 29–34。

世(Benedict XIV)又一次发布诏令,更新了其中的内容。[①] 然而,禁令终究只是徒劳,共济会馆之扩散几乎遍及法国全境。甚至连修道院都行共济会之事。菲勒－贝尼梅里(José A. Ferrer－Benimelli)估测,将近两千名僧侣经常光顾共济会馆。[②] 这段时期内,国土上分布着大约六百五十个共济会研究会,然而当法国大革命爆发之后,几乎所有研究会都停止了活动。

杜伊勒利金字塔

1789 年,终结旧制度(l'Ancien Régime)的呼求让法兰西兵荒马乱。令人感到惊奇的是,革命者对于埃及并非毫无知觉。他们似乎在将纯净、正义和智慧的原初理念投射其上。于是,1792 年 8 月 26 日的杜伊勒利花园(Tuileries gardens)里,人们在举行的纪念 8 月 10 日殉难者(法国大革命最激动人心的一日,当时巴黎起义者攻占了杜伊勒利宫)典礼上竖立起一座巨大的金字塔。翌年 8 月,人们为共同纪念旧制度灭亡,又举行了一场自然重生的庆典。人们将以伊西斯雕像的形式表现的自然的重生之泉建立在了巴士底狱的废墟之上。1789 年,勒穆瓦讷(Jean－Baptiste Lemoyne)的歌剧《涅普特》(*Nephté*,名称源于涅伊特和普塔[③])初演,这是第一部将法老的国土作为基本背景的歌剧。帕里斯(Pierre－Adrien Pâris)为这部歌剧进行场景创作,其内容包括金字塔、陵墓以及一条通往俄赛里斯神庙的斯芬克斯大道。

---

① [译按]原文此处作本笃十五世(Benedict XV),误,据史实改;另按:该诏令为《罗曼鲁令》(*Providas Romanorum*)。

② *Les Archives secrètes du Vatican et de la Franc－Maçonnerie, histoire d'une condamnation pontificale*, Paris, Dervy, 1989.

③ [译按]涅伊特(Neith):塞伊斯(Sais,尼罗河三角洲西部城市)的守护女神;普塔(Ptah):孟斐斯神庙的建造者,建筑与手工艺之神。

拿破仑与埃及

若干年后在拿破仑治下,人们对埃及的激情开始立足于一个远比从前广阔的视角。这也激发了一些启示修会的创建,他们自诩从法老的国土而来。1798 年 5 月,拿破仑率五万大军御驾亲征,远涉埃及,随军而行的有一大批学者、数学家、占星术士、工程师、绘图师和艺术家。同年 7 月初,他于亚历山大里亚登陆。[205]数日后,他在金字塔之战中大败马穆鲁克集团(Mamelouks,埃及军事封建主,也指马穆鲁克骑兵)。次年,拿破仑成立委员会对埃及进行研究,该研究致使一本惊世之作《埃及志》(*Description de l'Égypte*)诞生。该著包括九卷文字以及十一卷图版,于 1809 年至 1829 年间出版完成。这部丰碑之作将埃及大地的瑰丽多姿揭与世人,它也在当时卷起了一股"埃及热"。[①]

作为一项突破性的工作,今日我们所知《死者之书》(*Livre des morts*)的莎草纸文献文本,在收录于《埃及志》之前得以单独出版。该书的出品者卡狄(M. Cadet)冠之以标题"忒拜王陵所见莎草纸经卷复写"(*Copie figurée d'un rouleau de papyrus trouvé à Thèbes dans un tombeau des rois*)。在接下来的 19 世纪,现代磁性学说的发起者狄维尔(Henri Durville)在欧狄亚克修会(l'ordre Eudiaque)[②]的学说框架下为该书做了详尽的注释,此修会系其自创的埃及化运动。另外,这片金字塔的土地又一次激发了艺术家们的灵感,1808 年 3 月,由奥梅尔(Jean – Pierre Aumer)创作,克鲁采(Rudolphe Kreutzer)制曲的芭蕾舞剧《安东尼与克莉奥帕特拉之恋》(*Amours d'Antoine et*

---

① 有关该课题,参 Robert Solé,*Égypte,passion française*,Paris,Seuil,1997;*Les Savants de Bonaparte*,Paris,Seuil,1998。

② Eudiaque 意为石、磁石,另该修会创始者实为亨利·狄维尔的父亲赫科托·狄维尔(Hector Durville)。

Cléopâtre)的首演,有幸得到了当时在位皇帝拿破仑的莅临。而在巴黎,人们对伊西斯依然痴迷,1809 年,有一个委员会对热伯兰所构想的有关巴黎名称起源(Paris—Bar Isis,伊西斯之桅)假说的正确性进行了研究。该项研究回顾了实际存在的一种古代伊西斯崇拜,故在结论中支持该传说为真。1811 年 1 月,官方承认了巴黎的伊西斯起源,一段时期内,人们将这位埃及女神的形象描绘在了巴黎的盾形城徽之上。

《埃及志》的出版刺激人们思考尼罗土地的祭司所保留的知识中的秘密。勒诺瓦(Alexandre Lenoir)出版了《法国共济会之真源所归》(*La Franche Maçonnerie rendue à sa véritable origin*,1807),这是一本尝试将共济会与埃及宗教加以联结的著作,作者认为埃及宗教是自然与原初之宗教。另外,威斯密(A. P. J. de Visme)出版了著作《埃及金字塔起源及目的新论》(*Nouvelles recherches surl'origine et la destination des Pyramides d'Égypte*,1812),该著致力于说明他们已经揭示出了的抽象科学与奥秘科学的基本原则。他继而对《塞提的一生》(*Séthos*)进行修订,恰逢当时的时代背景,该书较其初版而言,获得了更大的成功。

沙漠之友

[206]在当时良好的氛围之下,一批埃及化的启示修会兴起,他们通常都会竖立一个理想化的埃及。首先便是智者修会(Ordre des Sophisiens,1801),而由于仅有拉贡(Jean - Marie Ragon)捎带的提及,该修会对我们而言仍旧是个谜。这个最吸引我们的团体位于图卢兹,它在杜梅葛(Alexandre Du Mège,1780—1862)呕心操办下成立;这位考古学家还曾创建南方考古学社(Société archéologique du Midi),有关这一社团,我们在后面论述 19 世纪晚期图卢兹玫瑰十字运动时将会深入讨论。1806 年,这位贵为玫瑰十字衔级的共济会员创立了沙漠之友(Le Amis du Désert)。他在图卢兹建有该会的

母会馆至高金字塔(La Souveraine Pyramide)。[①] 根据创始人的规划,这一会馆将会建为金字塔外形,门前有两座斯芬克斯守护。它必须包含一座敬献给"神、人 - 真理(Dieu Humanité - Vérité)"的祭坛,立于伊西斯和俄赛里斯的象征之前。墙壁则同样必须使用自古代埃及遗迹之镌铭复制而来的象形文字进行装饰。而修会成员的衣装也将会是埃及款式。我们无从获知这项计划有没有得到实施,因为这个修会的存在实如薤露。除了图卢兹外,它在蒙托邦(Montauban)和欧什(Auch)也有"金字塔"计划。当然,它以低调的姿态存在若干年也并非是不可能之事。不久后的1822年,另两位从来自图卢兹的人物——迪普伊上校(Colonel Louis - Emmanuel Dupuy)和上加龙省(la Haute - Garonne)首席档案管理员卡尔德(Jean - Raymond Cardes)创建了共济会密斯兰(Misraïm)礼会馆,[②]疑即此埃及计划之继续。

孟斐斯礼仪

1814年左右,拿破仑驻意大利军官员贝达里代兄弟(Marc and Michel Bédarrides)将密斯兰礼修会带回了巴黎。然而除名称以外,它在仪典方面与埃及关涉甚微。这种礼仪在法国军队及意大利驻军管理层中兴起,并紧随着拿破仑的征伐而建立起来。在这段时期里,法国和英国接连与埃及作战。[207]法兰西帝师内共济会员颇夥,这让我们可以理解,为何他们希望在安德森的编纂(参见第十一章)之外,为修会追寻另一个起源。他们在埃及所发现的异观成为

① 有关该修仪团体,参 Maurice Caillet, "Un rite maçonnique inédit à Toulouse et à Auch en 1806", in *Bulletin de la Société Archéologique du Gers*, 1st trim. 1959, pp. 27 - 57。

② [译按]密斯兰(Misraïm, Mizraim),参《圣经·创世纪》第10章(思高圣经:米兹辣殷;和合本:麦西)。该词为"埃及"在希伯来语、亚兰语中的名称。

他们决定的方向，在某种程度上，在他们当时所处的时代，内传学说与埃及有置于同一门类之下的趋势。正如前揭，这种观点于文艺复兴时代初次提出，而该时代则将赫耳墨斯的埃及视为原初传统之源。

密斯兰礼出现之后的 1838 年，马尔各尼斯（Jean - Étienne Marconis de Nègre）创立了“孟斐斯”礼仪。与先行者不同，这个修会尝试吸纳源自埃及秘仪的元素，诸如西西里的狄奥多罗斯，或是特拉松神父《塞提的一生》中的记载。马尔各尼斯无疑也受到了《埃及天启：伊西斯和俄赛里斯秘仪》（*Mystères d'Isis et d'Osiris, initiation ègyptienne*, 1820）的影响。该书作者布朗日（T. P. Boulange）是皇家法院律师，也是巴黎大学法律系教授，他指出了迪普伊的错误，并对埃及秘仪的启示价值进行阐明，在他看来，埃及秘仪的意图是锻炼弟子从事德性的修炼及更高科学知识领域的学习。

罗赛塔石碑

到了这一时期，有关埃及的思考创生出了无数学说。然而埃及文献的真正内容却依然是完全的未知。那位对考古、语言学、炼金术和磁性学富有热情的学者基尔歇尔的假说就是准则（《埃及的俄狄浦斯》，*Œdipus œgyptiacus*, 1652）。1822 年，这种状况骤然改变。罗塞塔石碑（de Rosette），一部以三种字体（象形文字、埃及俗体字、希腊文）书写的文献，令商博良发现了一把解开象形文字意义之谜的钥匙。转瞬之间，基尔歇尔的假说土崩瓦解，埃及学应运而生。法兰西认为这块石碑堪称“埃及的姐姐”。卢浮宫在 1827 年开设了埃及博物馆，商博良即为其首任馆长。

磁学社

[208]革命之后，专家学者组织进行了对于磁性学理论的新一

轮审查。在于颂医生(ledocteur Husson,主宫医院的主任医师)的领导下,国立医学科学院成立了调查委员会,而她向委员会草拟了一份有利于磁性学说的报告,该报告虽已印制完成,然而在唯理论学者三番五次的诉讼下,最终未能完成递呈。此后,1842 年,一位来自亚眠(Amiens)的唯理论笃信者迪布瓦(Dubois)领衔的委员会对磁性学说进行了谴责。不过,市面上的各种议论都无法阻碍梅斯默创始的这门学科迎来进一步发展。著名的磁流催眠师和慈善人士(他的家永远对贫民和饥民敞开)普伊斯哥侯爵出版了许多著作,他在其中论述了磁性疗法所获得的疗效和成果。他和学生德勒兹(Joseph - Pierre Deleuze)一起创办了一种完全讨论磁性学说的期刊《磁性学年刊》(*Annales du magnétisme*,1814—1816),1815 年,这位侯爵又因创建了磁性学社(Société du magnétisme)而轰动一时。我们在下一章还将讨论这段时期所发生的另外一些思潮。

磁性学说后继有人,波特公爵(Baron du Potet/Jules Denis Dupotet Sennevoy)的磁性学课程在全巴黎闻名,他还撰写了著名的《动物磁性学教程》(*Cours de magnétisme animal*)一书。

科学与传统之间

这一时期还有其他思想潮流,特别是法利亚修士(l'abbé Faria,1750—1818)在《清醒睡眠成因》(*De la cause du sommeil lucide*,1819)中所论述的学说。布莱德(James Braid)将该书所关注的概念发展成了学术假说。著名物理学家、心理学家、心理测试学的创始人布坎南(Joseph Rodes Buchanan,1814—1899)教授也提出了另一种思路。另一方面,一些更具内传论倾向社团也在继续发展,[209]诸如:1815 年左右的宇宙和谐修会(l'ordre de l'harmonie universelle),这是一个共济会社,认为磁性学是共济会成员应当探寻的秘密;还有亚洲文化会社(l'ordre Asiatique),它的另外一个名字是"尊贵的爱丽舍宫门的道德循环",该团体于1824 年左右由艾尔迪,也就是梅西耶夫人(Alaine d'Eldir/Mme Mercier)创立。道利维(Fabre d'Olivet)在写作《人类哲学历史》(*Histoire philosophique du genre humain*)时经常光顾亚洲文化会社。普伊斯哥侯爵的法国弟子珀漾(Charles Poyan)则把磁性学说带到了美国,这将直接触发唯灵派运动的诞生,我们将在下一章对此进行探讨。

也有一些学者尝试将磁性学说与埃及相互联系。磁流催眠医师暨顺势疗法医师泰斯特(ledocteur Alphonse Teste)即为其中之一。他在《动物磁性学实用手册》(*Manuel Practique de magnétisme animal*,1828 et 1840)一书中即论及这一疗法的埃及起源,他认为:

> 埃及祭司认为,伊西斯女神能够在人们的梦中激发他们的虔信以治疗他们的疾病,那么毫无疑问,她介入我们的梦中,显现为疗愈的天性,并造福我们这些梦游者。

与此类似,1850年,巴黎精神磁流催眠学社(Société des Magnétiseur spiritualistes de Paris)的官方刊物《精神磁流催眠师》(*Le Magnétiseur spiritualiste*)的一篇文章也讨论到了埃及,文章作者马丁斯(Dr. Martins)医生论到在他的视野中,他似乎已经可以看到放置着磁力锁链所围绕的床的埃及的神庙-医院联合体。

巴黎精神磁流催眠学社

1847年,卡哈尼埃(Louis-Alphonse Cahagnet,1809—1885),最负盛名的磁性学者之一,创立了史威登堡学子社(la Société des étudiants swedenborgiens)。卡哈尼埃通过灵媒马基诺(Adèle Maginot)与史威登堡(Emmanuel Swedenborg)的灵魂进行了交流。交流中,史威登堡告知卡哈尼埃未来世界所揭开的奥秘,有无可辩驳的证据表明,梦游者拥有见到已死之人和与他们进行对话的能力(1848)。在史威登堡长久的启迪下,卡哈尼埃于同一年创立了巴黎精神磁流催眠学社,代替了史威登堡学子社。1848 年 11 月 27 日,在这一新社团的创立大典的讲话中,[210]他谈到了当时已经存在的卡巴拉、玫瑰十字会、共济会和圣殿骑士社团,他认为这些社团的作为只会让他们沦于傲慢和自私。他想把自己的修会办成一个真正的兄弟会结社,在这里,他可以进行灵魂的磁学特性研究,以为人带去慰藉和疗愈,并能使人们探索灵魂的奥秘。学社成员称作兄弟姐妹(frères ou sœurs),学社的集会有仪式化的特征。集会上,一名祈祷者主导会议流程,将一名"清醒者"催眠,让他与史威登堡的精神进行接触。会议穿插音乐和宗教歌曲,最后以宴会结束,在宴会上,史威登堡的灵魂会被请来,并对饼与葡萄酒施加影响。

教会和磁性学说

教会对于磁性学说的定位非常模糊。最初在 1841 年,教会公开谴责磁性学说,而在此后的 1856 年却采取了更为开明的政策。对于这样一个通过尝试制造灵魂存在的证明,从而在某种程度上声讨启蒙唯物主义的运动,教会实在不会去拒斥。例如,德拉格(Henri Delaage)的《奥秘世界:磁性学说的神秘》(*Le Monde occulte ou Mystères du magnétisme*,1851 and 1856)便认为磁性学说正是将不信者带归信仰的合适途径。为该书作序的是著名的拉可戴尔神父(père Lacordaire),他从 1846 年起登上巴黎圣母院讲坛之时,言辞中便对这门学科有所好感。德拉格的著作突出了大仲马的一句名言:"如果世上有一门能让灵魂可见的学科,那毫无疑问一定是磁性学说。"巴尔扎克则在小说《于絮尔·弥罗埃》(*Ursule Mirouët*,1841)中为我们描绘弥罗埃医生这样一位医师的形象,他在一段催眠经历过后重新发现了自己的信仰。该书第六章题名即为"磁流催眠概要"。

艾赛尼的耶稣

在这一时期，教会的独断专行阻挠着在当时历史语境中追寻真正的基督教，[211]亦即原初基督教的人们。法国天主教会的改良派，莎蒂尔神父（l'abbé Chatel，1795—1837）的情形便是如此。他的教会素与法布－帕拉巴特（Fabré－Palabrat）的新圣殿骑士团组织互有往来。另外，诸如法国哲人勒鲁（Pierre Leroux）等人则将艾赛尼派视为真正的基督徒。在《人性的原则及其未来》（*De l'Humanité, de son principe et de son avenir*，1840）中，勒鲁便认为耶稣是一名与东方传统有接触的艾赛尼派人士。拉梅（Daniel Ramée）则在《耶稣之死：历史的天启》（*La Mort de Jésus, Révélations historiques, d'après le manuscrit d'un Frère de l'ordre sacré des esséniens, contemporain de Jésus*，1863）中对其观点表示同意。如此，1777 年古老体系之金玫瑰十字修会所开创的艾赛尼传统，继续出现在了追寻原初传统者目光的聚焦之下。在艾赛尼传统和埃及秘智学的结合下，人们重新寻回了对智慧的热情所带来的丰富。

正如本章所讨论的，我们涉及的这一时代最大的特点，就是有关更高的世界的一种全新关系。文艺复兴中出现的魔法通过新实践趋于变化。而从磁性学说中，我们几乎可以看到人们创生一门奥秘世界科学的欲望。因而，历史将会使我们更好地理解内传论的思想遗产和实践是如何演变的。从这一点上来说，磁流催眠现象确确实实地催生出了许多思想运动，它们关乎研究人类心智、未经挖掘的能力以及如何开发这些能力可使我们生活得更为和谐。

“健康的天平”，狄维尔(Hector Durville)《磁性学理论与操作流程》(1903)插画。

第十三章　灵之追寻

唯灵派，通过所谓灵力显现的实证化改造，满足了自然科学对于方法的要求。

——佛维提《纯灵的统治》(1896)

[215]自18世纪至19世纪中叶，魔法因磁性学而祛魅。波特在《揭秘魔法：奥秘科学的原理》(*La Magie dévoilée ou Principes de sciences Occultes*，1852)中宣布，磁性学照亮了魔法中的神秘因素。梅斯默和普伊斯哥所打开的这条道路促成了唯灵论学说的诞生，它激励了人们进入灵研究机构，去探寻并理解生命和灵魂的源泉。刘易斯在创立AMORC之前就曾任某一机构的主席。总体而言，美好年代(1890—1914)的所有奥秘学者，特别是那些尝试建设或重建启示修会之人，都有着磁性学说或唯灵派的思想背景。

假　说

翻过法国革命骚乱的一页，磁性学说重新获得人们的关注。在法国，磁性学说在巴黎圣宠谷军医院(Val - de - Grâce)、主宫医院(Hôtel - Dieu)和萨尔佩提耶(la Salpêtrière)等医院获得了成功的应用。与此同时，磁性学的流行也引起了巨大争议，国家医学科学院在1842年正式否认了磁性学说。不过，磁性学征服了欧洲的宫廷，它在俄罗斯、[216]丹麦和普鲁士都广受欢迎。在德国，磁性学不仅在医学界产生影响，更吸引了自然哲学家和浪漫派运动人士。1829年，肯纳(Justinus Kerner，1786—1862)在斯图加特出版了《普雷沃斯特的预言家》(*La Voyante de Prévorst*),这是一部真正的超心理学著作,尽管“超心理学”一词在当时还未出现。在这部著作中,肯纳记录了他与豪菲(Frédérique Hauffe)——一位接受他磁性学疗法的病人——之间的交流。书中称,病人在生命垂危之际,灵(精神)通过声音、心跳、物体的移动而显现,并与病人进行交流。灵的这些显现方式,与后来1847年福克斯姐妹(the Fox sisters)事件如出一辙。肯纳的著作还讨论了病人的异视、现实世界与精神世界之间的关系以及流体的外现与投射。[①] 该著可谓席卷欧洲的美国唯灵派运动的一次预演。

事实上,1836年前后的这段时期,普伊斯哥的一位追随者珀漾将梅斯默学说介绍到了美国。[②] 他在缅因州贝尔法斯特(Belfast, Maine)开讲座、做实验。昆比(Phineas Parkhurst Quimby,见第十六章)对此深感兴趣,并很快就成长为一位杰出的灵媒。昆比此后也将成为基督教科学(Christian Science)运动的前身——新思想运动(New Thought Movement,同上,见第十六章)的先驱。

唯灵派

戴维斯(Andrew Jackson Davis,1826—1910)在珀漾的学生中算得上是一位令人称奇之人。[③] 1844年,列文斯顿(Mr Levingston)发现了戴维斯有清醒睡眠的天赋,于是对他进行了磁性疗法。当年3月7日,戴维斯进入催眠状态达两天,在此期间他与灵之“向导”取得了联

---

① L'ouvrage du Dr Justinus Kerner, *Die Seherin von Prevorst*, Stuttgart, J. G. Cotta, 1829, 2 vol. in-8°. 该书由洛卡斯上校(colonel de Rochas)指导杜萨特博士(Dr Dusart)进行法译工作:*La Voyante de Prévorst*, Chamuel, 1900。

② Horatio Dresser, *Health and Inner Life*, New York & London, G. P. Putman's sons, 1906, p. 24.

③ 有关戴维斯,参 Conan Doyle, *History of Spiritualism*, London, Cassell & Co., 1926, chap. III。

系。次年，戴维斯赴纽约开坛授课。在课堂表演中，戴维斯在一位磁疗师的配合下进入一种真视状态(clairvoyance，同 clearvision，意为能够洞察事物本质)，并记录了他的灵之"向导"所传递给他的信息。1845 至 1847 年间，他授课一百五十余次，课堂内容结集为一本八百页的巨著《自然原理及其神圣启示》(*Les Principes de la nature et ses divines revelation*，1847)，该书付梓后首年即重印多达七次，[217]取得了辉煌的成就。戴维斯的其他著作，如《和谐哲学》(*Harmonial Philosophy*)和《自然神圣启示》(*Nature's Divine Revelations*)，也为他赢得了巨大的荣誉，人们称他为"美国英裔唯灵派者中的先知"。

纽约二十英里以外的海德斯维尔村(Hydesville)发生了多起离奇事件，以此为契机，美国的磁性学说发生了引人注目的转向。1847 年 12 月的一个夜晚，年轻的福克斯姐妹(Margaret and Katie Fox)听见墙上发出了一串奇怪的"叩击声"。接着，房门全自己打开了，家具和其他物件四处移位，就好像有不可见的双手正将其推动。然而，两位年轻的姑娘并没有感到害怕，她们就把它当成一场游戏，并且建立了一套符码，用以与这位"精神叩门人"对话。交谈的最后，精神自揭其名为罗斯纳(Charles Rosna)，他详详细细地讲了他活着时候的事情，而他所讲述的内容在日后被证明为真。不久，许多人抱着好奇心慕名而来想见证这一现象。[①] 这些事件标志着唯灵派运动(Spiritualism)[②]的开端，这是一场势头极速增长的运动。在美国，唯灵派运动短时间内招徕了 300 万追随者，其中将近一万名灵媒师，你方唱罢我登场。1852 年，唯灵派就已在俄亥俄州克利夫兰建立了代表大会。

---

① 德尼(Léon Denis)描述了许多有关该事件的细节：*Dans l'Invisible*，*Spiritualisme et Médiumnité*，Paris，Librairie des sciences psychiques，new ed.，1922，pp. 205－210。

② [译按]spiritualism 一词有精神主义、唯心主义、唯灵主义等译法，本书在第十一、十二等章所译"唯精神论"，专用来指涉作为认识论倾向的 spiritualism。而在本章此处出现的 spiritualism 特指 19 世纪后半叶兴起于美国的唯灵派运动，此意项与前一种需加以区分。

亚兰·卡甸

唯灵派快速席卷欧洲。在法国,1853 年 5 月 13 日的《辩论报》(*Journal des Débats*)探讨了当时风靡巴黎的桌面降灵(tablestour-nantes)现象。利瓦伊(Hippolyte Léon Denisard Rivail,1804—1869),也就是卡甸(Allan Kardec),作为一名土生土长的里昂人,原本就对磁性学说十分感兴趣,他被人招揽至唯灵派运动中,数年之后,他发表了一篇题为"精神之书"(*Livre des esprits*,1857)的作品,[①]这本小册子于是成了所有唯灵派人士的随身读物。作品不仅解释了如何与精神世界进行接触,还提出了唯灵派的理论与哲学。特别是,该著揭示了精神周流(périsprit)概念,[②]它是流质的躯壳、灵性的身躯,介乎灵魂和肉身之间,它能让未成血肉之形(désincarnés)的精神显现其自身。他还普及了轮回说(réincarnation),提出这是灵魂进化的必要进程,因而有了一句著名的唯灵派格言:"自生至死,再生复始,无尽无止,天道如此。"1858 年,[218]卡甸创设《精神学评论》(*La Revue Spirite*),他建立了巴黎唯灵学说研究会(la Société parisi-enne d'étudesspirites),并出版了一些著作,用于向全世界传播唯灵派学说。他是公认的唯灵派"先知"。

---

① Allan Kardec, *Livre des Esprits, contenant les principles de la doctrine spirite, sur la nature des Esprits, leur manifestation et leurs rapports avec les hommes, les lois morales, la vie présente, la vie future et l'avenir de l'humanité. Écrit sous la dictée et publié par l'ordre d'esprits supérieurs*, Paris, Dentu, 1857. 英译本:*The Spirits'Book: The Principles of Spiritist Doctrine*。

② [译按]精神周流(perisprit,perispirit),或曰精微体(subtle body),唯灵派认为,这是精神用以与大脑知觉相连接的物质。"peri"为外部、周围之义,又卡甸将之定义为一种流体(fluid),故本书译作"精神周流"。卡甸描述道:"正如果实的胚芽周遭围绕着外胚乳,我们可以将围绕精神的称作精神周流。"(选译自 Wikipedia:Perispirit)

沟通不可见世界以及让魂灵显现的尝试几乎无处不在。自动写作、心灵传动、心灵感应风行。休姆(Daniel Dunglas Home)、帕拉迪诺(Eusapia Palladino)、派普尔(Leonore E. Piper)、库鲁克(Florence Crook)和迪迪埃(Alexis Didier)等灵媒师在实施桌面降灵时执行主人般的统治,并让人把头转过去,只因装腔作势、滥竽充数之事实在司空见惯。

《扎诺尼》

唯灵派扩张的同时,玫瑰十字会运动也凭借小说《扎诺尼》(*Zanoni*,1842)重新回到了人们的视野。[1] 该小说的出现恰在19世纪玫瑰十字会复苏的第一个迹象显露之前。其作者李顿爵士(Sir Edward Bulwer Lytton,1803—1873)曾以历史小说《庞贝城的末日》(*The Last Days of Pompeii*,1834)享誉国际。而这本新著《扎诺尼》则描述了18世纪的两位玫瑰十字会修士,也是这个庄严的兄弟会最后的幸存者,扎诺尼和美诺尔(Mejnour)。故事情节围绕着向两位弟子格林东(Clarence Glyndon)和维奥拉(Viola)传授启示而展开,其中,作者揭示了追寻启示的过程中灵魂所受的磨难。尽管《扎诺尼》穿插了对赫耳墨斯秘教、帕纳克尔苏斯、阿格里帕、卡里奥斯特罗和梅斯默学说的注释,该著首先应是一本囊括该思想源流所有特征的传奇故事。内传文学中,它至今仍是最出色的小说之一。

人们在阅读该书时或许会好奇,玫瑰十字会究竟哪一部分引起了李顿的关注。李顿自孩提时代起就呈现出了对于超自然现象的兴趣,日后,他便致力于奥秘科学的研究。《扎诺尼》出版后的第12

---

① 1858年,洛瑞因(Pierre Lorrain)出版了一本《扎诺尼》的法译本(Hachette et Cie.)。1924年,努里(Émile Nourry)出版了另一个更完整的版本,并配以兰茨(Robert Lanz)的插图。该版由“玫瑰十字真传(Diffusion Rosicrucienne)”于2001年4月再版。

年,人们正处在公开讨论唯精神学说的年代,法国奥秘论者、魔法师列维(Éliphas Lévi,1810—1875)前往伦敦拜访了这位小说家。两人一同参与实施召唤提亚纳的阿波罗尼乌斯的鬼魂,他们使用的是基于帕特里齐《哲学魔法》(*Magia Philosophia*,1573)的一套仪式,而非唯灵派所喜爱的方法。

[219]这段奇特的经历标志着法国奥秘学派的重生。[①] 威斯特科特(William Wynn Westcott,见下文)表示,李顿曾在德国与法兰克福卡尔暨迈向无限之光会馆(Karl Zum Aufgehenden Licht Lodge of Frankfurt)的玫瑰十字会员有过接触。[②] 事实上,这个由迈耶尔(Christian Daniel von Mayer)于1814年创办的会馆处于许多19世纪启示修会发展的岔路口上,这些修会包括维勒莫兹的圣城义善骑士团(les Chevaliers bienfaisants de la Cité)、鸿德公爵的圣殿骑士谨遵修礼会(la Stricte Observance templière)以及古老体系之金玫瑰十字修会的下属分支亚细亚天启兄弟会。总之,在这个时代,我们了解到了一系列并不那么正统的玫瑰十字会运动。

S. R. I. A.

人们有时候会认为李顿领导了盎格鲁玫瑰十字会(Societas rosicruciana in Anglia;S. R. I. A.)。事实上,他仅仅是挂名的荣誉主席,并且他也曾明确地拒绝过这一职位。S. R. I. A. 于1866年在英

---

① 列维曾于著作中提及该事件:*Dogme et ritual de la Haute Magie*,Paris,Gerner Baillière,1856,chap. XIII,另,莎科纳(Paul Chacornac)注评列维:*Rénovateur de l'occultisme en France*(1810—1875)Paris,Chacornac Frères,1926,chap. X。列维书英译本:*Transcendental Magic*:*Its Doctrine and Ritual*,trans. by Arthur Edward Waite(1910)。

② 美茵河畔法兰克福卡尔暨迈向无限之光会馆由黑森-卡塞尔选帝侯查尔斯亲王(Charles,Prince and Elector of Hesse - Cassel)于1817年建立。*Kenning's Cyclopaedia of Freemasonry*,1878.

国共济会的关怀下诞生。其创始人李特尔(Robert Wentworth Little, 1840—1878)为共济会英国联合总会(la Grande Loge unie d'Angleterre)的司库(trésorier)。他声称接受了海耶(Anthony O'Neal Haye)的引介而加入了爱丁堡的一个苏格兰玫瑰十字会社,然而从来没有人能证明他的发言。威斯特科特申明,这一结社首先是共济会员的组织,参与者集结一道学习古代玫瑰十字文献,并在玫瑰十字运动和共济会之间建立纽带。在 1880 年的一篇文章中,他澄清道,并不能将 S. R. I. A. 视为过往玫瑰十字会的嫡传组织。

李特尔似乎是根据从英国共济会总堂(Freemason's Hall)图书馆中发现的礼仪来为 S. R. I. A. 设立制度的。他采用的是古老体系之金玫瑰十字修会的等级体系(Zelator, Theoricus, Practicus, Philosophus, Adeptus Junior, Adeptus Major, Adeptus Exemptus, Magister Templi and Magus),并且禁止基督教徒石匠大师团成员(maîtres maçons chrétiens)得到这些衔级。其组织扩展到了苏格兰、加拿大和美国,尽管其起源尚存疑点,该结社对于内传论的传播仍起到了重要的作用。[220]S. R. I. A. 的主要成员包括伍德曼(William Woodman)、麦肯齐(Kenneth R. H. Mackenzie)、简宁斯(Hargrave Jennings)、唯灵派人士穆塞斯(Stainton Moses),当然还有威斯特科特。其中,威斯特科特后来创立了金色黎明赫耳墨斯修会(Hermetic Order of the Golden Dawn),关于该修会,下文将有专门章节探讨。另一方面,S. R. I. A. 的许多成员也加入了襁褓中的神智学社。

布拉瓦茨基夫人

神智学社(La Société théosophique)[①]有着另外的思想根柢。然

① [译按]该会在中国的创始人,外交官伍廷芳博士(1842—1922)将 Theosophical Society 一词翻译为“道德通神会”“明道会”等,最后确立为“证道学会”。为方便讨论,本书仍据该词词根译作“神智学社”。

而,由于它显示出了与玫瑰十字会运动之间的某种相似性,我们将在此做一些简单的介绍。布拉瓦茨基夫人(Helena Petrovna Blavatsky,1831—1891)因频繁来往于纽约的唯灵派社交圈而进入公众视野,此举甚为异常。由于赋有超自然能力,她作为灵媒师参与了一些实验。在这样的际遇下,她与她日后的亲密伙伴奥尔科特上校(lecolonel Henry Steele Olcott,1832—1907)熟识起来,当时,他正在调研与唯灵派有关的现象。此后,上校提议要创办一个对奥秘学说、卡巴拉等进行研究和解释的社团。当时,他们为这社团起名时曾在许多名字中间犹豫不定,而"玫瑰十字会"就是这些名字中的一个。1875 年 9 月,他们最终确定了"神智学社"这一名称。神智学社与玫瑰十字会运动几乎毫无关涉,它根本上是一个佛教的内传主义形态的运动。然而它却成了自称玫瑰十字的一些运动的起源。

玫瑰十字的一次冒险

第一次运动是于 1888 年创建却昙花一现的内传玫瑰十字(Rose - Croix ésotérique),其创始人哈特曼(Franz Hartmann,1838—1912)是位医生,他也是布拉瓦茨基的亲密伙伴和秘书。他撰写了许多有关玫瑰十字会的著作,其中,增补版的《16 及 17 世纪玫瑰十字会的秘密符号》(*Symboles secrets des rosicruciens des XVIe et XVIIe siècles*,1888)一书尤其值得注意。① [221] 哈特曼还写了一部奇特的小说《玫瑰十字的一次冒险》(*Une Aventure chez les Rose - Croix*,1893),小说描述了在一次阿尔卑斯山远足中,人们发现了位于瑞士巴塞尔(Basel)附近的一座玫瑰十字修院。小说中,主人公遇到了

① *Secret Symbols of the Rosicrucians of the Sixteenth and Seventeenth Centuries*, Boston, Occult Publishing Company, 1888. 该书法文版:*Symboles secrets des Rosicruciens des XVIe et XVIIe siècles*, Le Tremblay, Diffusion Rosicrucienne, 1997。

金色玫瑰十字修会的修士以及他们的最高统帅(Imperator)。在访问炼金术实验室时,一位名叫狄奥多罗斯(Theodorus)的修士给了主人公一本书,就是之前提到的那本《16及17世纪玫瑰十字会的秘密符号》。

这部小说的第二版修订版(1910)前言部分写道:“这一有关通灵经历的记述改编自一位友人的陈述,他是一位著作等身的作家。这些冒险究竟是梦境,还是精神世界的游历?这将交由读者判断。”故事中提到的修士“狄奥多罗斯”很有可能就是鲁伊斯(Theodor Reuss),关于这一人物我们在下一章将会有详细的叙述。然而,这篇堪称阅读此书指津的前言并没有出现在加布里乌(K. - F. Gaboriau)1913年的法译本中。需要补充的是,修订版中增加了“瑞士的一所玫瑰十字学院”一章,在本章中,哈特曼说道,这部小说第一版发行后,瑞士当地有实践他小说中想法的行为。他所描述的行动,可能就是下一章中讨论到的蒙特维里塔(Monte Verità)计划。然而哈特曼做出总结,若要找一处建立玫瑰十字修会,那就只有在新大陆——美国,别无他选。

其二为玫瑰十字圣殿修会(The Order of the Temple of the Rosy Cross),这一修会是在奥尔科特上校死后,玫瑰十字运动的迷茫时期出现的。该组织创立于1912年,其创始人贝赞特夫人(Annie Besant)是奥尔科特的继承者,神智学社领袖。这一组织湮于第一次世界大战,而作为创建者之一的鲁萨克(Marie Russak)则在1916年与刘易斯接触后加入了远古神秘玫瑰十字修会。

神智学会影响下的第三场运动由德国神智学会秘书长施泰纳(Rudolf Steiner,1861—1925)在1913年发起。[222]施泰纳和贝赞特夫人一样,对玫瑰十字会运动兴趣浓厚,他在1904年至1913年之间召集了多次玫瑰十字会运动会议。在有关克里希那穆提(Krishnamurti)的问题上,施泰纳与贝赞特意见相左,两人分道扬镳,此后,1913年,他创立了人智学会(la Société anthroposophique),并将之作为玫瑰十字会的现代延续和变体。这一运动还孕育了两个团体：海因德尔（Max Heindel）的玫瑰十字联合会（l'Association rosicrucienne）和里肯博夫（Jan van Rijckenborgh）的玫瑰十字读书会（le Lectorium Rosicrusianum）。

赫耳墨斯卢克索兄弟会

一些学者指出，布拉瓦茨基和奥尔科特上校是在遭到一个神秘组织开除之后建立的神智学社，这个组织就是赫卢会（H. B. of L.），全称赫耳墨斯卢克索兄弟会（Hermetic Brotherhood of Luxor）。根据传说，这个兄弟会的起源是于6000多年前在现已消失的西方岛屿（亚特兰蒂斯）上建立的修会，忒拜和卢克索是其活动中心。这一修会号称是包括玫瑰十字会在内一切伟大启示运动的源头。1870年左右，赫卢会组织起一个外围结社运动，以抵挡科学至上主义西流的危机。它致力于通过为西方内传主义赋予科学因素来促成其复苏。它还想遏制神智学社的扩张，并斥其妄图"腐坏西方精神，让其臣服于东方思想的统治"。[①] 如轮回观念，便是赫卢会所反对的学说之一。

另一修会——赫耳墨斯卢克索修会（Hermetic Fraternity of Luxor）外围结社的建立者是来自波兰华沙的毕姆施泰因（Louis - Maximilian Bimstein，1847—1927），他后期自称西翁（Max Théon）和阿齐兹（Aïa Aziz）。这是一位拥有多种灵能力的奇异人物。[②] 1870年，他迁往英国并拣选了一些跟随者，其中较为知名的有戴维森（Peter

---

① 这些元素可追溯至戴维森的文章："Origins and Objectives of the H. B. of L."in H. B. of L. *textes et documents secrets de la Hermetic Brotherhood of Luxor*, Paris – Milan, Arché, 1988。有关这一怪异组织，参 Jocelyn Godwin, Christian Chanel and John P. Devency, *The Hermetic Brotherhood of Luxor: Initiatic and historical documents of an Order of Practical Occultism*, York Beach, Samuel Weiser, 1995。

② 更多内容请参 Satprem, *Mère*, *Le Matérialisme Divin*, Paris, Robert Laffont, 1976, chap. VIII, IX。英译本：*Mother, or the Divine Materialism*, Paris, Institut de Recherche, 1979。

Davidson)和伯各因(Thomas H. Burgoyne)。戴维森成了赫卢会的大师傅(maître en la pratique);法国医生、奥秘学者帕普斯(Papus,昂科思[Gérard – Anaclet – Vincent Encausse]的笔名)曾是这一修会的成员,有人认为戴维森正是其"行动上的师傅"。在法国,巴莱(François – Charles Barlet [Albert Faucheux],1838—1921)领导了这一组织。应当指出,[223]马丁修会的创始成员都是赫卢会的成员,有的时候,它会在赫卢会中构成一种马丁派的内部团体,而这一内部团体很快又为玫瑰十字卡巴拉修会(l'Ordre kabbalistique de la Rose – Croix)所取代。1885 至 1886 年,赫卢会发行了一种刊物《奥秘杂志》(*Occult Magazine*),伯各因和戴维森在杂志中以李顿《扎诺尼》中的两个玫瑰十字会士"扎诺尼"和"美诺尔"为笔名写作。无独有偶,在《反物质主义》(*Anti – Matérialiste*)杂志上,巴莱的署名为"格林东",这是李顿小说里的另一位人物。赫卢会的存在时间为 1870 至 1886 年,尽管只有少数几个成员,它仍然有着巨大的影响力。1886 年起,西翁对赫卢会意兴阑珊,他离开伦敦去往阿尔及利亚的特莱姆森(Tlemcen)。修会自此停止活动,而西翁则尝试建立一个规模较小的团体——宇宙运动(Cosmic Movement)。正是在 1904 至 1906 年居于特莱姆森期间,西翁接纳了阿尔法撒(Mirra Alfassa, c'est – à – dire Mère,1878—1973),她不久之后便与印度潜修者(mystic)、古鲁(guru,印度教、锡克教等宗教中的导师)奥若宾多(Sri Aurobindo)产生联系。[①] 此外,西翁的观念对奥若宾多也产生了一定的影响。

灵之追寻

唯灵派仍在欧洲进行着扩张。1870 年前后,"灵师(psy-

---

① 参 Satprem, *op. cit.*, chap. VIII, IX; and Sujata Nahar, *Les Chroniques de Mère*, Paris, Buchet/Chastel, 2000, vol. III, p. 43。后书英译本:*Mother's Chronicle*, Book Three。

chistes)”在唯灵派运动中登场。梦游实验确确实实地让许多研究者对人类的超常能力进行思考。1875 年起,包括心理学教授西奇威克(Henry Sidgwick)在内,剑桥大学三一学院的智识精英们从事起了唯灵现象的科学研究。此后的 1882 年,在巴雷特博士(Dr. William Fletcher Barret,1844—1925)、西奇威克以及心理学家迈尔斯(Frederick Myers,1843—1901)的合作领导下,灵研会(Society for Psychical Research)在伦敦成立。研究者们开始利用科学实验对灵媒师的灵能力进行研究。

同样在 1882 年,灵研会创造了“心灵感应(telepathy)”一词。居留伦敦期间,布拉瓦茨基[224]和同时代所有伟大的灵媒师一样,也参与了这些实验。英国的研究在国际上取得了反响,并促成了许多结社的诞生,如美国著名心理学家詹姆斯(William James,1842—1910)于 1884 年在波士顿建立的美国灵研会(American Society for Psychical Research)。在法国,德洛莎上校(Colonel A. de Rochas)所开启的这些研究,则交由 1913 年诺贝尔生理学奖得主里歇博士(Dr. Charles Richet,1850—1935)领导。他们被人称为“超通灵术师”(métapsychiques),并且组织起了国际超通灵术师研究会(l'Institut métapsychique international)。

19 世纪,磁性学、唯灵主义和灵力相关出版物数量猛增,其中既包括杂志,也包括专著。[①] 1887 年,赫科托·狄维尔重新启动了由波特公爵于 1845 至 1861 年创办出版的《磁性学与灵学实验学报》(*Journal du Magnétisme et du psychisme experimental*)。该刊物由法国磁性学社发行。该学社的创始人,除了几位医生以外,还包括布拉瓦茨基和德瓜伊塔(Stanislas de Guaïta)。该会名誉会员有:德洛莎上校、克鲁克斯(William Crookes)、帕普斯、若利维 - 卡斯蒂洛(François Jollivet - Castelot)、西内特(Alfred Percy Sinnett)和佩拉

---

① 梅约(Bertrand Méheust)曾撰有精彩的传记:in *Somnambulisme et médiumnité*, vol. II, Paris, Institut Synthélabo, coll. “Les Empecheurs de penser en rond”, Le Plessie - Robinson, 1999, pp. 523 - 577。

丹。磁性学在赫科托和他的儿子加斯顿(Gaston Durville)与亨利那一代经历了伟大的复苏。

放眼世界,许多著名的科学家也参与了关于灵论(psychisme)的研究。其中包括:化学家门捷列夫(Dmitri Ivanovitch Mendeleev)、化学家居里夫妇(Pierre and Marie Curie)、进化论的共同发明者之一华莱士(Alfred Russel Wallace)、著名医师和化学家克鲁克斯、天文学家弗拉马里翁(Camille Flammarion)、犯罪学家龙勃罗梭(Cesare Lombroso)、作家雨果等许多人。1897 年,灵研会在伦敦举行的一场会议期间,克鲁克斯发表了一席有关磁性学以及声、电、X 射线等振动频率的重要演说。他随后便提交了一份振动表,赫科托·狄维尔将这份表格进行了通俗易懂的普及,这让刘易斯从中受到了不少启发。①

[225]文艺复兴时代的魔法向我们介绍了与创世的数种层面相结合的精微能量,并提出了对于这些应力加以利用的某些方法。18 世纪下半叶伊始,这些方法被磁性学所推翻,后者以科学的方式论证了这些能量的存在。这也许能够显示出,人类拥有了将自己置身于不可见世界,并与之接触的能力。这一运动创生了一批新类型的团体、唯灵论者以及催眠师协会。正如我们所见,在这个时代,原初传统的玫瑰植株生出了新的枝条。不可否认,这些枝条并非每个都开花结果,一些玫瑰甚至瞬间凋零。然而不久之后,新的花朵便将成就大法师的玫瑰园。

---

① Hector Durville, *Théories et procédé du magnétisme*, Paris, Librairie du Magnétisme, 1903, pp. 15 – 18. 英译本:*The Theory and Practice of Human Magnetism*, Chicago, Psychic Research Co. ,1900。

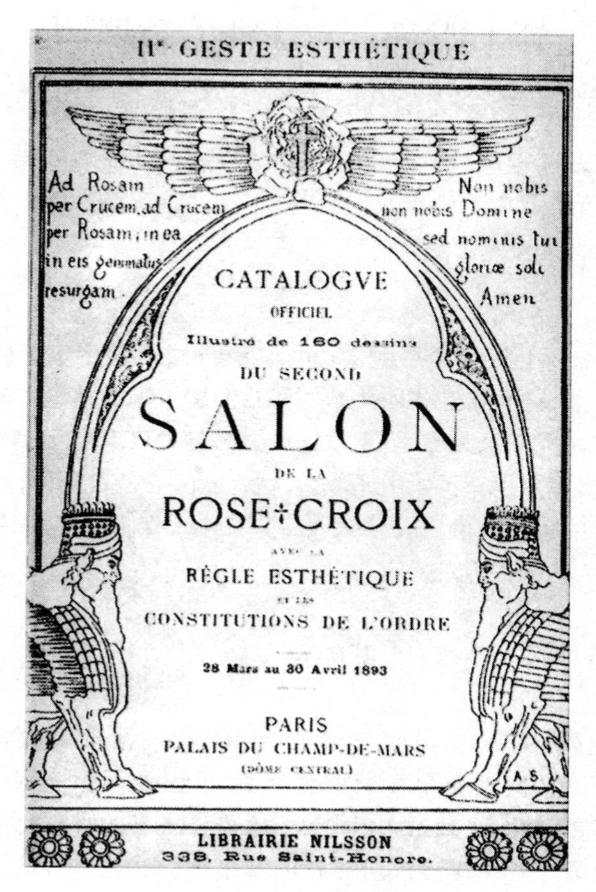

1893年“玫瑰十字沙龙”的宣传页。

第十四章　大法师的玫瑰园

从古时传下来的玫瑰十字修会在三年之前几近灭绝，此时，两名其庄严传统的直系继承人下定决心，他们要为它找一尊新的基座从而使之强大，以期其复苏。

——德瓜伊塔《神秘入门》(1886)

[229]19世纪后半叶到20世纪前半叶，玫瑰十字会团体如雨后春笋。总体而言，这些团体派别和我们所了解的那些古时的玫瑰十字会之间大都毫无联系，不过这些团体打着玫瑰十字旗号所做的尝试，多多少少也获得了一些成功。我们在上一章已经介绍了其中一些团体的创始故事，那么接下来，为了继续我们的探索，我们就要走进这"大法师的玫瑰园"。

蒙特维里塔

工业革命震动了19世纪欧洲，使得当时的社会结构摇摇欲坠。这种情况在德国表现得尤为明显，1870年起，这里就表现出了拒斥工业世界的迹象，自然主义(naturisme，裸体主义的雅称)因而诞生，作为对于新工作组织形式所导致的城市化的回应。人们试图逃离城市的污染，转而创造共同体和"花园城市"，从而在自然中和谐生活。持此观点者因1892年的生命改革(Lebensreform)运动而走到了一起。然而与17世纪玫瑰十字会以及随后的文艺乌托邦运动不同，人们认为19世纪科学的进程是种威胁，因而，[230]生命改革运动吸引了素食主义者、裸体主义者、唯灵主义者、天然药物倡导者、牙科保健师、神智学者以及艺术家。[①]

这场运动中,有一支由瑞士神智学者匹奥达(Alfredo Pioda)所领导的叫作兄弟会(Fraternitas)的团体,他们1889年曾试图在瑞士提契诺州(Tessin)阿斯科纳(Ascona)周边的蒙特维里塔(真理山,Monte Verità)创办一个平信徒修道院。布拉瓦茨基的好友哈特曼和瓦赫特迈斯特(Wachtmeister)参与了这次譬如朝露的计划。这场实验无疑为后来哈特曼的"瑞士玫瑰十字会制度"提供了灵感(参见第十三章)。1900年厄登科文(Henri Oedenkoven)与霍夫曼(Ida Hoffmann)创建了一个同类型的共同体:蒙特维里塔(Monte Verità)。[②] 作家黑塞(Hermann Hesse)、哲学家布伯(Martin Buber)、政治家兰道尔(Gustav Landauer)、艺术体操发明人雅克－达克罗兹(Émile Jaques－Dalcroze)、舞蹈设计师兼舞蹈理论家拉班(Rudolf von Laban)等多人造访了蒙特维里塔。

东方圣殿骑士团

紧随蒙特维里塔之后登场的是神秘真理(Verita Mystica)——东方圣殿骑士团(Ordo Templi Orientis,O. T. O.)的下属会馆,1893年创始后由罗伊斯(Theodor Reuss,*see* ch. 19)领导,此人自1902年起为S. R. I. A.(盎格鲁玫瑰十字会)德国分社领导人。罗伊斯此后致函刘易斯,透露道自己接受该修会职务是为取悦于威斯特科特,然而他随即意识到威斯特科特真正感兴趣的,是得见罗伊斯手中握有的德国与奥地利玫瑰十字会档案。[③] 事实上,东方圣骑自称延续着以往玫瑰十字会的工作,而罗伊斯则令其组织表现出一种共济会学院

---

① 此后,寻求回归原始自然与崇拜的漂泊者、自然主义者、无政府主义者、人体之美崇拜者以及受排斥种族也参与到了这场运动之中。

② 参 Philippe Baillet,"Monte Verità(1900—1920)or the complexity of'anti－capitalist romanticism'",*Politica Hermetica*,No. 14,2000,pp. 199－218。

③ 1921年9月12日罗伊斯致刘易斯信,AMORC档案。

的形式，而其真正功能是将一个秘密的、由“正本清源的玫瑰十字”直接传继的玫瑰十字修会隐藏在内。[①] 他还声称修会的秘密地点位于[231]“罗伊斯”，它是莱比锡附近图林根（Thuringe）森林中的一个公国。罗伊斯说他于1893年6月得到引介进入东方圣骑，介引人叫凯尔纳（Karl Kellner，1851—1905），一位共济会、玫瑰十字会及东方神秘主义的狂热学徒。

事实上，正如文图拉（Gastone Ventura）所述，人们普遍认为凯尔纳行旅东方归来之后与哈特曼、克莱恩（Heinrich Klein）一同创立了一个修会。据凯尔纳本人说法，他曾皈依古代秘仪，其引纳者为阿拉伯僧侣奥法（Soliman ben Aufa），以及两位密宗瑜伽（Tantric Yoga）行者——印度古鲁波罗达（Bhime Sen Pratap）和波罗摩舍沙（Sri Amagya Paramahansa）。[②] 这些人物的背景都与玫瑰十字会运动无涉。直到凯尔纳去世之后，罗伊斯才建立了东方圣骑。然而它的正统性引起了争议，特别就其启示证明的颁布成了实实在在的交易这一事实。有时，帕普斯和其他一些人纵容罗伊斯对他们的利用，而不久之后，罗伊斯自己就涉嫌污名。[③]

此后第一次世界大战期间，通过在蒙特维里塔组织和平集会，[④] 东方圣骑以一种前景光明之姿重新出现。拉班献上了一场题为“太阳赞歌”（*Hymn to the Sun*）的瓦格纳乐曲舞蹈礼仪演出。作为东方圣骑成员的同时，拉班也是玫瑰十字女修士国际联盟（Alliance Internationale des Dames de la Rose - Croix）的秘书，这是修会的一个

---

① 1921年6月10日罗伊斯致刘易斯信，AMORC档案。

② *Les Rites maçonniques de Misraïm et Memphis*, Maisonneuve & Larose, Paris, 1986, p. 78.

③ 参“The Theodor Reuss Affair” revue L'*Acacia*, January to June 1907, pp. 27 - 28, 202 - 204, 293 - 303, 387 - 389, 466 - 467。

④ 参阅一份意大利报纸上的文章：“Dal Monte Verità, Congresso Anazionale Cooper O. T. O.” dans *Dovere*, 28th August 1917.

辅助团体，以不分种族信仰进行世间的调和为务。联盟倡导基于共享精神的利他主义贸易，并认为艺术是人们疗愈战争创伤的最佳方式，这一观念与佩拉丹心之所想十分接近。但这些乌托邦计划似乎并未成功遂行，而修会也翻过了不幸且不光彩的一页。克劳利（Aleister Crowley）闯下了此祸，他将一些与玫瑰十字会、共济会运动完全无关，而亦无法令人称道的魔法操作引入修会。我们之后谈论1920年代时将会回到这所修会的问题继续进行讨论（参见第十九章）。

黄金黎明

欧洲大陆正经历上述事件之时，[232]在英国，S. R. I. A. 的领导者们（参见第十三章）创立了一个新的修会，即金色黎明赫耳墨斯修会（the Hermetic Order of the Golden Dawn）。1887年，威斯特科特，一位伦敦东北地区的验尸官，也是一位活跃共济会会员，得到了包含五套加密礼仪的手稿。传闻称该文献曾经属于巴尔－谢姆－托夫（Baal Shem Tov），①列维则继之而为其拥有者。据说威斯特科特得之于一位书贩，文献秘密夹藏在《16及17世纪玫瑰十字会的秘密符号》的一件复本中。传闻还说文献载有德国的一位玫瑰十字修会专家施潘格尔（Anna Sprengel）的地址。在与她取得接触后，威斯特科特、马瑟尔斯（Samuel Liddell Mathers，1854—1918）和伍德曼（William R. Woodman）在伦敦创建了伊西斯－乌拉尼亚（Urania）会馆，接着又在奥特伊（Auteuil）创建了哈索尔（Ahathoor）会馆。② 因此马瑟尔斯可以说是金色黎明赫耳墨斯与生俱来

---

① ［译按］巴尔－谢姆－托夫（意译：圣名大师）原名本以利撒（Israel ben Eliezer，1698—1760），东欧“哈西德运动（Hassidic Movement）”的创立者。

② ［译按］乌拉尼亚，缪斯女神之一，掌管天文；哈索尔（Ahathoor，Hathor），埃及女神，神格类似乌拉尼亚，掌天穹、文艺、爱情等。

的领袖，而他恰好也是大哲学家柏格森（Henry Bergson）的妹夫。一如对于大多数启示修会组织的创始故事，我们不必深究事实，因为根本无人能够证明施潘格尔小姐是否真实存在，而至于那本加密手稿，很可能出于一位 S. R. I. A. 成员麦肯齐（Kenneth Mackenzie）之手。

然而，金色黎明会对于推广 16 及 17 世纪玫瑰十字会运动内容也许还是起到了一定作用。它的仪式将神通力与借鉴自文艺复兴魔法和基督教卡巴拉的学说付诸实施，它还施行了以往被玫瑰十字会弃置的支持精神炼金术的神秘主义。金色黎明会的仪式很大程度上有可能受到了《阿布拉美林的圣魔法》（*La Magiesacrée d'Abramelin*）的启发，马瑟尔斯曾悉心研究过这本收录了阿格里帕作品的书，[①]他也把阿格里帕的魔法文本用到了自己的著作中。修会采取了一套趋向埃及的符号系统，为塔罗研究赋予了重要的地位，同时借鉴了 S. R. I. A. 所使用的衔级体系。它还拥有一个内部团体：红宝石玫瑰与黄金十字修会（Ordo Roseœ Rubeœ et Aureœ Crucis）。

[233]金色黎明赫耳墨斯在其元首马瑟尔斯的带领之下立刻取得了成功，在 1888 至 1900 年间成长为一个重要的启示团体。众多共济会员和神智学者参与其会馆并成为其会员，其中包括叶芝（William Butler Yeats，即 1923 年诺贝尔文学奖得主）、王尔德的妻子玛尔茨（Constance Marz）以及英国皇家学院主席凯利（Gerard Kelly）等。然而其为数众多的支派催生出了另外的内传团体，如叶芝等人的晨星社（Stella Matutina）、马瑟尔斯的阿耳法，和敖默伽（Alpha et Omega）、福斯（Violet Firth，alias Dion Fortune）的内在之光学社（So-

① 1898 年，马瑟尔斯出版了英文版书：*The Sacred Magic that God gave Moses, Aaron, David, Solomon and other Prophets, and who teach the True Divine Knowledge, left by Abraham son of Simon to his son Lamech*，这是一本研究天使魔法的书籍，于 1458 年在威尼斯由希伯来文译为拉丁文。

ciety of the Inner Light),以及瓦伊特(Arthur Edward Waite)的玫瑰十字团友会(The Fellowship of the Rosy - Cross)。此外我们也可以将克劳利的银星社(Astrum Argentinum)视作其中一例。

佩拉丹

金色黎明会出现的四年之前,佩拉丹在法国出版了小说《罪大恶极》(*La Vice suprême*,1884),书中刻画了当时的道德标准。这位非典型的作家将对20世纪玫瑰十字会运动起到重要的作用。[①] 阅读该书时,你会为他在可考内传文本方面知识储量之巨而吸引,而其中影响他最深的,则是克里斯蒂安(Pierre Christian)的一本专论奥秘科学的鸿篇巨制《魔法之历史》(*l'Histoire de la magie*,1870)。[②]《罪大恶极》的主人公麻葛默洛达客(magus Merodach),[③]是一位受天启者,而非二流奥秘学家,他渴望利用其知识为高等级的理想而效劳。

超自然作家多尔维利(Barbey d'Aurevilly)在其所撰序言中称赞了这部著作,这让年轻的佩拉丹一蹴而就取得了成功。德瓜伊塔,一位年轻的法国诗人,是该书的热心读者,他曾致信佩拉丹表达仰

---

① 关于这一人物的更多信息请查阅 Christophe Beaufils, *Joséphin Péladan 1858 - 1918: An Essay on a Malady of Lyricism*, Grenoble, Jérôme Million, 1993; Édouard Bertholet, *The Thought and Secrets of Sâr Joséphin Péladan*, vols. I - IV, Lausanne, Éditions rosicruciennes, 1952 - 1958。

② 这部长达666页的内传论百科全书在许多方面后来居上,超过了较早出版的列维著作。

③ [译按]麻葛(magus),古代波斯宗教祭司阶层。默洛达客(Merodach,和合本译名:米罗达),即马尔杜克(Marduk),巴比伦城邦守护神,代表木星,相当于罗马的朱庇特。斯宾格勒曾使用"麻葛"一词来指涉中东地区"琐罗亚斯德、马都克 - 巴力、亚伯拉罕宗教"等具有一神教等内涵的文化形态。参斯宾格勒《西方的没落》,上海三联书店,2006。

慕之情。二人相见后结为好友。两人之间的通信显示德瓜伊塔在内传道中只是初出茅庐。他写道:“我一定不会忘记,多亏你的书,我才开始钻研赫耳墨斯之学。”①

图卢兹的玫瑰十字

[234]佩拉丹的许多知识都得自其兄阿德良(Adrien Péladan,1844—1885)的传授之功,此人是法国的第一代顺势疗法医师之一,也是拉古里亚(Paul Lacuria,1806—1890)的追随者,而拉古里亚是教士兼基督教赫耳墨斯神秘学者,②本人也是道利维(Fabre d'Olivet)的弟子。③ 一般认为,阿德良于1878年受布瓦辛(Boissin,1835—1893)引纳进入玫瑰十字修会,佩拉丹曾说,布瓦辛是“修会之末裔,图卢兹分会会员”。他还说他是“圣殿玫瑰十字首脑、图卢兹隐修院长以及十四人理事会会长”。④ 德拉帕瑟子爵(levicomte Édouard de Lapasse,1792—1867)是图卢兹的前外交官与炼金医师,⑤据悉也是

① 1884年11月15日致佩拉丹信。*Unedited letters from Stanislas de Guaïta to Sâr Joséphin Péladan*, publiées par ÉdouardBertholet et Émile Dantinne, Neuchâtel, Éditions rosicruciennes, 1952.

② 拉古里亚曾出版《数字表达的和谐》(*Harmonies of Being Expressed by Numbers*, 1844)一书。有关该作家,参 Robert Amadou,“Un Grand Méconnu: l'abbé Paul Lacuria, le Pythagore Français”, revue *Atlantis*, 1981, nos. 314 & 315。这一人物很可能是佩拉丹《罪大恶极》主要人物之一阿尔塔(Alta)的创作原型。

③ 道利维(Antoine Fabre d'Olivet, 1767—1825)是一名影响了列维、昂科思(帕普斯)等多位奥秘学者的法国作家。今日多以希伯来语及“毕达哥拉斯三十六金句”(Pythagoras' 36 Golden Verses)研究而为人所知。他对圣化音乐艺术也颇有研究。

④ Joséphin Péladan, *Comment on devient Artiste*, Paris, 1894, p. XXIII.

⑤ 德拉帕瑟子爵的传记可追溯至:Count Fernand de Rességuier in“Eloge de M. le vicomte de Lapasse”, *Jeux Floreaux*, Toulouse, imprimerie Douladoure, 1869。

该玫瑰十字会组织的成员。事实上,1860 年起,德拉帕瑟子爵就已提到“秘密的会社,玫瑰十字的几位大师犹在”。[①] 德拉帕瑟似乎没有表明自己的会员身份,然而同时,不论对错,布瓦辛称他是公认的“这个著名兄弟会的最后成员”,并指出他“不会错过任何一个为玫瑰十字会建立良好声誉的机会”。[②]

这位子爵热衷于参加奥尔班伯爵夫人(Comtesse d'Albanès)主持的社交晚会,诺狄耶(Charles Nodier)、巴兰谢(Pierre Ballanche)、考雷夫医生(Doctor Koreff)、乌榭伯爵(Comte d'Ourches)以及作家卡佐特(Cazotte)的儿子与之相伴,他会与他们谈论磁性学、炼金术、卡巴拉和马丁派学说。1839 年 12 月的一个晚间,德拉帕瑟给众人展示了一个装满玫瑰十字的神圣精华的水晶石瓶。这是一瓶由露珠组成的液体,得自西西里岛巴勒莫地区的隐修士巴尔比亚尼亲王(le prince de Balbiani)。1825 年左右德拉帕瑟在意大利期间曾经见到巴尔比亚尼亲王,亲王自称是一位玫瑰十字会士,并且曾与卡里奥斯特罗见过面。亲王将炼金术实践的初级步骤授予了德拉帕瑟。[③] 我们还发现,子爵与杜梅葛亦熟识(参见第十二章),此人之前曾创建了一个埃及修仪团体,德拉帕瑟后来则继承他成为南方考古学社的领导人。

[235]图卢兹的这一玫瑰十字会走到了多远?子爵有没有建立玫瑰十字修会?如果依照布瓦辛和佩拉丹所叙,图卢兹的玫瑰十字会活动不太像结构化的修会组织。它更像 1860 年前后以阿德良的纳引者布瓦辛为中心的一批大师的集结。

---

① Vicomte de Lapasse, *Essai sur la conservation de la vie*, Paris, Victor Masson, 1860, p. 59.

② Firmin Boissin, *Visionnaires et illuminés*, Paris, Liepmannssohn et Dufour, 1869, p. 17.

③ 参 *Excentriques disparus*, Paris, A. Savine, 1890, et Toulouse, pp. 75 – 83。该书为布瓦辛使用笔名布鲁日(Simon Brugal)所写。

玫瑰十字卡巴拉修会

佩拉丹品尝着由他第一部小说带来的成功的喜悦，而在同时，他的兄长阿德良于1885年9月29日因其药师配药失误致毒身亡。《图卢兹信报》(*La Messager de Toulouse*)刊登的讣文告诉了我们他是一名玫瑰十字会士。该文落款为"天主教徒，R + C"。我们有理由认为这一署名来自该报总编辑布瓦辛。那段时间，佩拉丹与德瓜伊塔的友谊正逐渐建立，在佩拉丹的建议下，德瓜伊塔与布瓦辛取得了接触。1886年8月12日，德瓜伊塔告诉佩拉丹，他收到了他的朋友"布瓦 + 辛(Bois + sin)"写来的一封有实际内容的长信。在姓名中间夹带十字记号的这种书写方式十分怪异，更奇妙的是，在此次通信之后，德瓜伊塔将"R + C"作为格式加入了他自己的签名，还称呼佩拉丹为"我亲爱的会士兄弟(Frère)"。①

我们是否能够得出结论，德瓜伊塔就此受引于布瓦辛而加入了修会？

从那时起，事件的节奏加快。在这段时期，许多身为神智学社会员的巴黎奥秘学者对所传授的学说一味偏向于东方思想而感到不满。我们之前提到过的昂科思，也就是帕普斯就是其中之一。帕普斯当时还是一位医科学生，[236]他正辅佐路易斯医生(Dr. Luys)在巴黎爱德医院进行催眠学实验。帕普斯在那里遇到了沙伯苏(Augustin Chaboseau，1868—1946)，两人此后重振了马丁修会。1888年，神智学社法国分社主席德拉玛特(Louis Dramart)去世，学社分崩离析。帕普斯以此为契使西方奥秘学说苏醒。他发表了《基础奥秘科学文选》(*Traité élémentaire de sciences occultes*，1888)，意图恢复西方原初传统，并将奥秘学说与大学所教

---

① *Unedited Letters of Stanislas de Guaïta…op. cit.*，p. 84.

授的知识并置而观。

不久后，卡甸的继承者、精神学说运动领袖雷玛丽（Pierre - Gaëtan Leymarie）在巴黎召集了一场精神学说与灵魂学说国际会议，与会人员有：帕普斯、巴莱、沙伯苏和沙穆埃（Chamuel）。这一重大事件标志着奥秘学者能够从神智学运动中脱身，而由帕普斯主编、于 1888 年 10 月创刊的《天启》（*L'Initiation*）杂志就更能说明问题。就此，奥秘学者纷纷寻求置身于在世原初传统的荫护，以及帕普斯的领导之下，他们要把玫瑰十字和马丁派学说打造为他们眼中方将升起的新圣殿的基石。佩拉丹和德瓜伊塔携手参与了这一工程，即于玫瑰十字在图卢兹行将就木之际复兴它的修会。

> 玫瑰十字的古老修会三年之前正欲淡出历史舞台（发言时间为 1890 年），此时，它无上庄严之传统的两位直接继承者决意复兴它，用新的基石将之强化，而现在，生命之力正不断地涌入这一重获新生的巨人的神秘主义结社。①

自此，新生玫瑰十字自图卢兹徙往巴黎（1887—1888）而成为玫瑰十字卡巴拉修会（L'Ordre Kabbalistique de la Rose - Croix）。[237]修会由十二人组成的最高议会领导，其中六人必须保持其身份不为人知，若修会解体，无论出于什么原因，他们的作用就是要重建组织。历任“十二人议会”的有德瓜伊塔、佩拉丹、帕普斯、贾布罗（A. Gabrol）、托利翁（Henry Thorion）、巴莱、沙伯苏、米榭莱（Victor - Émile Michelet）、赛迪尔（Paul Sédir）以及哈万（Marc Haven）。修会设立由三个等级（bachelier en kabbale, licencié en kabbale et docteur enkabbale）组成的结构体系，只有马丁派 S. I. 衔

---

① Stanislas de Guaïta, “Au seuil du mystère,” *Essai de sciences maudites*, Paris, Georges Carré, 1890, p. 158.

级会士[①]才有加入修会的权利。

圣殿与圣杯之玫瑰十字

借《天启》杂志发行之利，玫瑰十字卡巴拉修会的消息传开，很快，美好年代时期的奥秘论者纷纷叩响圣殿的大门。德瓜伊塔蛰居特吕代纳大街（Avenue Trudaine）的底楼公寓，令帕普斯主事。佩拉丹这样拥有艺术家反复无常性格的人无法适应与帕普斯这样头脑冷静的主事者相处。帕普斯希望开放修会，并拓展其活动范围，而佩拉丹却恰恰相反，他希望将封闭的入会途径保留以遴选新加入者，并且不满于帕普斯想要加诸修会的共济会旨趣。两人的立场难以调和，而在佩拉丹指责帕普斯对于奥秘和魔法的品位之后情况更是如此。此事与玫瑰十字卡巴拉修会的著名会员阿尔塔神父指责帕普斯混淆奥秘学说和内传主义学说如出一辙。1891 年 2 月 17 日，佩拉丹给帕普斯送上一封绝交信，此信见诸当年四月号的《天启》。

佩拉丹心中传统的继承者已偏离了他的使命，于是他决定采取另一条道路，1891 年 5 月，他创立了圣殿与圣杯之玫瑰十字修会（又名圣殿与圣杯之天主教玫瑰十字修会）。他在 1884 年第一部小说中就已勾

---

① ［译注］第十二章提及的马丁派运动源起者圣马丁很有可能参与了维勒莫兹的天启学社（Société des initiés）的建立，天启学社又名亲友学社（Société des Intimes），二者简写均为 S. I. 。圣马丁的追随者以小团体实行“个人启示（personal initiation）”，该礼仪是自一个叫作不具名哲人修道会（The Order of Unknown Philosophers）的团体沿袭下来的（不具名哲人就是圣马丁的拟名），圣马丁的这种启示方式定义了“S. I. ”——高等不具名者（Supérieur Inconnu）的内涵，S. I. 衔级体系由此建立。值得注意的是，这些信息是由另一位“S. I. ”：萨尔伊格纳修（Sar Ignatius）所记载的，他在其玫瑰 + 十字马丁修会（R + C Martinist Order）中对 S. I. 衔级又有新的演进。（参：http://www.hermetics.org/Martinism.html）

勒出了此修会的一些轮廓。1891年6月他毛遂自荐,[238]以“萨尔·默洛达客·佩拉丹”(Sâr Mérodack Péladan)之名成为修会的大师傅。①《费加罗报》(*Le Figaro*)一连刊载了几篇关于此事的文章,而谴责佩拉丹分裂修会的帕普斯及其友人,则被这整轮宣传弄得火冒三丈。

艺术的魔法

佩拉丹梦想着玫瑰十字能“从共济会的污浊中分离出来,纯净一切异端邪说,并得到教宗的祝福”。他希望“将这一圣殿修会的敬意带给圣母,带到主耶稣的脚下”,②因为如今建立的修会将要统一玫瑰十字会与圣殿骑士团两大传统。为此,佩拉丹创制了一句格言:

> 通过十字,通向玫瑰,通过玫瑰,通向十字,在它(玫瑰)内,在它们(玫瑰与十字)内,我如宝石般显现。③

他还将圣殿骑士团此前使用过的“上主,光荣不要归于我们,不要归于我们,只愿那个光荣完全归于你的圣名”加入格言之中,该句节选自圣咏集(Psalm)第115章。④

佩拉丹的修会尽管建立在玫瑰十字、圣殿和圣杯三重标幅之

---

① 萨尔(Sâr)为波斯语国王之意。

② Joséphin Péladan, *L'Initiation sentimentale*, Paris, Edinger, 1887, p. ii, dédicace à Stanislas de Guaita, et Salon de la Rose - Croix, règle etmonitoire, Paris, E. Dentu, 1891, p. 28.

③ 原文为:*Ad rosam per crucem, ad crucem per rosam, in ea, in eis gemmatus resurgam*。

④ 佩拉丹使用了选自圣咏集第115章的拉丁文版本,有关这一引文,佩拉丹的引文与圣经不尽相同,圣经原文一般写为:*Non nobis, Domine, non nobis, sed nomini tuo da gloriam*。

上,但它并不是一个真正的启示学社,它更像一个艺术家的兄弟会结社。它的建立者将它定义为"智识福利的兄弟会,它致力于依圣灵成就慈悲的作品,并为其统治,尽力显扬、预备它的光荣"。[1] 它的目标是以恢复对于原初传统理想的崇拜为基础,以恢复美的崇拜为意义。事实上,对于佩拉丹而言,透过艺术作品表达的美可以将人类引向上主。他眼中的艺术有着神圣的使命,而完美的作品,在有的定义中,具备使灵魂扬升的能力。身处在他看来这个满目凋敝的时代,他确信,艺术的魔法(la magie de l'art)是将西方世界从迫近的灾难中拯救出来的至道。

象征主义

佩拉丹的计划紧随前拉斐尔画派运动(préraphaélites)而至,并参与了象征主义者的艺术运动。[239]前拉斐尔画派运动指的是1848年于英国诞生的前拉斐尔画派兄弟会成员所发起的一场艺术运动,它与素质低下,墨守成规的维多利亚画坛针锋相对。这场运动也反对这个痴迷于生产效率与工业化的时代,它要发起一场艺术的文艺复兴。前拉斐尔画派的画家有它的创建者罗塞蒂(Dante Gabriel Rossetti)、亨特(William Holman Hunt)、米莱斯(John Everett Millais),此外还有伯恩-琼斯(Edward Burne-Jones)和莫里斯(William Morris),他们将中世纪及其绘画风格视作理想,其中以拉斐尔(1483—1520)为首,这也是前拉斐尔画派的得名之由。此外,它还包括了安吉利科(Fra Anglico)等一些早期文艺复兴的意大利画家。以英国的这场运动为先声,1809年,来自德国和奥地利的画家在罗马一所废弃的女修道院中创建了圣路加兄弟会(La confrérie de Saint-Luc)。前拉斐尔画派创生了一种新哥特风格,谓之哥特

---

① *Constitution de la Rose-Croix, le Temple et le Graal*, Paris, 1893, article 1, p. 21.

复兴(Gothic Revival),画派的指导者是作家、画家、艺术评论家罗斯金(John Ruskin,1819—1900)教授。

佩拉丹本人作为一名作家和艺术评论家,可以说将自己视作在法国象征主义者中与罗斯金地位等同之人,而法国象征主义也是一场与上述英国团体类似的艺术运动。莫雷亚斯(Jean Moréas)在《费加罗报》的文艺副刊上登载了一篇宣言,将这场已经发展了15年左右的运动正式确立。它的成员包括诗人、作家、音乐家和画家,他们反对浪漫主义和自然主义的泛滥。他们热爱运用变形和象征以取代白描技法。波德莱尔(Charles Pierre Baudelaire,1821—1867)在发现斯威登堡的《应和论》(*La theorie des correspondences*,1744)之后,在其诗歌中采用了这些准则,以此为例,象征主义者耽于把玩这一"香味、颜色与声音相互搀混"的世界中的隐秘和谐。①

神秘主义与内传主义关心的问题相近。米绍德(Guy Michaud)在奥秘学说中看到了"象征主义运动背后的推力及其关键所在"。我们仅在此举一位具备这一思潮特点的作家——利尔-亚当(Auguste Villiers de l'Isle-Adam,1838—1889)的一些作品为例。德古尔蒙(Rémy de Gourmont)在《化妆舞会》(*Le Livre des masques*)中将他定义为"真实界的驱魔者和理想的运送者"。利尔-亚当的小说[240]《克莱尔·勒诺瓦》(*Claire Lenoir*,1887)建基于行星天体、唯灵主义、磁性学和催眠术。在《预兆》(*L'Annonciateur*,1888)和《真实》(*Vera*,1874)中,他借鉴了列维《高等魔法的仪式及教理》(*Dogme et rituel de la haute magie*)中的词汇。他的杰作《阿克塞尔》(*Axël*,1872—1886)是一部颇具玫瑰十字会特征的戏剧,受自《扎诺尼》中得来的玫瑰十字会哲学影响很深。而且他早已从布瓦-李顿

---

① Charles Baudelaire,"Correspondences",*Les Fleur du mal.* 有关内传论与诗歌的关系(内瓦尔、波德莱尔、诗……),参 Roland de Reneville,*Science maudites et poètes maudits*,L'Isle-sur-la-Sorgue,Le Bois d'Orion,1997。

的小说里汲取灵感写作了《伊西斯》(*Isis*,1860)。[1] 利尔－亚当和沙伯苏是亲密的朋友,他也与米雪莱、佩拉丹以及帕普斯相识,所有这些人都是马丁修会和玫瑰十字卡巴拉修会的重要成员。就算把他仅当作一个奥秘论者,他也确确实实地激发了整整一代人对于内传主义的兴趣。

然而相对于作家,象征主义的画家更能吸引我们的注意。他们中包括莫罗(Gustave Moreau)、霍德勒(Ferdinand Hodler)、德夏凡纳(Pierre Puvis de Chavannes)、雷东(Odilon Redon)以及高更(Paul Gauguin)等一批反对"学院现实主义"的艺术家。他们中的许多人在出席官方活动的同时也参与私人沙龙。佩拉丹想要发展出一种艺术神秘主义。他希望通过创造一场理想主义艺术运动,对拉丁派的品位进行革新,从而摧毁现实主义。心怀这样的目的,他在玫瑰十字沙龙(Salons de la Rose Croix)主办了一系列展会,这也是象征主义运动最重要的一些年头的标志。

雄壮者

参加玫瑰十字沙龙的艺术家不必是圣殿与圣杯之玫瑰十字修会的成员。他们参加沙龙的唯一条件是其作品在总体风格上应遵循一种严格的准则,它禁止刻画以下事物:军事及历史场景、家养动物以及[241]"首饰和其他行为等可能导致画家傲慢对待的事物"。[2] 玫瑰十字沙龙的主人更偏爱从神秘与宗教主题,以及寓言

---

① 有关这位作家,参 Raitt. A. W. , *Villiers de l'Isle – Adam et le mouvement symboliste* (in particular chapter III, " L'Occultisme"), Paris, José Corti, 1965, pp. 185 – 216,以及 E. Drougard, " Villiers de l'Isle – Adam et Éliphas Lévi" , *Revue belge de philologie et d'histoire*, tome XII, no. 3, 1931。

② Salon de la Rose + Croix, *règle et monitoire*, Paris, E. Dentu, 1891, p. 8.

装饰画中获得灵感的作品。作品甄选由评审团执行，它的成员头衔是“雄壮(Les Magnifiques)”。它由多位名人构成，其中最著名的有：沙龙的财政领导，不久后成为纳比派(Nabis)保护人的拉罗什福柯伯爵(Count Antoine de la Rochefoucault)；长时间担任法国作家学会秘书的拉曼迪耶伯爵(Count de Larmandie)；龚古尔学院(Académie Goncourt)的作家布尔日(Élémir Bourges)，其作品《中殿》(*La Nef*)中满是佩拉丹的想法；堪称“雄壮”的圣波尔鲁(Saint - Pol - Roux)，超现实主义者(Surrealists)称其为现代艺术的宗师之一；最后，还有德拉克鲁兹(Gary de Lacroze)。

玫瑰十字沙龙

圣殿与圣杯之玫瑰十字修会的活动完全为组织艺术展览和艺术学院(beaux - art)社交晚会而工作。第一次玫瑰十字沙龙为期一个月，于1892年3月10日至4月10日，在著名的巴黎杜兰鲁埃画廊(Galerie parisienne Durant - Ruel)举办。[①] 开幕式典礼的音乐由修会官方作曲家萨蒂(Éric Satie)特别创作。[②] 这首名为“玫瑰十字的钟声”的竖琴小号合奏曲，由“修会咏叹调”“伟大师傅咏叹调”和“伟大会长咏叹调”组成。这部作品的曲谱随后出版，其红色封面华美无比，绘制者为德夏凡纳，他是最伟大的象征主义画家之一。展览日更有夜间演出助兴，名为玫瑰十字晚会(Soirées de la Rose - Croix)，专为音乐和戏剧表演。1892年3月17日星期四晚间上演了一部名为“群星之子”(*Le Fils des étoiles*)的戏剧，佩拉丹在剧中出演，萨蒂为这场戏写了三首竖琴长笛合奏序曲。这些演出期间，佩

① 我们对在此概述的这一玫瑰十字会运动历史篇章已有过充分的讨论：revue *Rose - Croix*, no. 179, autumne 1996, pp. 2 - 18.

② 有关这位音乐家，参“Esoteric Satie”, revue *Rose - Croix*, no. 168, hiver 1993, pp. 31 - 37。

拉丹还举办了艺术与神秘主义讲座，人们在此聆听丹第(Vincent D'indy)、弗朗克(César Franck)、瓦格纳、帕勒斯替那(Palestrina)、萨蒂的作品以及赞美诗音乐(Benedictus)。德古尔蒙在《法兰西信使》(*Mercure de France*)[242]杂志专栏中赞美第一届玫瑰十字沙龙是“年度最伟大艺术演出”。人们蜂拥而至，地方政府不得不介入交通管制，因为展会外的街道堵满了入场受阻的访客。展会大门关闭后，其人数达到22000之众。

玫瑰十字沙龙获得巨大成功，而外国艺术家的展出更是让它具备了放眼全球的视野。平心而论，这一系列活动组成了象征主义历史上最绚烂的篇章。参展的193位艺术家包括了阿曼－让(Edmond Aman – Jean)、伯纳尔(Emile Bernard)、布尔代勒(Antoine Bourdelle)、德拉克洛瓦(Eugène Delacroix)、戴尔维尔(Jean Delville)、斐利吉埃(Charles Filligier)、德弗尔(Georges de Feure)、格拉塞(Eugène Grasset)、霍德勒、赫诺普夫(Fernand Khnopff)、马丁(Henri Martin)、马克森斯(Edgar Maxence)、米内(George Minne)、奥斯伯特(Alphonse Osbert)、普雷维亚蒂(Gaetano Previati)、霍珀斯(Félicien Rops)、鲁奥(Georges Rouault)、施瓦布(Carlos Schwabe)、肖昂(Alexandre Séon)以及图鲁普(Jan Toorop)。

这样的玫瑰十字沙龙共举办了六届。每一届都被列入一位迦勒底神祇的兆示：第一届为沙玛什(Shamash)或太阳、第二届为内尔伽勒(Nergal)或马尔斯、第三届为默洛达客(马尔杜克)或朱庇特、第四届为纳布(Nebo)或墨丘利、第五届为伊什妲尔(Ishtar)或维纳斯、最后一届为欣(Sin)或月亮。[①] 最后一届沙龙于1897年在声望卓著的小乔治画廊(Gallerie Georges – Petit)举办。主办方受到不可

---

① [译按]文中迦勒底神祇与其相应的罗马神祇具有类似的神格。其中，沙玛什为太阳神；内尔伽勒为战神、远射之神和霍乱之神；纳布为智慧与写作之神；伊什妲尔爱情、丰饶、繁殖之神，亦为美神；欣为月神，与苏美尔月神南纳(Nanna)有演变与融合关系。

抗拒的要求，不得不为 191 位艺术评论家和专栏作家开设特别预展。次日，五万名访客涌入这一艺术圣殿。① 这届沙龙后，佩拉丹决定停办修会："我投降。我所禁止的艺术形式，如今人们到处都能接受。况公竟渡河，何须铭记指津之人？"最重要的原因当然还是参加玫瑰十字会数次沙龙的伟大的象征主义画家德夏凡纳的缺席，这位最为他所看好的画家在最后一刻将自己的参展画作撤回。而对体制氛围敬而远之的伯恩－琼斯和莫罗同样也退出，不过他们倒是鼓励自己的学生去参加沙龙。

[243]佩拉丹在说服公众方面做得还不够。他是一个让许多人都为之一惊的奇人，他的胡须和发型像亚述人，身着蓝丝绒衣物、镀金背心、驼毛布尔努斯袍和定制的软鹿皮靴子。他为这种特异的式样建立起一门叫作美貌学(kaloprosopie)的学科，②它吸引了很多聚焦他着装的记者们的注意。19 世纪末的这一历史时期，无数艺术家热爱穿着放浪形骸的衣物，以作为他们拒绝接受布尔乔亚社会的象征。直到 1918 年去世，佩拉丹笔耕不辍，他写了 96 种有关艺术和内传论的小说、戏剧以及研究著作。

玫瑰饰纹兄弟会

佩拉丹遣戴尔维尔在比利时推销他的美学作品，戴尔维尔在布鲁塞尔(Brussels)继续玫瑰十字沙龙活动，谓之"理想主义沙龙"(Sa-

---

① 拉曼迪耶伯爵是历届沙龙的组织者之一，他把每届沙龙的故事写在书中：*L'Entracte idéal*, *Histoire de la Rose－Croix*, Paris, Bibliothèque Chacornac, 1903。

② 美貌学(Kaloprosopie)源出希腊语美丽(Kalos)和面貌或人(prosopon)。对佩拉丹而言，这门学科"是对人类面貌的改善，更是对道德人格的解放，而只用平时的手段，它是对一个内在先意识到的观念的外在意识"。因而他赋予着装以极高的重要性，其每个元素都将会与内在品质对应。(*L'Art idéaliste et mystique*, livre I, "Les sept arts ou modes réalisateurs de la beauté, les arts de la personnalité", Paris, Chamue l, 1894, pp. 55－73.)

lon d'art idealiste)。象征主义者们在比利时十分活跃,佩拉丹也经常前去开讲座。由戴尔维尔所领导的这一艺术家群体"为艺术",与佩拉丹有着直接的联系。而作为在布鲁塞尔的代理人,尼斯特(Raymond Nyst)发起的文学运动也与之类似。① 1906 年末,仰慕着佩拉丹的维利奥(Paul Vulliaud)主办了《理想主义者面谈评论》(*Revue des entretiens idéalistes*),该刊物在 1907 年尝试创办一场理想主义画家与雕塑家的展览,从而继踵玫瑰十字沙龙。在这场短暂尝试之中,玫瑰饰纹兄弟会(la confrérie de la Rosace)于 1908 年应运而生,其创建者为安赫尔修士(Brother Angel),该团体与圣殿玫瑰十字会精神相一致,不过在处事方式上更为谦和。佩拉丹对这一门徒不超过四人的团体毫无兴趣。这个兄弟会于 1909 年 5 月开展了它的第一届展会,又于 1911 年 5 月和 1912 年 10 月开展了第二和第三届,此后停止活动。

法尔肯施泰因伯爵

[244]圣殿之玫瑰十字修会的成功对玫瑰十字卡巴拉修会造成了打击,帕普斯的门人对佩拉丹极尽冷嘲热讽。而与此同时,玫瑰十字卡巴拉修会依然继续活动,这在人们的预料之内。不过它的根基并不牢固,帕普斯所带来的奥秘学的旁逸斜出,更使得修会偏离了玫瑰十字精神。因而不出所料,它很快就陷入了停滞。正如修会的长期成员米雪莱所言:"没有任何重大意义可言,(它)甚至在其发起者过早离世之前,就已陷入沉寂。"②事实上,在沙龙关闭的同一

---

① 关于内传主义与比利时艺术间的联系,参:Sébastien Clerbois:"L'Influence de la pensée occultiste sur le symbolisme belge: bilan critique d'une'affinité spirituelle'a la fin du XIXe siècle. "*A. R. I. E. S.* ,Netherlands,Brill Academic publishers,2002,volume II,no. 2,pp. 173 – 192。该文着重指出了佩拉丹的一位弟子伏尔盖(Francis Vurgey)所建立团体"库姆里斯(Kumris)"的地位。

② *Les Compagnons de la hiérophanie*,Paris,Dorbon,1937,p. 22.

年,即 1897 年的 12 月 19 日,玫瑰十字卡巴拉修会的大师傅德瓜伊塔英年早逝。巴莱被选为德瓜伊塔的继承者。巴莱为了和佩拉丹达成共识,在修会内采取了无为而治的方针,但这很快就将他推向了死亡。玫瑰十字卡巴拉修会的这位新大师傅似乎对于玫瑰十字会的起源颇为关心。1898 年,他在《天启》上发表了基瑟魏特(Karl Kiesewetter)《玫瑰十字会运动历史》(*Histoirede l'ordre de la Rose - Croix*)的译文。该文称,修会在 1614 和 1616 年的两部宣言在发布之前就已存在。作者勾勒修会的历史,以其领导者为轴,其中包括据信为 1374 年元首的法尔肯施泰因伯爵(le comte de Falkenstein)以及 1468 年的元首弗里森(Johann Karl Friesen)。这都是传说性质的描述,因为基瑟魏特所参考的资料没有什么历史价值。他做出的论断所依据的文献仅仅只有一部 18 世纪末的抄本,而他所指出的参考资料,如《化学讲坛》第四卷,也未能提供任何可靠的引文。①

也许是为了守住江山,帕普斯和巴莱尝试着让自己跻身于更古老的传统下,以与该时代自称源于 17 世纪玫瑰十字会的各分支加以区分,它们包括:S. R. I. A. 、金色黎明赫耳墨斯修会和圣殿与圣杯之天主教玫瑰十字会。[245]然而,他们的计划失败了。巴莱跟随赫耳墨斯卢克索兄弟会(参见第十三章)朝着另外一个方向发展;与此同时,帕普斯则日渐淡出奥秘学说领域。最终,第一次世界大战(1914—1918)给大法师(the Magi)的伟大时代画上了句号。

"大法师的玫瑰园"(Rose Garden of the Magi)未能成功绽放出能生存下去的花朵。然而,在科学和工业的发展动摇社会结构的这一时代,它的每一支都对内传知识探寻者们兴趣的激发起到了重要的作用。尽管大法师的追随者们常会混淆奥秘学说、内传主义和神秘主义,他们的探索助益于这重大遗产的传承,它为人们探求自身

---

① 参 Roland Edighoffer:*Johann Valetin Andreae*,*Rose Croix et société idéale*, Paris,Arma Artis,1982,pp. 207 - 208;Paul Arnold:*Histoire des Rosicruciens*,Paris, Mecure de France,1955,pp. 72 - 81。

从何而来、去往何处提供滋养。俱往矣，图卢兹的玫瑰园很快又孕育出新的枝叶。这段时期内，一位来自美国的年轻人刘易斯在这座玫瑰的城市里与玫瑰十字相遇，而不久之后，古老神秘玫瑰十字修会(L’Ancient et Mystical Ordre Rose – Croix)就会从这段旅程中诞生。这一修会此后将传遍全球，从而成为当今世界最主要的启示组织之一。

山麓学院(17 世纪德国版画)

第十五章　美洲玫瑰十字会运动的先声

> 1694 年 2 月，德国虔敬派人士登上撒拉玛利亚号，在五个月的航行后，他们抵达费城，这座充满兄弟之情的城市的建立者是数年前来到此地的贵格会人士威廉潘。

[251]在之前的章节里，我们试着描述了玫瑰十字会运动在它的创生，及其自 17 世纪至第一次世界大战的发展历程之中，如何在西方内传主义历史轮廓中站稳了脚跟。接下来，我们将聚焦于古老神秘玫瑰十字修会，亦即人所共知的 AMORC。刘易斯复兴并重启玫瑰十字会传统而创立的玫瑰十字修会 AMORC，事实上已是有史以来最重要的内传主义运动之一。今日，修会在大部分国家都设有会馆和总会馆，其全球会员总数约 25 万人。

本章之旨并非在于详细描写 AMORC 之历史，这是一件大大超越本书能力范围的工作。我们的目的在于通过对其源起的解释，以及对其发展历程中一些最重要的阶段的描述，将该修会置于内传主义历史语境下进行考察。为此我们会利用到刘易斯本人著作中所提供的一些资料，其中最著名的就是写于 1916 年的《东游朝圣记》(*the Journey of a Pilgrim to the East*)。然而对于这本著作我们不能字依句从，我们将会考察该书某种意义上的另一版本，也就是刘易斯的自传，[252]自传与该书所叙述的故事相同，然而为了更为广大的受众，他有时会采取更为“内传”的视角。必须指出的是，这本自传从未完整出版过。我们同样会使用该修会出版的《美国玫瑰十字》(*The American Rosæ – Crucis*)、《库洛玛特》(*Cromaat*)、[①]《三角》(*The Triangle*)、《神秘三角》(*The Mystic Triangle*)以及《玫瑰十字文摘》(*Rosicrucian Digest*)等杂志所刊载的文章。[②] 总体而言,我们将仅仅遵循最基本的历史,对于传说层面的叙述则存而不论,我们会利用 AMORC 最高总会档案中卷帙浩繁的文献,以一种令人不失兴味的方式,来阐明那些目前出版物中表述得较为囫囵,或具象征性质的事实。

首先要强调的一点是,刘易斯认为古老神秘玫瑰十字修会是那些在 17 世纪进入美国的玫瑰十字会活动的延续。为建立起第二阶段的玫瑰十字会运动,他使用了术语“复兴”而非“创建”。为支撑起这样的立场,[253]刘易斯将其论点建立在萨哈瑟(Julius Friederich Sachse,1842—1919)1895 年的《宾夕法尼亚州的德国虔信派人士》(*The German Pietist of Provincial Pennsylvania 1694—1708*)以及 1899 年的《宾夕法尼亚的德国教派人士》(*The German Sectarians of Pennsylvania 1708—1742*)两书的研究成果之上。萨哈瑟,德裔美籍,虔信派人士后代,他是费城(Philadelphia)共济会圣堂的负责人及图书管理人,对于埃夫拉塔社群(Ephrata Community)[③]特别关注。他的著作主要为 17 世纪末美国移民者历史的相关研究。虔信派人士跟从他们的领导者,神学家、数学家、占星学家和天文学家齐默曼(Johann Jakob Zimmermann,1642—1693)以及后继的开尔比斯来到美国,在宾夕法尼亚建立了一个社群,与那些移民一同到来。萨哈

---

① [译按]CROMAAT,AMORC 全称:The Ancient And Mystical Order Rosæ Crucis 全首字母的倒写。

② 《美国玫瑰十字》于 1916 至 1920 年间发行,《库洛玛特》则发行于 1919 至 1921 年间;并于 1921 年 1 月为《三角》所替换。而在 1925 年 5 月,该刊更名为《神秘三角》,并于 1929 年起变动为《玫瑰十字文摘》。大部分期刊都是月刊,其总册数超过一千册。

③ [译按]埃夫拉塔得名于《圣经》中记载的厄弗辣大(以法他),美国及美洲有多地叫此名称,此处当指美国宾夕法尼亚州兰开斯特县埃夫拉塔市。

瑟为其做如下描述：

> 他们是一群神智学的专家（支持者），我们可以叫他们虔信派人士、神秘论者、千年王国主义者（chiliast）、玫瑰十字会士、光照派人士（Illuminati）、清洁派人士（Cathar）、清教徒（Puritan），或是另外一些名称，他们在欧洲根据所谓“完美篇章”的神秘信仰创制计划，并在来到新大陆后，把这些长时间珍藏的计划付诸实施，从而建设一个真正的神智学（玫瑰十字会）社群。他们像过去的艾赛尼派那样，前往丛林和荒漠，效法摩西、以利亚和其他圣经人物，在神圣中完善自身，继而为千年王国预备自身，因他们相信，它近了，他们的计算不可能将他们引向一切地上之物的终结，但倘若如此，他们的社群将证明自己是一个核，从那里走出的个体的成员将胜任圣人、能人之职，并让一整个城市皈依，并显信号、行奇迹。[1]

因而，萨哈瑟将这些移民视作玫瑰十字会士。然而，不少学者批评了这一观点。其中之一是瓦伊特，他认为萨哈瑟的研究陷入了浪漫主义，他所举出的事实不足以支撑他的结论。对瓦伊特而言，某些虔信派人士对占星术、[254]卡巴拉或者波墨的著作所展现的兴趣，不足以令人将其视作玫瑰十字会士。[2] 另一位学者胡汀也提出异议，他认为我们无法言之凿凿地称这些移民与玫瑰十字会运动有关。[3] 为了更好地理解这个问题，我们可以对虔信派的源头进行观察。虔信派具有内传主义特点已是事实，它与玫瑰十字会运动则不无联系。应该指出，开尔比斯和齐默曼两位虔信派人士经常活动

---

① Julius Friedrich Sachse, *The German Pietists of Provincial Pennsylvania* 1694 – 1708, pp. 37 – 39.

② Arthur E. Waite, *The Brotherhood of the Rosy Cross*, London, 1924, p. 601.

③ Serge Hutin, *Les Disciplesanglais de Jacob Boehme au 17e and 18e siècles*, Paris, Denoël, coll. “la Tour Saint – Jacques”, 1960. p. 119.

于图宾根，一座以玫瑰十字会发源地而著称的城市。

虔信派

施彭内尔牧师（Pastor Philipp Jakob Spener，1635—1705）在德国建立了虔信派，[①]它源起于路德宗在17世纪经历的一场危机，它为紧随三十年战争之后（参见第九章），路德派信徒所遭遇的困扰提供了一条可能的道路。施彭内尔是宗教人本主义的倡导者，他将个体宗教历程以及内在生命置于重要地位，他敦促他的同辈们进行虔信实践（praxis pietatis）、即个体虔信（piété individuelle），引领人们走向圣洁化，以及作为内在重生标志的再次诞生的实践。1670年起，他在路德宗教区范围内召集了虔敬小会（collegia pietatis），即虔敬主义的小聚会。参与者们在这些小组中学习圣经，并且接触了在较大的基督徒聚会中通常不会提到的神秘知识。据费弗尔所言，"启示社团与虔信派二者结构之间存在着引人注意的类比性"，并且"虔敬小会在某种程度上堪称思辨会馆（loges spéculatives）的真正先行者"。[②] 这一运动在德国飞速发展，甚至惊扰到了路德宗的权力阶层。在新哈勒大学希腊及东方语言系教席弗兰克（August Hermann Francke，1663—1727）的努力之下，虔信派广为传播，并在印度和美国建立了社团。

一般认为，阿恩特是这一运动灵感的源泉。这位路德派神学家、医生和炼金术士（参见第六章）是安德雷的精神之父，[255]也指导着图宾根结社，玫瑰十字会宣言即发源于这一团体（引自同书）。作为一位神秘主义者、炼金术士，阿恩特尝试将帕纳克尔苏斯

---

① 关于这一运动，参 *Les piétisme à l'âge classique*，*crise*，*conversion*，*institution*，sous la direction d'Anne Lagny，Villeneuve d'Ascq，Septentrion University Press，coll.“Racines et modèles”，2001。

② Antoine Faivre：*L'Ésotéricisme au XVIIIe siècle*，Paris，Seghers，1973，p. 57 – 58.

遗产与中世纪神学进行调和,发展了内在炼金术以及精神文艺复兴的观念,而这些概念又为施彭内尔所继承。阿恩特希望将人们从神学论战中解放出来,并将他们引回活的信仰以及虔信实践之中(参见第六章)。他还是现代虔信派[①]基础著作之一《效法基督》(1427)的支持者,他在1605至1610年间写就的《真基督教四书》享有盛名,该书是世界上阅读人数最多的基督教书籍之一,而虔信派则将该书当成他们的第二圣经。施彭内尔于此后的1675年发表了《虔敬的渴望》(*Pia desideria*),作为《四书》某版之序言,该文是虔信派的奠基之作。另外值得注意的是,开尔比斯将阿恩特的著作带去了美国。

《基利斯廷·罗森克鲁茨的化学婚姻》作者安德雷的观点也在一定程度上影响了虔信派。正如艾迪霍弗之言:"基督教团契是安德雷所赞颂的理想团体,它宣告了虔信派广泛而有益的运动。"[②]这一运动也是德国人与英国新教徒交换观点后的结果,而事实上,他们也受到了英国清教徒的影响,后者追求纯净化的、更接近于基督第一批门徒的基督宗教。而另一方面,虔信派对英国唯灵派,特别是卫斯理(John Wesley)与怀特菲(George Whitefield)建立的循道宗(Methodism,即卫理公会)产生过一定影响。

---

① 14世纪末低地国家兴起的唯精神论运动,内容以埃克哈特大师和佛兰德神秘学者卢布鲁克的唯精神论思想为主。现代虔信派追求将精神生活引导向个人祈祷和内在审美感。16世纪以前,该运动在法国和德国也有发展。德国神秘学者肯培的《效法基督》是这一运动的象征,在基督教世界,该书是圣经以外读者最多的书籍。

② Roland Edighoffer,"Utopie et sodalité selon Johann Valentin Andreae",*Gnostica 3 – Esotérisme, gnose et imaginaire symbolique*, Leuven, Peeter, 2001, pp. 373 – 388. 这是一本集费弗尔、卡戎(Richard Caron)、戈德温(Joselyn Godwin)、哈恩格拉夫(Wouter J. Hanegraaff)以及维拉–巴戎(Jean – Louis Vieillard – Baron)等人作品的杂集。

波墨主义与卡巴拉

虔信派的创立者施彭内尔以开明的态度对待那些通常被定为异端邪说的理论，[①]他并非真正的卡巴拉学者，却作了一首有关卡巴拉生命树之圆(Sephiroth，卡巴拉本体论学说中流溢形成的十个球界)的诗，并显示出自己相当乐于接受波墨的信理。不仅如此，[256]很多虔信派人士为卡巴拉学说及这位"格尔利茨(Görlitz)神智学者"的学说所吸引。作为施彭内尔门生之一的阿诺德就是其中一位重要人物。阿诺德是阿姆斯特丹的一位波墨著作续作者及编辑者，与波墨主义者(指波墨的追随者)布瓦热(Pierre Poiret，1646—1719)也有联系，而布瓦热则是法国神秘学者德拉默特盖恩(Jeanne Marie Bouvier de la Motte Guyon)亦即盖恩夫人的弟子，她对虔信派也产生了一定影响。另外二位重要人物，钦岑多夫伯爵(Le comte Nicolas Louis von Zinzendorf，1700—1760)与厄廷格尔(Friedrich Christoph Oetinger，1702—1782)也深受格尔利茨神智学者的思想影响。钦岑多夫伯爵领导着萨克森公国上劳奇茨(Upper Lausitz)地区赫恩胡特(Herrnhut)的一支千人虔信派教徒社群，他热衷于使用炼金符号，以及像波墨一样，使用"酊"(tincture)这一术语来描述基督的重生之血。他接受了卡巴拉学说的影响，夸美纽斯关于改革的观点在他身上也十分显著。厄廷格尔据我们所知是士瓦比亚虔信派的一位神父，他尝试着将波墨思想与卡巴拉学说进行联姻。我们还应提到西里西亚的罗森洛特牧师，这位著名的波墨主义者和卡巴拉学者撰有《揭示卡巴拉》一书，堪称基督教卡巴拉学说的经典。毫无疑问，开尔比斯在图宾根大学求学时曾有缘与这位卡巴拉学者见

---

① 有关内传论和虔信派的关系，参 Pierre Deghaye，*De Paracelse à Thomas Mann*，Paris，Dervy，2000，及同一作者的文章："Piétisme"，in *Dictionnaire critique de l'ésotérisme*，sous la direction de Jean Servier，Paris，PUF，1998，p. 1044 - 1046.

面，而且还必然会受到其学说的影响。还应当指出的是，开尔比斯前往美国之时，便随身带有波墨的著作。

千年王国

我们不能将虔信派视作一次千年王国运动，然而，我们却能在它的要素之中发现这方面的趋势。很大程度上，这一心态也是整个 17 世纪德国危机的后果，它既是一次由宗教改革带来的危机，同样也是一次灾难性气候条件所致的经济危机。确实，这段时期被后人认为是"小冰期"。瘟疫流行，人口减损，雪上加霜。这场每个人每天都在经历的悲剧，[257]最终导致了末世思想以及约阿希姆所构想的宇宙三时代学说（参见第四章）盛行于世。

尽管不是千年王国主义者，施彭内尔毕竟无法脱离它的影响，1664 年，他还为世界末日中第六天使的观念而辩护。最提倡这一观点的是佩特森（Johann Wilhelm Petersen）及其妻子美劳（Johanna Eleonora von Merlau），作为该时代的典型人物之一，他探访了符腾堡的虔信派团体，在此宣告世界末日到来，并传布万物复原（l'apocatastase，一场最终、泛在的重生）学说。① 齐默曼曾在图宾根大学学习，他与这对奇人夫妇有过接触，他也一心根据千年期的计算而实行预测，他相信，1694 年将会是基督复临之年。为预备基督复临，他希望与同为在图宾根大学求过学的开尔比斯一起迁徙到美国处女地，他也召集到了一批追随者，一同开启这伟大的航程。

符腾堡虔信派领袖、语文学者本格尔（Johann Albrecht Bengel，1687—1752）被人们认为是圣经评论学的鼻祖，他也从事数字预言，

---

① 参 Eleonora von Merlau，*Glaubens Gespröche mit Gott*（1691）et Johann Wilhelm Peterson，*Regnum Christi*（1698）。

撰写有关“世界之时代”的文章。[①] 与许多虔信派人士一样，他也对阿恩特崇敬有加，他认为，阿恩特乃是默示录中所说的天使（默示录14:6），他将会来宣告终末的审判。然而令人注意的是，在符腾堡，特别是在所谓的玫瑰十字运动领域，人们常认为阿恩特乃是以利亚的血肉化身，根据预言，以利亚将会在基督复临前出世。与之类似，一些人将他看作帕纳克尔苏斯所预言的宗师以利亚（参第四章）。[②]

费城团契与英国千年王国主义

一般而言，恰是在17世纪末，虔信派不再认为他们的时代是基督复临的开始，他们认为上主给了人类一段缓刑期，人类将利用这段时期来证明其信仰。和贵格会人士（Quaker）一样，[258]虔信派人士此后尝试在能依神圣戒律而生的地方建立他们的社群。于是，德国哈勒（Halle）的虔信派人士开始为他们移居印度以及北美的宾夕法尼亚和佐治亚（Georgia）殖民地筹措资金。

1691年的一场冲突导致了德国埃尔富特（Erfurt）虔敬小会关闭，在此之后，齐默曼和开尔比斯便展开了一项移民美国的计划。1693年，他们在一批门徒的陪同之下离开了德国。行至鹿特丹（Rotterdam）时，齐默曼逝世。开尔比斯由此接过领导权，任命科斯特（Heinrich Bernhard Köster）掌副职，并以泽里希（Johannes Seelig）、法尔克纳（Daniel Falkner）、吕特克（Daniel Lütke）及比德尔曼（Ludwig Biedermann）为助手。他们前往英格兰时，又有34位教

---

① 参 Johann Albrecht Bengel, *Ordo temporum*（1741）et *Cyclus, sive de anno magno Solis, Lunae, Stellarum consideratio*（1745）。他关于末世的数字666的思考让他得出结论：人类自从1143年起便被兽所掌控，并且最终的默示即将来临。他认为基督会在1834年复临，这将会是千年王国的开始。

② 参 Antoine Faivre, “Élie Artiste ou le Messie des Philosophes de la Nature” in *Aries*, vol. II, no. 2; volume III, number 1, Leiden and Boston, Brill Academia Publishers, 2002 and 2003, pp. 119 – 152。

友兄弟加入团队。这40位旅行者在伦敦与英国波墨主义者取得了联系。①

波墨主义者信奉高贵的千年王国学说和末世论预言，此预言宣告，一个“新的教会（nouvelle Église）”将会建基。我们必须在此强调，这些学说与波墨哲学毫无关系，但它们也确实显示了当时约阿希姆的思想在英国影响范围之广。正是在这种时代语境下，英国宗派主义者、空想家穆格莱顿（Lodowicke Muggleton，1609—1698）宣扬起了“第三次宽赦”，并提出“新的教会”将会取代圣伯多禄所建立的教会。我们还应当提起波墨的一名女弟子，生于诺福克郡（Norfolk）的蕾德（Jane Lead，1623—1704），她热爱智慧的异视，②在《上主创世的奇迹》（*Wonders of God's Creation*，1695）中，她提出在圣父晓谕的《旧约》和圣子留下的《新约》之后，圣灵的第三次默示将给我们带来真正的（创世的）默示。在她的影响之下，费城团契于1697年诞生，这是一个偏离于真正的波墨主义哲学，而具有千年王国主义特性的结社。蕾德相信世界的终末近在咫尺，而费城团契将成为千年王国的纯净化教会。她在《攀登异象之山》（*The Ascent to the Mount of Vision*，1699）中以田园牧歌般的语言描述了基督复临地上的千年统治，它将会是终末时间到来之前的预备舞台。

出发去美国

[259]开尔比斯的伙伴们不可能什么都不考虑，漠不关心地离开英国，事实上，他们的确去见了蕾德女士。胡汀认为，英国波墨主

① 有关波墨主义在该国的各种样态，参 Serge Hutin，*op. cit.*。

② ［译按］通过异象与智慧贞女（Virgin – Sophia，圣经箴言篇所载的上主女性的一面）进行对话。

义者为开尔比斯的团队提供了金钱与物资,以助其美国航行一臂之力。[1] 1694 年 2 月,德国虔信派人士登上撒拉玛丽亚号(Sarah Maria),在五个月的航行后,他们到达了费城海岸,这座充满兄弟之情的城市的建立者是数年前来到此地的贵格会人士威廉潘(William Penn)。费城聚集了贵格会人士、门诺派人士(Mennonites),并通过非暴力措施,迫使印第安原住民在此和平环境中居住。[2]

开尔比斯的团队到达之后不久便加入了附近的一个德国人社区,并定居于稍远处的一座山脊,居高临下俯瞰维萨赫肯河(Wissahickon)。他们在此地建造了聚落的中央设施,它由多座楼房,以及为将来的修道生活所备的公用房间组成。开尔比斯在名为"会幕之室"的圣堂内,努力搜集该区域各新教运动的点子。他还在远离公用楼房的一座山洞中建立了属于自己的隐修所,今日,我们在费尔芒特公园里仍能看到这个洞穴。

这个小小的社群奉行严肃紧张的精神生活,并以积极态度,全力投入对其子女的教育。社群会为成员开设各种课程,包括天文学、图书装订、钟表制造等。他们利用自己的医学和药学知识,建立了宾夕法尼亚地区的首家植物标本馆。他们还在一幢楼房上建造了一个天文观测台,用以搜寻齐默曼预言于 1694 年到来的千年王国的第一个信号。他们又利用天文知识出版了美国最早的 18 世纪历书之一。萨哈瑟所发现的文本显示,开尔比斯和他的追随者对占星学、魔法、符文及五芒星制作都非常感兴趣,[260]他们还练习某种神通力,也有一部分人操演炼金术。[3] 然而,和大多数虔信派人士

---

① *Ibid.*

② 贵格会运动是 1652 年福克斯(George Fox,1624—1691)在英国发起的运动。门诺派人士则是荷兰宗教改革家西门斯(Menno Simons,1460—1561)的再洗礼派(Anabaptist)追随者。

③ 在炼金术方面,萨哈瑟参考了缪伦伯格(Heinrich Melchior Mühnlenburg)关于哈勒虔信派团体的报告。Sachse,*The German Pietists*…,*op. cit.* ,p. 148.

一样,开尔比斯为祈祷赋予根本的重要性,其鸿篇巨制《简易而详尽的祈祷法》(*A Short, Easy and Comprehensive Method of Prayer*,最终于1761 年出版)的原理类似于东正教的心灵祈祷(la prièredu cœur)传统。

社群繁荣了 12 年。但是,预言中的千年王国未能到来,一些教友兄弟遂希望放弃修道生活并成家。在开尔比斯的副手科斯特[①]的领导之下,一批成员加入了贵格会,从而成立了费城真教会(The True Church of Philadelphia)。开尔比斯于1708 年逝世,此时社群几乎停止了活动。他的亲密伙伴之一法尔克纳放弃修道生活后结了婚。泽里希曾试图领导团体,但他最后还是决定离开,并过上了隐居生活。一段时期内,马太(Conrad Matthai)继承泽里希之位,但他最终也与他的前任者走上了同样的道路。渐渐地,这个团体瓦解了。

数年后的1720 年,由一位面包师拜瑟尔(Conrad Beissel)领导的又一个德国虔信派团体抵达美国,并定居于宾夕法尼亚哈里斯堡(Harrisburg)附近的蛇眠洞溪(Cocalico Creek)。[②] 1737 年,拜瑟尔组织起一个由禁欲男女组成的埃夫拉塔公社(Communauté d'Ephrata),活动繁盛。他们绝不是什么隐修团体,一些人反倒更热衷于木材、木工厂、面粉加工、造纸和印刷产业的经营。社群精神生活丰富,他们的合唱团和唱诗班非常有名。拜瑟尔去世后,社群解体,并最终于 18 世纪末消失。然而,这些神秘主义团体的存在,对宾夕法尼亚产生了极为深远的影响。

正如我们所解释过的,这些移居美国的德国神秘主义团体,准确说来并非玫瑰十字会团体。[261]他们是深受内传主义与千年王国思想影响的虔信派团体,是以图宾根为中心的精神论运动为土壤

① 科斯特本人也著有一篇体现千年王国思想作品:*De Resurrectione Imperii Aeternitatus*(1697)。

② [译按]Cocalico 为勒纳佩(Lenape)族语,意为"睡蛇的洞穴"。

发展起来的，而图宾根则称得上是17世纪玫瑰十字会运动的中心。先前的章节也曾说到，据传为帕纳克尔苏斯与波墨弟子的路德宗牧师雷纳图斯（亦名李希特）便坚持认为，为了过上平安的生活，玫瑰十字会已经离开了欧洲，移居印度。①

总而言之，作为在白山之战以及三十年战争的灾难之后离开德国的团体中的一支，开尔比斯和他的弟子们心怀在美国建立社区的憧憬，因为那里充满着平安，以及玫瑰十字会宣言在数十年前描绘的那种教友兄弟生活。

---

① *The True and Perfect Preparation of the Philosopher's Stone by the Fraternity of the Order of the Golden Rosy Cross and Red Rose*…, Breslau, 1710.

哈维·斯宾塞·刘易斯(1883—1939)

第十六章　刘易斯

> 伟大的刘易斯，玫瑰十字会运动史上的杰出人物、现代玫瑰十字会运动的领袖、先驱，他能够放眼未来，并且，还拥有一种他所热爱的、宇观的视野。
>
> ——伯纳德《刘易斯》序，2008

[265]刘易斯(Harvey Spencer Lewis)生于1883年11月25日。这位著名人物赋予了玫瑰十字会运动一种前所未有的维度。刘易斯出生于一个威尔士后裔家庭，他的祖上在美国革命(1776)前移民到了弗吉尼亚(Virginia)。刘易斯的祖父萨缪尔(Samuel Lewis)1816年11月7日出生于宾夕法尼亚白金汉市(Buckingham)，他是在那一带拓土的农民的后代。萨缪尔娶了一位法裔有文化的女青年赫德纳特(Eliza Hudnut)为妻，两人此后迁居至新泽西金伍德镇(Kingwood)。1857年2月3日，他们的儿子阿伦(Aaron Rittenhouse Lewis)出生。赫德纳特让年轻的阿伦阅读法国文学，并传授给他一种前往灵性的感受。这个家庭规律地参与着田园耕作和卫理教会的活动。宗教是阿伦生命中重要的一部分。他有一种特别的虔诚，并在金伍德教会组织聚会活动。1881年1月14日阿伦成婚，新娘是霍夫曼(Catherine Hoffman)，出生在德国的一位富有活力的女子，她在家乡曾接受过教师培训，他们的结合是刘易斯生命的开始，1883年11月25日，刘易斯在新泽西州西部的弗伦奇敦(Frenchtown)降生。

阿伦将其子中间名起为斯宾塞，因为他仰慕斯宾塞兄弟，[266]他们发明了一套为公共学校使用的书写系统。阿伦本人也是一名书法家，凭借自己的才能，他离开了自己的家庭农庄，在邻镇谋取了一份教职工作。此外，阿伦还拥有插画艺术的天赋，这让他可以在空余时间接些活来增加收入。这家人后来离开了弗伦奇敦迁往纽约，在这里，阿伦与埃姆斯(Daniel T. Ames)熟识，这是一位钻研纸墨分析的化学家。两人一道发展出了一套文稿档案真实性鉴定技术。事实上，他们创造出了专职档案笔迹研究这一新的行业，三十年来，他们的事务所堪称业界权威。

刘易斯谈论起他的青年时代曾说："那是我最早的童年记忆，许多个夜晚，我的父亲在一间屋子里研究和学习。我的母亲在学校教完课，就辅导我和我两个兄弟完成老师布置的家庭作业。"①作为青年，刘易斯有着贪婪的好奇心，他阅读所有种类的科学作品，其中特别擅长物理、电学和化学，在这些领域，他都能高谈阔论一番。在摄影爱好的驱使下，他不久便自己造了一台相机。很早开始他就展现出在绘画和音乐方面的艺术天赋。他会弹钢琴，读大学时还筹建了纽约第二支校园交响乐队。这支交响乐队为1899年6月的毕业典礼举办了一场音乐会，为刘易斯的学生时代画上了句号。

神秘觉醒

刘易斯在神秘方面的敏感很大程度上要归功于他的家庭环境。他的父亲阿伦总是为他的家庭将周日奉献给宗教而感到自豪，[267]他们在参加卫理教会活动之外，更有阅读和讨论《圣经》。刘易斯热爱唱歌，他参加唱诗班直至16岁，他还热情参与了纽约大都会教堂(New York Metropolitan Church)的活动，这座教堂是城里年轻人聚会的重要场所，而在听帕克斯(Dr. S. Parkes)牧师的讲道时，他又非常专注。

刘易斯经常利用空余时间在教会进行冥想。他的行为引起了教会门房以及帕克斯牧师的注意，他也经常与帕克斯牧师进行有关神秘

---

① Ralph Maxwell Lewis，*Cosmic Mission Fulfilled*. 有关刘易斯家族的传记资料皆取自该书。另一些材料则来自AMORC档案中收录的刘易斯自传。

的探讨。他经常凝视圣坛并思考圣秘(the Divine Mysteries)。参其自传,有关祈祷时刻,他说道:"我不知有何事不可不做,我常常只祈祷爱与平安。"然而,他在这里有了第一次神秘体验,这让他探询人类的深刻本质,以及与灵魂——存在的最精微的一面——达成关联的可能性。1900 年,他从学校毕业并进入贝克与泰勒(Baker & Taylors)出版社任职。这份工作满足了他对于书本如饥似渴的好奇心。

新思想

我们有理由认为,《纽约先驱报》(*New York Herald*)1901 年 10 月 20 日的一篇关于派珀(Leonora Piper)文章引起了刘易斯的注意,派珀是一位来自波士顿的灵媒,一位灵学科历史上独一无二的人物。[1] 这个时代的纽约,唯灵论者云集,灵媒实验大行其道。之前的章节已然言及,普伊斯哥(参见第十三章)弟子珀漾于 1836 将磁性学传到美国,[268]之后,唯灵论在此蓬勃发展。其后的事件则使得科学家对此类现象加以关注,他们的工作催生出一批研究超自然的院所。其中最有名望的当数 1884 年创立于波士顿的美国灵研会,该学社为继踵 1882 年于英国成立的灵研会而发起。刘易斯不久之后也加入了一个类似的团体。

磁性学的重要性与日俱增,它也催使新思想(New Thought)的诞生,这是一场非常激烈的运动,某种程度上,它也是新纪元运动(New Age Movement)的先兆。这是一种有着犹太基督教基础的哲

---

① 伦敦的灵研会对这位灵媒的惊人能力进行了研究。詹姆斯在 1885 年发现了派珀,对她进行研究的是一位灵研会成员,参 Sir Oliver Lodge, *La survivance humaine, étude de falcutés non encore reconnues*, Paris, Felix Alcan, 1912, pp. 150 – 216。关于派珀,亦参 *Somnambulisme et médiumnité*, tome II, "Le choc des sciences psychiques", Le Plessis – Robinson, Institut Synthélabo, coll. "Les Empêcheurs de penser en rond", 1999, p. 63 – 68。

学方法，教授思想的创造性力量的法则。它的追随者以一个平衡、和谐的生活以及自我实现为宗旨。而且，作为基本要素，它有着治疗的效用。这一运动的创始人是来自波特兰（Portland）的治疗师昆比（Phineas Parkhurst Quimby，1802—1866）。昆比原为新罕布什尔（New Hampshire）的一位钟表匠，参加过珀漾教授的课程后，利用磁性学对患者进行治疗，后于缅因州（Maine）的波特兰完全投身于此项实践。通过将灵学科、哲学以及基督教神秘主义联系起来以引导学生走向健康与幸福，他创造了他所谓的心理科学（Mental Science）或基督教科学（Christian Science）或健康科学（Science of Health）。1840 年左右，缅因州的报纸报道了他的实验。尽管他的实践和哲学非常流行，他并没有将它们以书或文章的形式发表过。安涅塔（Annetta Gertrude Dresser）的《昆比哲学（附手稿选及个人传略）》（*The Philosophy of P. P. Quimby, with selections from his manuscripts and a sketch of his live*，1895）是有关其思想学说的仅有的可考记载。

昆比去世之后，新思想运动由他生前的三位受疗者和追随者发展成形。其一为可敬的埃文斯（Warren Felt Evans，1817—1889），一名斯威登堡教会牧师。他曾接受过昆比的治疗，[269]此后，在昆比学说的吸引之下，他写了一本有关心理治疗的研究著作《心理治愈》（*The Mental Cure*，1869），其后更有包括《内传论基督教与心理疗愈法》（*Esoteric Christianity and Mental Therapeutics*，1886）在内的多部作品。第二位追随者是德雷瑟（Julius A. Dresser，1838—1893），他在 1860 年接受昆比的治疗，并把一生献给了他老师的工作，在某种程度上，他也是第一位现代灵治疗师，被认为是新思想运动的创始者，他在著作《心理科学的真正历史》（*The True History of Mental Science*，1887）一书中谈到了这一运动的历史。他的妻子安涅塔和他的儿子霍拉提奥（Horatio Willis Dresser）也是这一领域的权威学者。

第三位追随者可能也是最有名的一位，她就是帕特森（Mary Baker Glover Patterson，1821—1910），1862 年，昆比将她从一场看似无法医治的疾病中救了回来。然而昆比去世后，她旧病复发，疾情严重，但她成功地利用了昆比的治疗原理将自己医好了。接着她便着手发展自己的基督教科学之哲学。她嫁给了艾迪(Asa Gilbert Eddy),后写成《经文之钥:科学与健康》(*Science and Health, with a key to the Scriptures*, 1875)一书,她在该书中提出了自己的想法,她认为所有疾病的根源首先且最重要的就是心灵,以祈祷与始终如一的正向思考为基础的“精神治愈”将能够引导人们归于和谐。该书获得了巨大的成功,到1898年就已经出了140版。在丈夫的协助下,这位艾迪夫人于1881年创办了马萨诸塞形而上学学院(Metaphysical College of Massachusetts)以宣扬基督教科学。在她的指引之下,学院迎来了繁荣,1889年之前,她教导了超过四千名学生。她在撰写《健康的科学》(*Science of Health*, 1891)时暂时关闭了学院,又于1889年重新开学,而在此之后,这一运动逐渐成了拥有成千上万追随者的教会。

凯巴莱恩

[270]美国的新思想运动产生了一大批门类齐全的作品,其中声望最高的作者为特里恩(Ralph Waldo Trine)、伍德(Henry Wood)、弗莱彻(Ella Adelia Fletcher)、萨宾(Oliver C. Sabin)、图恩布尔(Victor Turnbull)、霍普金斯(Emma Curtis Hopkins)、穆尔福德(Prentice Mulford)和阿特金森(William Walker Atkinson, 1862—1932),当然也少不了之前提到的几位。阿特金森是共济会成员、神智学者,也是宾夕法尼亚社群的成员和磁性学教师,此人值得特别关注。1902年至1915年间,他以本名或笔名瑜伽士罗摩遮罗迦(Yogi Ramacharaka)出版了大约二十本著作,其中包括《新思想的法则》(*The Law of New Thought*, 1902)以及《印度瑜伽呼吸科学:物理、心理、心灵及精神发展的呼吸哲学完全手册》(*The Hindi – Yogi Science of Breath, a complete manual of breathing philosophy of physical, mental, psychic and spiritual development*, 1909)。与其继承者相比,阿特金森这位研究者的独创性,可以由其学说中的内容,以及与其紧

密相关的印度学和瑜伽元素的实践所验证。这种创新无疑来自他和神智学社，特别是与毗吠迦南陀（Swami Vivekananda，1862—1902）的关系，后者于1893年来芝加哥参加宗教议会（Parliament of Religions）。他在许多城市开设研讨会，并于此后的1894年创办了纽约吠檀多学会（Vedanta Society of the city of New York）。阿特金森在书中通过磁性学、神秘呼吸、业（karma）、振动学、极性学以及思想投影或曰观想（visualisation）来讨论健康问题。

阿特金森很有可能就是著名的《凯巴莱恩：古代埃及与希腊秘传哲学研究》（*Kybalion, a study of the hermetic philosophy of Ancient Egypt and Greece*）一书的作者。[①] 书的封面展示出了该文章为"三大启示"之作，以毫不遮掩的方式暗示了"三倍伟大者"即三倍伟大者赫耳墨斯。作者宣称书中揭示了埃及人的皇家技艺，它是所有科学的同步化，是印度、波斯以及中国发生的源头。它揭示了号称自赫耳墨斯而来的"七大隐秘法则"，[271]其中包括应和法则、生命的震颤、极性、节奏以及损害（业），这些主题与《赫耳墨斯集》中的内容其实并不相关，不如说是专务新思想观点的宣扬。[②]《凯巴莱恩》尝试将新思想运动原理与赫耳墨斯秘教相联系，从而体现了所有思

---

① 《凯巴莱恩》有安德烈·狄维尔法译本，于1917年由亨利·狄维尔出版，该译本附有凯莱所写的序言。凯莱提到阿特金森与此书出版并非毫无关涉。事实上，这一著作不仅包含阿特金森著作内容中的相同主题，它们甚至是由同一出版社，在同一丛书之中出版的。这位《灵科学或奥秘科学文献手册》（*Manuel bibliographique des sciences psychiques ou occultes*）的作者（凯莱）非常了解阿特金森的研究课题，因为他是包括狄维尔家族在内，法国为数不多的对于新思想充满热情的学者之一。凯莱在《心理治疗》（*Traitement mental*，1912）中大量参考《凯巴莱恩》，并对其基础原理进行了注释。

② 我们还需补充其一本著作：William Atkinson, *The Secret Doctrine of the Rosicrucians*, Advanced Thought Publishing Co., 1918。该书以笔名"不具名的大法师（Magus Incognito）"发表。这位作者发表了七组所谓的玫瑰十字格言，并加以长篇幅注释。它其实是东西方内传学说的一种混合，其中大部分来自布拉瓦茨基的《隐秘教说》（*The Secret Doctrine*）。

潮观点的一种优良的同步。

在结束对新思想作者的讨论之前，我们要着重指出这场运动的一本领衔著作，那就是出版于 1902 年的威尔考克斯（Ella Wheeler Wilcox）所著的《新思想之心》（*The Heart of the New Thought*）。该作甫一面世便取得成功，在短短三年时间内再版了 14 次之多。我们对此加以关注，因为该书作者不久之后就出现在刘易斯的身边，参与到了 AMORC 的发展进程之中。

1860 至 1910 年间，新思想迅速传播，而其成功无疑应当归结于其实干的特点，也正因如此，它削减了神智学社的影响力。爱沙尼亚的一位世袭伯爵凯萨琳（Count Hermann Keyserling）认为新思想与神智学家不同的是，它拒绝纯粹的奥秘论，认为其重要性处于从属地位。与此同时，它为个人的发展提供了一条路径，将人们引向自我实现。其效用非常实在，可以用于解决日常实际问题。而与神智学运动建基于东方文化相反，新思想植根于基督教。[①] 美国心理学家詹姆斯从他的专业角度看到，新思想所倡导的心理治愈与路德的新教运动、卫斯理的卫理公会有着一种显著的可类比性。根据他的观察，它们的相同点是在善之内的自由语词以及完全的自信。[②]

尽管凯莱（Albert Louis Caillet）有过诸多辩述，[③]新思想很难称

---

① "我恰恰是在新思想之中看到了我们这一时代真正的宗教运动，它建立在神秘主义之上，并为大部分人带来益处。"出自 Count Hermann Keyserling, *Journal de voyage d'un philosophe*, Paris, Bartillat, 1996, p. 187。

② William James, *L'Expérience religieuse, essai de psychologie desciptive*, préface de Emilie Boutroux, chap. 4, "L'optimisme religieux", Paris, Alcan, 1906. 这本书再版后更换题名：*Les formes multiples de l'expérience religieuse*, préface de Bertradnd Méheust, Chambéry, éditions Exergue, 2001。

③ 参凯莱著作，如《心灵的治疗与精神的文化》（*Traitement mental et culture spirituelle*, 1912）、《生命的科学》（*La science de la vie*, 1913）以及《灵科学或奥秘科学文献手册》（*Manuel bibliographique des sciences psychiques ou occultes*），他在这些作品中展现并分析了不同新思想运动作者的观点。

得上对法国有过影响,然而狄维尔是个例外。[1] 在离开神智学社和帕普斯所领导的启示运动(马丁修会以及玫瑰十字卡巴拉修会)之后,[272]狄维尔于1893年自己创办了磁性学与推拿实践学院(École pratique de magnétisme etde massage),传播有关灵学及磁性学的学说,并培训疗术师。[2] 尽管有法国磁性学起势为背景,我们不能忘记狄维尔是磁性学忠实信徒之一的波特公爵的继承者,他曾受到过新思想,特别是穆尔福德的著作的影响。[3] 他的刊物《磁性学学报》邮发世界各地,在1909年,巴比特博士(Dr. Babbitt)领导下的纽约磁性学院曾与他有过合作(参见第十三章)。

纽约灵研学院

1902至1909年间,刘易斯对唯灵派运动表现出了兴趣,而其个

---

① 非常不幸,赫克托·狄维尔没有任何详细的传记资料。然而他的儿子亨利·狄维尔撰写了《赫科托·狄维尔:生平与成就》("Hector Durville, sa vie, son œuvre")一文,这是他的一本著作的引言,参 *Bréviaire de la santé*, Paris, Durville, 1923, pp. 5 – 33。

② 赫科托的儿子们——安德肋(André)、雅各(Jacques)、加斯顿和亨利继续了他的工作。亨利继承了他的父亲,他写了一批畅销作品,如《隐秘科学》(*La Science Secrète*)以及《个人磁性学课程》(*Cours de magnétisme personnel*)。第一次世界大战之后,赫科托的学院转变为埃及风格的启示运动"欧狄亚克修会(The Eudaic Order)",由其子亨利领导。狄维尔家族也是一家出版商,他们出版了新思想运动作品的法译本,诸如《凯巴莱恩》,还有穆尔福德与阿特金森的作品。

③ 穆尔福德通过费城著名的白十字文库(The White Cross Library)出版了一系列册子。他的作品《你的力量:如何运用》(*Your Forces and How to Use Them*)由凯莱出版,他将之作为一篇真正的实践魔法文章,并非常清楚地指向了灵之事件。他推出了一种适合每日使用的方法,能够为其运用者带来幸福和富裕。赛迪尔将之译为法语并于1897年由夏尔克纳(Charcornac)出版社出版。该书再版时分三卷,于1905至1907年依次发行,其法语题名为:*Vos forces et le moyen de les utiliser*。到了1993年,安德烈·狄维尔也推出了一本法译本《心灵力量》(*Les forces mentales*),收录于狄维尔出版社的欧狄亚克文丛中。

人调研也使他对这一学说进行了验证。他很快便意识到那些从灵的领域通过灵媒传来的讯息毫无意义。1902 年,为满足深入研究这一问题的渴望,他成为纽约一所灵学调查学社的会员,该团体中男男女女形形色色,他们组织灵媒实验,以尝试理解这一神秘现象。两年之后,年仅 20 岁的刘易斯被任命为该协会的主席。他将这一荣誉归于自己天生拥有的罕见灵能力。1904 年,刘易斯在负责一个灵媒调查委员会时,通过《纽约先驱晚报》(*New York Evening Herald*)的帮助,创办了纽约灵研学院(New York Institute of Psychical Research),这是一个由科学家和医生组成的团体,他则当选为该团体的主席。该学院成员中有不少名人,如诗人、作家威尔考克斯,以及芬克博士(Dr. Isaac Kaufmann Funk,1839—1919),[①]此人以灵科学著作《寡妇的小钱及其他灵现象》(*The Widow's Mite and Other Psychic Phenomena*,1904)和《灵之谜》(*The Psychic Riddle*,1907)闻名于世。

[273]这段时期正值波士顿灵研会风靡全美。然而在 1904 年,它开始丧失前进的动力,到了 1905 年其领袖霍奇森(Dr. Richard Hodgson)去世之后,学会便停止了活动。一年后,在希斯洛普(Dr. James H. Hyslop)的努力之下,这个老研究机构在纽约重组并更名为美国科学研究学院(The American Institute for Scientific Research)。[②] 毫无疑问,纽约灵研学院的成立填补了波士顿的领先研究机构的离开所留下的空白。而在刘易斯的领导之下,它继续着以掌握灵媒们真正能力为目标的调研,这最终让他曝光了 50 名以上

---

① 芬克博士是芬克与瓦格纳尔出版社的老板,他开始从事灵学研究与唯灵论学说缘于与派珀的一段经历,1905 年这位灵媒收到了当时已去世一周的霍奇森博士所发出的讯息。波士顿美国灵研会的希斯洛普博士将芬克的经历写在了《与另一个世界联络》(*Contact with the Other World*,1919)一书中。

② 这一学会由两部分组成,其一关注异常心理现象,另一个则关注灵学研究。事实上,仅后者保持活动,它得到了两位法国医生:夏尔科(J. - M. Charcot)和雅内(P. Janet)的帮助。

的假灵媒。学院还与纽约警方以及《纽约世界报》(*New York World*)开展合作。例如,《1906 年灵奇迹之最》一文附上了作者画像刊登在《星期日纽约世界报》上,这篇文章陈述了学院协同一位年轻的印度灵媒所做的实验。

这些研究无法满足刘易斯,因为他发现他无法认同这些现象的产生来自精神,他确信它们乃自心灵中尚未发现的能力而发出。这一时期内,他发现了赫德森(Thomson Jay Hudson,1834—1903)的作品。这位学者、哲学博士因其出版于 1893 年的第一部著作《灵现象法则:催眠术、通灵术以及心灵疗法的系统学习实践假说》(*Laws of Psychic Phenomena:a Working Hypothesis for the Systematic Study of Hypnotism, Spiritism and Mental Thrapeutics*)而享誉世界。[①] 刘易斯怀着兴趣读了他的文章,因为它讨论到了磁性学、唯灵论、心灵二元性、意识和无意识,而更吸引他注意的是,该著对心灵感应进行了科学探索,并提出了意识和潜意识中存在联系之假说,它认为这是心灵用以影响物质的方式。[274]刘易斯也阅读了英国物理学家洛奇爵士(Sir Oliver Lodge,1851—1940)的著作,诸如探索尚未认知的能力的《人之存活》(*Survival of Man/La Survivance humaine*,1909);以及更趋向于心理学研究的《哲学与书本之上》(*Beyond Philosophy and Books/Au-delà de la philosophie et des livres*)。

1906 至 1907 年间,刘易斯放弃了灵学研究,他觉得这都是徒劳。对他而言,这更是一段反思的时间,他进行每日冥想与内省练习,从而意识到了他已找到存在之秘的答案。他在自传中指出,在经历这些的时候,他获得了极大的平安,而在意识回到苏醒时,他就有了一种感觉,他在内心深处接受了那些关乎神与自然之法则和原

① 凯莱在其著作中对这篇重要的作品做了长篇的描述,见:*Manuel bibliographique des sciences psychiques ou occultes*, Dorbon, 1912, vol. II, No. 5298, p. 286;*Traitement mental et culture spirituelle*, Vigot, 1912 et 1922, pp. 282, 316-321。

理的学说。他满怀好奇地对一位年长的女性产生了信赖，他们是通过纽约灵研学院而认识的。她就是班克斯－史黛茜（May Banks－Stacey，1846—1919，参见第十七章），刘易斯处于上述经历时，她告诉他，他也许重新发现了往世所获得的知识，她甚至提出，刘易斯在前一次或更早的转世之时，无疑属于一个诸如"玫瑰十字会或埃及"的神秘兄弟会。刘易斯惊讶于这一有关玫瑰十字与埃及之关联的答复。往后的日子里，刘易斯自己研究了有关玫瑰十字会运动的信息，然而他没有发现任何资料显示出这一修会存在于德国以外的任何地方。在此之前，他还没有读到过、甚至没有遇到过任何有关于玫瑰十字会之隐秘的哪怕最微弱的线索。而自 1908 年起，他的所有思想只朝着一个目标用力，那就是探索古老神秘所教授之事，并将之与自己通过精神经历所能搜集之事进行比较。

梅·班克斯－史黛西(1846—1918)

第十七章　东游旅程

我找到了光。玫瑰十字会接纳了我，我的灵魂触到了启示的气息，它因此震颤不已。

——刘易斯《东游朝圣记》，1916

[279]刘易斯认定，班克斯－史黛茜是古老神秘玫瑰十字修会的共同创立者，然而这位有着巨大影响力的社会名流相对而言并不是那么为人所知，让我们稍作停留，观察一下这位玫瑰十字会士非同寻常的旅程，对我们而言，这有着重要的意义。① 班克斯－史黛茜原名玛丽·班克斯(Mary Henrietta Banks)，她是著名律师撒迪厄斯(Thaddeus Banks)与雷诺尔德斯(Delia Cromwell Reynolds)的女儿，她后来成长为一位优秀的学生，并取得了律师修业文凭。她也是一名颇具实力的音乐家，拥有着天籁般的嗓音。门第显赫、天赋非凡，她在华盛顿，以及之后在纽约，都融入了当地的上层社交圈。班克斯－史黛茜于1869年结婚，然而年仅40便已守寡。1886年，她的丈夫汉弗利斯上校(lecolonel Stacey May Humphreys，1837－1886)于他们当时定居的纽约去世。这个变故无疑使得这位年轻的寡妇能

---

① 下文细节摘录自下列文献："Mrs. May Banks－Stacey，Matre，Rosae Crucis America"，*America Rosae Crucis*，Vol. 1，No. 1，January 1916，p. 17；"The Supreme Matre emeritus raised to the Higher Realms"，*Cromaat* D，1918，pp. 26－27；Harvey Spencer Lewis，"The authentic and complete history of the Ancient and Mystical Order Rosae Crucis"，*The Mystic Triangle*，Jan. 1928，pp. 335－336。某些细节则取自1930年黛莉娅(Delia Stacey Muller，班克斯－史黛茜的长女)与刘易斯的通信。这部分文档出自AMORC最高总会档案文件。

够在她直到当时从未参加过的活动中投入时间。

东 方

丈夫死后，班克斯－史黛茜时常与她的儿子史黛茜上尉(lecaptaine Cromwell Stacey)住在一起。这名上尉有许多军务在身，因而常要前往海外。[1] [280]于是这位母亲便经常陪伴着他，这让她的足迹遍布中国、日本、印度、菲律宾、欧洲、古巴和澳大利亚。[2] 班克斯－史黛茜的女儿确信，她的母亲曾见过祖鲁国王以及当地许多其他酋长，她研习了巴哈伊信仰(ba'haïsme)创始人巴哈欧拉(Baha'u'llah，1817—1892)的思想。

班克斯－史黛茜是神智学社的成员，值得一提的是，她还是神智学者的内部结社(Inner Circle)中的一员，这是布拉瓦茨基在神智学社成员中召集的一个内部的、内传论派的群体，其成员都通过宣誓直接与她建立紧密的联系。[3] 作为 AMORC 的共同创建者，她对于东方，特别是对于毗吠迦南陀的学说十分感兴趣，毗吠迦南陀是罗摩讫里什那(Ramakrishna)的弟子，他于 1893 年 5 月离

---

① 美军第 21 步兵师史黛茜上尉曾在中菲律宾萨马尔岛(Samar)俘获了加西亚(Garcia)并杀死了普拉汉起义的领导人。他驻留期间还被选为帕朗(Parang)省“主席(presidente)”。[译按]普拉汉(英:Pulahan;西:Pulajan)意为身着红色者，菲律宾革命发生前活动于维萨亚斯地区(Visayas)的菲律宾信仰教团。

② 班克斯－史黛茜的女儿所提供的信息无法帮助我们精确指出她的整段旅行的线路。然而，她似乎从丈夫去世后亦即 1886 年起，直到 1906 甚至 1912 年一直在旅行。她也许是单独行动，并未和她的儿子在一起。

③ 可惜我们并不知道她参加布拉瓦茨基社团的确切日期。不过这无疑发生在 1886 年她丈夫去世之后。我们知道内部结社主要在两段时期内活动，第一段时期是 1884 年至 1888 年，第二段则是 1888 年至 1891 年。因而她一定是在 1891 年以前就加入了神智学社，并于同年之后离开该社，也就是在神智学社创始人去世后，学社稍显分裂的一段时期。

开孟买来到美国。[1] 与诸如甘地等著名人物一起,毗吠迦南陀代表印度宗教参加了1893年9月11日于芝加哥举办的宗教议会(Parliament of Religions)。他在美国受到了广泛的欢迎,人们邀请他留居美国。三年间,他环游全国,举办讲座和研讨班,讲述《吠檀陀》(*Védanta*)和罗摩讫里什那的学说。他的观念对于当时新思想运动门下所有人物都产生了影响。罗曼·罗兰(Romain Rolland)曾说,基督教科学的创始人艾迪夫人(即帕特森)也曾受到他的影响,而新思想大师中最趋近于东方的阿特金森似乎也如出一辙。[2] 另一方面,毗吠迦南陀也以他的纯正东方面容,让神智学社的扩张速度降了下来。1894至1896年间,罗摩讫里什那的这位弟子在纽约开办讲习班,班克斯-史黛茜很有可能就参加了这个班,因为就是在这段时间里,她开始熟悉东方哲学。

曼哈顿神秘结社

班克斯-史黛茜的家庭与共济会有着千丝万缕的联系。她的一位先祖詹姆斯(James Banks,1732—1793)乃是1761年新泽西首个共济会会馆(圣约翰第一会馆)的创始成员之一,[281]他在会中担任次级督导员(second surveillant)。[3] 我们无法确定她的父亲是否确实是一位共济会成员,但这很有可能成立,因为班克斯-史黛茜本人是东方之星(Eastern Star)的成员,这是最古老的无性别差共济会群

---

① Romain Rolland, *La vie de Vivekananda*(The Life of Vivekananda), Paris, Stock, 1930. 罗曼·罗兰在该书中解释了这场旅行的历史背景,并回顾了毗吠迦南陀在美国的活动。

② 罗曼·罗兰指出了艾迪夫人的名著《科学与健康》(*Science and Health*)中的一些细节和印度吠檀多哲学基本观点之间的关系,参 Rolland, *ibid.*, pp. 60-62。

③ 参 *Gould's History of Freemasonry Throughout the World*, vol. VI, New York, Charles Scribner's Sons, 1936, p. 5。

体之一。能够加入这一组织,说明她是"眷属共济会成员"(adopted Masonry),[①]这是为共济会成员的母亲、妻子、姐妹与女儿所保留的席位。然而需要指出的是,她是东方之星成员一说并非确凿无疑,而东方之星也未必就是共济会团体名称,它也有可能指的是贝赞特与神智学社合作建立的一个同名组织。[②] 如此我们便只能在合理的范围内提出一种可能性,那就是班克斯-史黛茜与共济会运动牵涉颇深。

班克斯-史黛茜也是眷属共济会员修仪团体曼哈顿神秘结社(the Manhattan Mystic Circle)的成员,她似乎也参与过该结社的创办。这一边界共济会组织于1898年2月发起,它是一个由共济会成员的妻子、姐妹以及同辈女姻亲组成的互助与慈善群体。根据《曼哈顿神秘结社O. M. 第一会馆宪章及细则》(*Constitution and By-laws of the Manhattan Mystic Circle, Lodge No.1 O. M.*),会馆的首领称为卓越女士(Illustrious Mistress)。我们只找到了宪章的一份手抄记录,如果其中资料可信,那么班克斯-史黛茜似即肩负这一称号。[③] 在

---

① 眷属共济会员专指女性,它起源于1740年的法国。它的符号体系来自旧约,起初主要从事慈善工作。圣维克多(Louis Guilleman de Saint-Victor)的《真实的眷属共济会员》(*La Vraie Maçonnerie d'adoption*, 1779)中提到,根据礼仪,它的结构包括了4到10个衔级。东方之星创建于1830年,并于1860年由莫里斯(Rob Morris, 1818—1888)进行改组。该社尽管是一个无性别差团体,然而它所使用的基本上都是圣经中的女性形象与符号,如夏娃、艾达(Ada)、玛尔大(Martha)、卢德(Ruth)和艾斯德尔(Esther)。

② 贝赞特创立该团体是为了驰援阿尔希欧尼(Alcyone,昴宿六)完成其使命,阿尔希欧尼就是伟大导师克里希那穆提(Jiddu Krishnamurti, 1895—1986),他是一位神智学社要人的儿子,贝赞特将之视作弥勒菩萨(Maitreya)化身。

③ 与眷属共济会员相同,曼哈顿神秘结社会馆设有四大基本中心:亚洲(东)、非洲(南)、欧洲(西)和美洲(北)。女修士身着白缎面围裙,佩戴一颗中央带有徽记的宝石,象征燃烧的心灵。"卓越女士(Illustrious Mistress)"佩戴的宝石象征七级阶梯,并由五颗金星装饰;"巡察者(Inspector)"的宝石徽记是顶端有白鸽的十字架;"导师(Preceptor)"的宝石徽记是带有箭矢的"弯曲黄金"绳结。更多详情参曼哈顿神秘结社宪章及细则:Lodge no. 1 O. M., New York, John Meyer, s. d.。

内传论学界活动之外，班克斯－史黛茜也对她祖国的历史非常关注。她是美国革命之女（Daughter of the American Revolution）和国立殖民地女性学会（National Society of Colonial Dames）这两个爱国团体的成员。1898年，她当选为纽约女共和党人协会（New York Women's Republican Association）第一任副主席，为总统选举而努力。

埃 及

班克斯－史黛茜的女儿在信中透露，她母亲对于奥秘学说十分精通，无论是占星术、手相术还是白魔法方面。她还说，班克斯－史黛茜游历印度和中国西藏时获得了巨量知识。那时她还说道："我认为在所有国家中她最爱埃及。她告诉了我她参访古代神庙时的感受，她感觉到，曾几何时，[282]她无数转世中必有一次是埃及人。"[①]根据刘易斯的说法，正是在埃及，班克斯－史黛茜从一些玫瑰十字会士处收到了一颗"神秘宝石"以及一批封印档案，他们请求她保存这批档案，直到另一个人向她赠予其封印之一的精确复写，并要求她助力于美国玫瑰十字修会的建立。

班克斯－史黛茜在埃及遇到的这些启示会士是何许人也？刘易斯并未言及，只提到他们是玫瑰十字会士，他是不是指出了一个历史学家一无所知的团体，或者，也许他们是拥有玫瑰十字衔级的共济会成员？[②] 我们没有忘记，在1863年左右，马尔各尼斯授予布热加侯爵（Marquis Joseph de Beauregard）一封专利证书，允许其创办埃及孟斐斯君王圣所（Souverain sanctuaire de Memphis），这一修

---

① 1930年11月4日黛莉娅致刘易斯信。

② 我们接下来将会看到，刘易斯经常使用这一术语指称18世纪级别的共济会成员，也就是几大启示组织的重要成员；他们是真正的神秘大师，刘易斯相信，他们的想法能够支持玫瑰十字会理想。

仪团赋予玫瑰十字衔级特殊的意义。塞梅拉斯(Demétrius Pláton Sémélas,1883—1924)也是玫瑰十字传统的一位代表人物,他是居于开罗的一位希腊马丁派人士,他确确实实地宣称道,他曾于1902年,在希腊北部圣山阿索斯山(Mount Athos)的一个修道院中接受了东方玫瑰十字(laRose - Croix d'Orient)的遗产。① 1911年10月,他封授拉格热采(Georges Lagrèze)以"壮志雄心玫瑰十字"(aspirant R. C.)衔级并施行接纳仪式,后者是当时正游历埃及的马丁修会巡查。拉格热采把这一源远流长的接纳仪式转告给了帕普斯。② 那么,班克斯 - 史黛茜在埃及遇到的玫瑰十字会士是不是就是塞梅拉斯呢? 这姑且备为一个假说。然而,果真如此的话,这将会解释诸多谜团,特别是1913年刘易斯曾接触塞梅拉斯的助手杜普莱(Eugène Dupré)之事。③

刘易斯又讲到,交付了在埃及所接受的档案之后,班克斯 - 史

---

① 经过此次继承权转移,以及之后在开罗所遇神秘经历,塞梅拉斯于1915年建立了百合雄鹰修会。关于塞梅拉斯,可参看我们的文章:"Le Pantacle et le Lys",*Pantacle*,no. 4,1996,pp. 35 - 48。

② 拉格热采得到帕普斯授权处理埃及马丁修会特殊问题。尽管我们所参阅的档案文件记录了拉格热采的入会仪式,而关于是何人将他推荐给帕普斯却无迹可寻。因而这似乎是一段传奇性情节。安布莱因(Robert Ambelain)也坚称他是从拉格热采处领受入会仪式的。然而,根据他对于塞梅拉斯的批评来看,这又是存疑的,参 Robert Ambelain,*Martinisme contemporain et ses véritables origines*,Les Cahiers de Destin,1948,p. 13。

③ 1913年7月23日,杜普莱给刘易斯写了一封长信。这份文书藏于小刘易斯家中,发现于1996年其妻去世之后。该信以熟人语气写成,可以看出两人此前就已有联系。杜普莱在信中为刘易斯在美国创设马丁修会提供了所有必需的信息。信中还附有修会的几种衔级,还有马丁派 S. I. 衔级(见第十四章译注3)和自由天启者(Free Initiator)衔级的证书。我们还获知刘易斯受赐神秘之名摩佘亚(Moshea)或霍佘亚(Hoshea)以及牌号"DPR - D24A"。刘易斯未能遂行这一计划无疑是因为第一次世界大战的缘故。只有到了1934年的FUDOSI,他才能设想在玫瑰十字修会之内建立马丁派学说。译按:FUDOSI 全名为:全球启示修会团体领导联盟的缩写,参第十九章。

黛茜前往印度,并在此得引进入玫瑰十字会。修会命她为使节前往美国,但他们也告诉她,修会直到1915年得到法国赞助后才会在美国建立。AMORC共同创始人的这段人生经历依然是个谜,因为她在印度受到的接引已无据可征。[283]人们倾向于相信她可能去了阿迪亚尔森林(Adyar,在今印度泰米尔纳德邦的金奈),这里有她所属的神智学社的总部,而它与玫瑰十字会也有着某种亲缘性。我们可以想到神智学社创始之时,其领袖为这一团体的名字犹豫取舍,而"玫瑰十字会"就在备选之列。布拉瓦茨基死后,这一趋势由于贝赞特而愈发显著,贝赞特创立了东方之星,1912年,她还在伦敦创立了玫瑰十字圣殿修会,然而这只是一场短暂的运动,至1918年,该修会便已销声匿迹。班克斯-史黛茜在印度所接触的是否就是神智学社?此说可信。印度之旅结束后,刘易斯说她在伦敦暂居,期间她遇到了某位自号"孔慈(BE,Deta Conts)"的人,这是一位她所认为的卓越的奥秘学学生。此后她回到纽约,投身于共济会的活动。

新本体论

在之前的章节中,我们曾说道班克斯-史黛茜是刘易斯所创立的纽约灵研学院的成员。我们不知道她加入学院的日期,然而刘易斯在自传中提到他是在1907年年末在这里遇见她的。当时的刘易斯尽管只有24岁,并且还受雇于纽约某报社任职摄影师,他却成天忙于纽约灵研学院的事务,并开始写作有关灵科学以及内传论的文章。1908年2月,他与从属于新思想运动的《未来》(*The Future*)月刊展开合作。[①] 他以"刘易斯教授"的笔名撰写有关占星术的文章。[②] 他还以

---

① *The Future*, New York, Future Publishing Company of F. T. McIntyre.

② 这篇文章中,作者在"未来为你准备了什么"部分讲述了美国1908年的占星预言(pp. 46-49),而在"占星学和星界科学学部"中,他又显示出自己是一位优秀的占星学家(pp. 52-54)。

"瑟斯顿(Royle Thurston)"的笔名出版了他的第一部文集,其书标题为《新本体论》(*The New Ontology*),他将之描述为一系列解释生、死以及所有精神现象的新科学的课程。他触及了生命力、食物、[284]健康、磁性学、催眠术以及灵能量等多个主题。然而和这家杂志社的合作仅仅持续了一小段时间,因为两个月以后,他的一段经历彻底改变了他的人生。

神秘经历

刘易斯由于其种种活动无缘回到纽约大都会教堂的七周年庆。然而在1908年春天,他感到自己有必要回到这里,这个七年之前曾被他视作精神家园的地方。复活节之后的周四那一天下午4点30分左右,他来到了教堂并在长椅上冥想。就在那时他感到一位不可见的存在向他显现,他察觉到,这位人物长着白色长胡子,有着平安和蔼的面容。这位神秘的存在告诉他,他所渴望的知识无法从书本中获得,而要在他自身内心深处去寻找,他还说,他应当前往法国,接受玫瑰十字会的启示。这位神秘人物是何许人?他真的是一位精神性的存在吗?他是否对应于荣格所述原始型贤哲老人式的感知?无论答案为何,这段神秘经历深深触动了刘易斯,并且让他踏上了他的"东方朝圣之旅"。

刘易斯带着获取更多法国玫瑰十字会运动相关信息的希求,决定写信给巴黎的一位书店老板,他拥有这家书店的目录。我们无法确定刘易斯谈及的是哪位书店老板,只知道刘易斯还说他是一家报社的总编。他所说的很有可能就是狄维尔家的书店(也就是1917年出版《凯巴莱恩》的那家,参见第十六章),这家位于巴黎圣美丽路(Rue Saint - Merri)23号的书店还兼有图书馆和出版社的职能。书店专精于磁性学,它拥有超过八千本的磁性学及奥秘学说相关书籍杂志,它将稀见书籍呈现给读者以供阅览。书店还收藏了大约七千件该领域内的镌刻品、[285]画像、签名本及其他档案。作为一家出版社,他为各个国家发送其重要著作目录。亨利·狄维尔也是《磁性学期刊》(*Journal du magnétisme*)的理事长和编辑秘书。据该杂志1909年号记载,巴比特博士领导的纽约磁性学院(College of Magnetism)与狄维尔的法国磁性学社有过合作交流。[①] 暂且不论刘易斯致函的是不是狄维尔的书店,他很快便收到了如下的回复:

> 如果你要来法国,方便的话,你可以拜访语言专家M……位于圣日耳曼大道(Boulevard Saint - Germain)的工作室……他也许能告诉你与你所寻求的结社相关的一些消息。你可以给他看我这封信。当然,向他致函告知你的到来,并署上来法日期和轮船航班号则会更显谦逊有礼。[②]

法国之旅

当刘易斯正发愁他的经济状况无法实现这次旅行的时候,一个机缘恰于几天之后不期而遇。刘易斯的父亲,档案学专家、著名家谱学者阿伦需要一位助手,以洛克菲勒家族的名义参与法国方面的研究。自此,1909年7月24日起,父子俩登上汉堡美洲航运公司(Hamburg Amerika Line)的亚美利加号(Amerika)驶向欧洲。他们在8月1日星期日从瑟堡(Cherbourg)登陆后改坐火车前往巴黎。此后的一段时间,他们全心投入家谱研究工作,而不到一星期之后,刘易斯便得以拜访圣日耳曼大道的语言专家以及他提到的那位书

---

① 法国磁性学社刊行的《磁性学学报》所研究课题,恰与刘易斯此时期内专注之事相吻合。该期刊很长篇幅都为经文注解以及狄维尔出版社所发书籍的目录。该刊物在许多国家刊行。狄维尔书店的地理位置,以及对其的描述,应与刘易斯记述中所说一致。

② Harvey Spencer Lewis,"A Pilgrim's Journey to the East" and"I Journeyed to the Eastern Gate". *American Rosae Crucis*, May 1916, pp. 12 - 27.

店老板。刘易斯的笔记《东游朝圣记》中记录道,他是在8月7日星期六以及8月9日星期一这两天与语言专家见面的。他是一位45岁左右的男子,说一口流利的英语。他详细询问刘易斯以试探他的动机。第二次见面时,他推荐这位美国来访者去往法国的南方,在那里,他能得到进一步的指教。

[286]如前所述,与语言专家的接触可能是由狄维尔所安排的。然而,我们不敢确定刘易斯如果没有在推进其调研时去过沙穆埃创办的著名的卓越者书店(Librairie du merveilleux)的话会怎样。这里是帕普斯和他的伙伴们召开马丁修会以及玫瑰十字卡巴拉修会初期会议的场所,这里也是《天启》、《伊西斯的面纱》(*La Voile d'Isis*)等杂志的创刊之处,这里还是巴黎奥秘学者的著名会面地点,杜若(Pierre Dujols,1862—1926)和多玛(Alexandre Thomas)收购了这家书店。[①] 1909年,这两人共营帕纳克尔苏斯《魔法原始信仰七书》(*Sept Livres de l'archidoxe magique*)的出版,该书在玫瑰十字卡巴拉修会的赞助之下成功面世。有些人相信炼金术士杜若就是弗尔卡内利,也就是20世纪最著名的谜之炼金术士,他对于玫瑰十字和《情爱骑士、吟游诗人、菲列布里什派和玫瑰十字》(*La Chevaleries amoureuse, troubadours, félibriges et Rose - Croix*)这一著作非常感兴趣。菲列布里什派是普罗旺斯的诗歌流派,他提到,这是在与图卢兹以及百花诗赛学院(l'académie des Jeux floraux)相关的多个地区发生的运动,是一个文学社团。杜若在著作中称:"知识渊博的人们

---

① 当时复兴圣殿修会(l'Ordre du Temple rénové)事件后,这两位绅士与帕普斯不睦。事实上,1908年,马丁派人士聚集于加内特路(Rue des Canettes)17号的一家旅馆,组织一次唯灵派的降灵会,期间二人通过直写法(écriture directe)领受了一项使命,他们要建立一个圣殿武士修会,并以盖农(René Guénon)为其领导者。于是他们就策划了复兴圣殿修会,该修会的建立导致盖农被马丁修会开除。该修会于1911年解散,是时杜若病危。我们更要指出,该修会的七等级中,其第四级颇耐人寻味地名为"埃及玫瑰十字(Rose - Croix d'Égypte)"。

仍在秘密地谈论当代图卢兹的玫瑰十字会。”①

刘易斯在自传中提到他在巴黎接触到的人疑心他想刺探共济会秘密之事。有关这一点，他是在他与书店老板的接触中得知的，他认为，这位书店老板是共济会分会馆中的官员之一，并提出书店老板将已停止的玫瑰十字会馆拥有的古旧手稿、封印、珠宝首饰占为己有是不正确的。尽管人们有所怀疑，书店老板最后还是为刘易斯指路，让他找到了那些指引他去往所追寻之光处的人——人们劝他去图卢兹。

为什么刘易斯的联络人没有推荐他与佩拉丹和帕普斯进行交流呢？这两位当时都是因玫瑰十字会活动而鼎鼎大名的人物。事实上，在刘易斯到来的前一年即 1908 年的 6 月，帕普斯曾主持了一个唯灵论学者会议，[287]多至 17 个启示组织到场参与。② 然而这场重要的活动无法掩饰帕普斯领导的启示社团所爆发的危机，尤其是玫瑰十字卡巴拉修会的危机。由于德瓜伊塔 1897 年的去世，这一社团事实上已经停止了活动。而在同一年中，佩拉丹又使圣殿与圣杯之玫瑰十字修会进入休眠状态。如此一来便可以理解人们为何未将刘易斯介绍给这些组织，而是将他引介至佩拉丹和帕普斯们的渊源之地——图卢兹。

---

① 应当指出，杜若在接管卓越者书店之前，曾在图卢兹从事记者工作。本文所引用一份手稿摘录（见页 70）写于约 1912 年，它是《翠玉录》的选段，并附有吉伯特的注释。该文本另一种版本由迪布瓦（Geneviève Dubois）出版：*Les Nobles Écrits de Pierre Dujols et de son frère Antoine Dujols de Valois*，Le Mercure dauphinois Publications，2000。该书据一份藏于里昂市政图书馆的手稿（Ms 5488）而编成。

② 会议自 1908 年 6 月 7 日至 10 日举行。在记者和非修会人员的见证下，会议将一件马丁派白色礼袍送入人权事务厅内。会议报道同时发表在《马丁报》（*Le Martin*，6 月 8 日—10 日）、《闪电报》（*L'Éclair*，6 月 8 日）、《费加罗报》（6 月 7 日—8 日）、《人格报》（*L'Humanité*，6 月 8 日）、《自由报》（*Liberté*，6 月 7 日）和《图片世界》（*Le Monde illustré*，6 月 13 日）等巴黎报刊上。帕普斯出版了一本与此事件相关的书籍：*Comte rendu complet des travaux du congrès et du convent maçonnique spiritualiste*，Paris，Librairie Hermétique，1910。

图卢兹:玫瑰小镇

再一次,不知是幸运女神对我们的旅人施以微笑,还是上主为他加以圣佑,刘易斯的父亲恰好计划前往法国南部,以推进他为洛克菲勒家族所做的家谱研究。8 月 10 日星期二,亦即与专家第二次见面之翌日,父子俩离开了巴黎,在经历了一番被刘易斯视为试炼的遭遇之后,他们于周三到达图卢兹。第二天,父亲继续其工作,他也许在图卢兹市政厅(Capitole)的主塔楼调查城市档案,[1]而同时,刘易斯则去了市政厅名人堂(Capitole's Salle des Illustres),他在这里遇到了帮助他完成最终任务的人物。事实上,刘易斯在和这位人物简短交谈之后,此人就给了他一张写有街道名称的便条,刘易斯依此地址前去拜访了一些玫瑰十字会士。

刘易斯并未公开此人的姓名,他只乐意透露他是一名摄影师。其后,刘易斯的儿子小刘易斯(Ralph Maxwell Lewis,1904—1987)提到他事实上是一位非常有名的摄影师。最有可能的人是拉撒勒(Clovis Lassale,1864—1937),他专精于美术、考古学、贸易和产业。人们在刘易斯的个人档案中找到一封 1909 的 8 月 26 日的通信,证实了这个猜想。[2] 特别还应进一步提到的是,这位摄影师在他的友人、印刷商普里瓦(Privat)家中居住时,[288]曾与布瓦辛有过几次

① 这位城市档案员为加拉贝尔特(François Galabert,1873 - 1957)。除职业角色之外,他还参加了许多学社,如杜梅葛所建立的南方考古学社。科波拉尼(Jean Coppolani)在学会的公报上对该成员表示敬意:"Notice sur la vie et les travaux de M. François Galabert, secrétaire général de la Société," 4th series, vol. II, 1954 - 1966, Tarbes, 1967, pp. 32 - 36。

② 拉撒勒在刘易斯尚未离开法国时就寄了这封信给他。这封信是在刘易斯的个人文稿里,一个标为"重要历史档案"的文件夹中发现的,这足以说明拉撒勒的重要性。

会面。[1] 而我们在之前的章节已有提及，布瓦辛正是向阿德良·佩拉丹和德瓜伊塔引介玫瑰十字会之人。

刘易斯坐上出租车，去往摄影师留给他的地址，他离开中心城区，穿过加龙河，又走了几公里，终于来到了一幢立有古老塔楼的建筑，该楼与前几日在巴黎那位专家所给他看的某张照片上的塔楼十分相似。[2] 登上通往高处楼层的旋梯之阶，刘易斯遇到了一位有长长灰胡子以及微卷长白发的老者。延入于内，屋室方正，四壁之上，卷帙罗列。这位老者是一处神秘的玫瑰十字修会的档案员，这一启示团体来自朗格多克（Languedoc），修会中仅余最严格恪守其信念的一些成员。刘易斯指出，他的这一联系人与巴黎所遇到的书店老板同属一支共济会团体。老者在给刘易斯看档案文件之后，称他配得上知道更多，接下来，刘易斯当即踏上了寻访修会大师傅的道路。

入会仪式

下午三点左右，刘易斯又坐车来到了档案员所指示的地址，他沿着一条河去往离图卢兹更远的一个地方，穿过托洛萨老城，他最后来到一座小丘上，一幢由高墙围起的石制建筑前。根据

---

① 拉撒勒也因工作而认识一些南方考古学社的成员，特别是加拉贝尔特，二人曾共事《古代手抄本与文书影集》（*Album de paléographie et de diplomatique*）一书，出版于1913、1928和1933年。

② 从所有证据来看，不同于一些人所言，这座塔楼并非图卢兹市政厅的主塔楼，因为刘易斯刚从这里离开并且拦了一辆出租车，他是离开城市以后才到达其入会仪式所在地的。然而对于很多玫瑰十字会士来说，此地是AMORC创始人领受入会仪式的象征。可惜的是，刘易斯所做的描述还不够详尽，我们无法精确找出它的所在。除此之外，图卢兹市中心不远处有着不少塔楼。有关这一课题，参：Alex Coutet, *Toulouse, ville artistique, plaisante et curieuse* (Toulouse, a pleasant, curious and artistic city), Toulouse, Librairie Richard, 1926。拉撒勒曾为该书拍摄过一些建筑的图片。

《东游朝圣记》的记载,他正是在这座乡村城堡中领受了玫瑰十字修会的入会仪式。有关仪典,游记没有提供任何细节描述,然而刘易斯的自传倒是提到了一些引人注意的信息。[289]从自传中,我们得知,与刘易斯相见的人是贝尔卡斯特勒-利尼埃伯爵(Comte Reynaud de Bellcastle - Ligne),这位78岁的老者与她守寡的女儿共居此地,虽然拥有贵族背景,父女俩也只是依靠简朴的方式勉强维持生计。他说着一口流利的英语,带领刘易斯进入一个房间,并询问他在美国从事灵研究的情况,他还对这位到访者的神秘经历十分感兴趣。

面谈尾声,贝尔卡斯特勒-利尼埃伯爵告诉刘易斯,接受启示的时候已经来了,他问刘易斯是否已经预备好去面对"门槛处的战栗"。他将他领至乡村城堡一楼,带他看这个前玫瑰十字会馆的剩余之物。伯爵说道,这个圣堂已经超过六十年没有使用过了,[290]不过直到1890年还有一些共济会成员经常造访此处。伯爵的父亲任最后一任主持官员。我们据此可知,这所会馆活动的年代是在1850年左右,也就是杜梅葛和德拉帕瑟子爵的活动时期,也是布瓦辛将阿德良引介进入玫瑰十字会前的若干年。

伯爵在一扇铁门前止住脚步,并告诉他的访客,他现在必须"与天主及他的主人一起"穿过连续的三个房室。刘易斯遵从着他的导引,进入了第一个房间,这是一间前堂。接着他进入第二间,他在这一片漆黑的地方感受到了"门槛处的战栗"。刘易斯在此处感到了一次神秘经历,期间他又一次感受到了前一年向他显现的那位不可见者的存在。最后,他来到第三个房间时,伯爵已经在此等候,他向刘易斯解释,这个房间曾容纳过的装帧和饰物已成过眼烟云。接下来,刘易斯将会接受入会仪式典礼。伯爵在房间的各个位置进行了仪式的主持,他还向他吐露这一仪式隐秘的意义。从这一刻起,这位年长的大师将刘易斯视为初受启示的新成员。他引他去往一间小房间里,并建议他休息一会儿,因为他需要在此待上几个小时,与修会的其他成员见面。刘易斯醒来时发现自己已经睡了三个小时。

他在梦中再度体验了方才自己亲历的仪典。这一次主持仪式的并非伯爵,而是他在第二间房间里所感知到的那位显现的“大师”。又过了一小会儿,贝尔卡斯特勒－利尼埃将他介绍给玫瑰十字修会内三位会龄更长的成员,他们的家属也都是修会成员。交谈过后,他又一次被领向前一个会室,在这里,伯爵将一柄带玫瑰的十字架挂在了刘易斯的脖子上,他宣布,刘易斯现在有权建立玫瑰十字在美国的修会。

[291]入会典礼之后,一位会员将一系列文书授予刘易斯,其中包括了修会的原则和律法。同时,他们也允许刘易斯将各种玫瑰十字会仪典的符号及图样抄录下来。伯爵从房间正中央存放的箱子中拿出了一些画有符号的罩衫、祭袍和各种档案文件,让新入会者一一记录玫瑰十字会不同衔级所对应的符号系。修会会员们告诉刘易斯,他一定要在美国传播玫瑰十字会。主持这一会议的人并非伯爵,而是一个叫作拉萨勒(Lasalle)的人,他扮演典礼之主的角色。拉萨勒和拉撒勒,两个名字的读音拼写相去甚微,这位拉萨勒该不会就是刘易斯当天早些时候在名人堂所遇到的那位摄影师吧?学界倾向于持否定态度,因为刘易斯曾提到这位典礼之主是诸多历史文献和资料的作者,然而与此同时,我们并不了解图卢兹的摄影师有过什么作品。当然,刘易斯的这一表述也有可能是暗指拉撒勒拍摄了无数有关考古和史前史的照片,①然而,不管怎样,这位典礼之主告诉刘易斯,他现在已经获得了所有必要的教示,以及他以后还会有别的内在经历。最后,几位成员还要求他切勿在1915年前开设修会的美国会馆。

---

① 拉撒勒曾与布鲁伊神父(Abbé Bruil)、卡皮坦博士(Dr. L. Capitan)以及佩罗尼(D. Peyroni)共事,并出版了有关几座史前洞穴的出版物。他也曾代表南方考古学社与卡泰拉(Émile Cartailhac)、加拉贝尔特有过合作,此二人都是百花诗赛学院的成员。还需要补充的是,他曾在1900年巴黎万国博览会上获得过一块金牌。

刘易斯加入玫瑰十字修会翌日,1909 年 8 月 13 日,他在给妻子莫莉(Mollie)的信中这样写道:

> 我对这次旅程的所有期许都已实现,却也未受到太多试炼与考验。这真是个美丽的地方。我为这座老房子拍了许多照片,我在这里参与了自己此前从未见过的奇异仪式。感谢上主,我最后加入了玫瑰十字(R+C),不过,这里的誓词和应许相当严苛。[292]我在美国能找到多少人呢?又会有多少人能和我一样遵循这些誓词和应许呢?①

作为此事的后续,数日后,8 月 26 日,刘易斯回到了巴黎,他收到了拉撒勒寄来的一封信。随后的星期一,刘易斯和他的父亲便踏上了归程。他们在伦敦稍作停留,参观了大英博物馆,此后便于 9 月 1 日星期三登上了亚得里亚航运公司(MS Adriatic Line)的白色之星号(White Star)返回纽约。对刘易斯来说,伟业才刚刚开始。

隐秘的起始

正如我们所见,刘易斯的启示包括两个层面:其一,他遇到了某个会馆的玫瑰十字会士,而这一会馆上一次活动还要追溯到 1850 年;其二,他的神秘经历在内心深处实现。刘易斯传授人的身份围绕着谜团。利尼埃很可能只是一个为隐藏其真实身份而用的假名。

这一叙述从很大程度上也可以说是象征性质的。内传学说史上多有将具体事件与真实的神秘经历相结合的写作,盖为创作一个

① 这封信以及它贴有图卢兹邮戳的信封存于 ARMOC 最高总会档案文件内。

具启发性的、神话般的故事。事实上，翻开历史篇卷，我们也总能在那些伟大的精神运动创始人的身上发现这种特点。在一场有关启示传说的会议上，费弗尔提及了内传学说运动创建神话的重要性。[①]他认为这些创始传说的存在在某种程度上成了评判传统修会权威的标杆。玫瑰十字会运动的创始故事是基利斯廷·罗森克鲁茨的东方之旅，以及对其墓穴的发现，而不出其类，刘易斯的入会仪式叙述也与之雷同。[②] 艾迪霍弗则以一种令人感兴趣的解读又将此说推进了一步：

> [293]在他的叙述之中，我们可以发现若干个传统的启示修会母题，它们中有一些在安德雷所写的《化学婚姻》之中有所表现：塔楼符号、象征灵知(gnosis)中心入口的旋转阶梯、使人联想到神圣四字主名的方形上层房屋、在乡村城堡进门处之前转交书信，以及如同新生之子宫的洞穴。两位秘仪的启示者，一男一女，让人想到荣格所谓双性的“贤哲老人”原型(*Gesammelte Werke*, Olten, 1976, 9/1, p. 231)。而睡眠的情节，在文本分析的视角之下也绝非无足轻重。[③]

---

① 该会议由《传统之文艺复兴》(*Renaissance traditionnelle*)期刊主办，于2001年10月在巴黎召开。会上费弗尔的专题演讲文本已出版：“The Origins of Freemasonry: three approaches”, in *Renaissance traditionnelle*, no. 129, 2002, pp. 5－12。同一主题又有：Roger Dachez, “Sources and functions of secret history in the case of Willermoz, in 18th century Masonry”, in *L'histoire cachée entre histoire révélée et histoire critique*, Lausanne, L'Age d'Homme, coll. “Politica Hermetica” no. 10, 1996, pp. 79－89。

② 刘易斯到达领受入会仪式之地，“于一座小丘之上，一幢由高墙围起的石制建筑”，这明显是《16及17世纪玫瑰十字会的秘密符号》一书中哲学山(Mons Philosophorum)场景的重现。

③ Roland Edighoffer, *Les Rose－Croix*, Paris, PUF, coll. “Que sais－je?” 1982 et 1986, p. 108.

刘易斯的经历中有一段与玫瑰十字结社所属成员的真实会面，而且，我们可以肯定该社团几乎已经停止活动，然仍余烬未息。我们首先指出的就是精神因素，这也是最基本的一点。有关建立在精神经历基础之上的启示学说源流，我们曾在第七章用科宾的观点加以说明。科宾认为，此类经历构成了有效性的最基本的尺度。当然，正如他所述，这一领域之内并非皆为可供历史学家考证之真实。即便如此，由于这是关乎圣化历史之事，故而决不可熟视无睹，因为仅以客观视角和年代顺序的史实来评价启示运动起源，便会将研究引向历史主义，根本上，这是采取实证主义或还原论视角，这并不能适配此类运动的实质。忽略启示运动叙述与圣化维度以及非时间性的关系，则会导致其本质的混淆。

那么，这些图卢兹的玫瑰十字会士为何要嘱托一个美国人来重建玫瑰十字会运动呢？此前，他们已经把使命的重担委托给了德瓜伊塔和佩拉丹，然而，一番辛劳之后，修会依然归于沉寂。故而在旧大陆重建修会似乎变得希望渺茫。1875 年，哈特曼就已经得出了这个结论。另一方面，我们还可以认为，很多人确信这些玫瑰十字会士具有预见重要事件的能力，他们感知到了一场大战将在欧洲爆发，[294]并为它将造成的毁灭而感到畏惧。他们将继承权授予一个美国人，并交给他在美国建立修会的使命，也许正是为了能够保证玫瑰十字会传统存续直到永久。

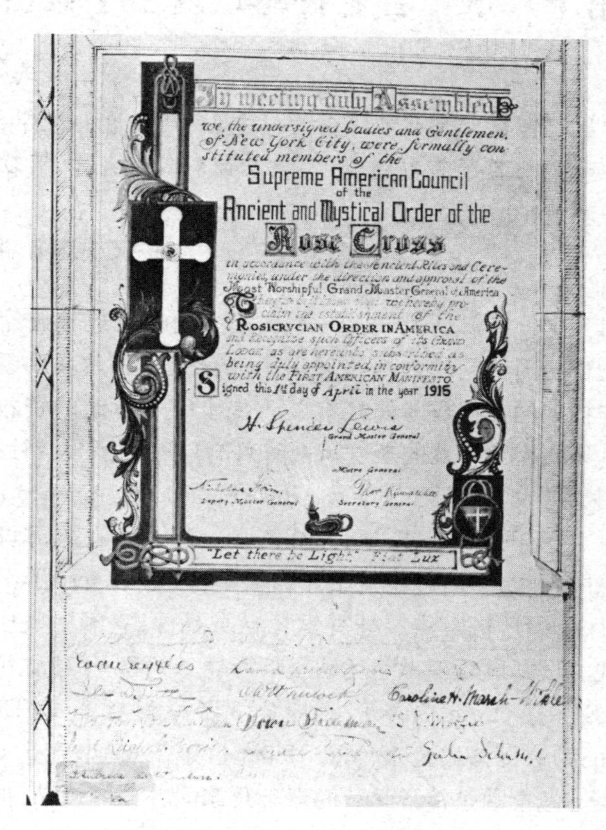

In meeting duly Assembled

We, the undersigned Ladies and Gentlemen, of New York City, were formally constituted members of the

Supreme American Council

of the

Ancient and Mystical Order of the

Rose Cross

in accordance with the Ancient Rites and Ceremonies, under the direction and approval of the Most Worshipful Grand Master General of America we hereby proclaim the establishment of the

Rosicrucian Order in America

and recognize such Officers of its Grand Lodge as are hereunto subscribed as being duly appointed, in conformity with the First American Manifesto.

Signed this 1st day of April in the year 1915

H. Spencer Lewis
Grand Master General

Master General

Deputy Master General

Secretary General

"Let there be Light" Fiat Lux

AMORC 成立宪章,1915 年 4 月 1 日。

第十八章　古老神秘玫瑰十字修会

古老神秘玫瑰十字修会的标志，一柄金色的十字架上，一朵红色玫瑰置于其中央，十字架象征着人的身体，而玫瑰则是其灵魂演化的象征。

——《奎德百科》，2006

[301]1909年末至1912年，刘易斯策划复兴玫瑰十字会。他借助自己在法国得到的文档整理出了一套仪式和教义体系，同时，他还把能找到的直接或者间接有关玫瑰十字会运动的资料通览了一遍。刘易斯抱着怀疑的态度审视时兴的玫瑰十字会结社运动，诸如美国玫瑰十字结社（Societas Rosicruciana in America）。作为S. R. I. A. 在美国的分支机构，该社实际上却一直在想方设法从共济会体系中独立，然而自其领军人物古尔德（Sylvester Clark Gould）死后，社团可谓危机重重。神智学社自身难保，它的一些成员则以各种方式尝试开展玫瑰十字运动。哈特曼于1888年建立了内传玫瑰十字（Esoteric Rose Cross），而神智学者格拉斯霍夫（Carl Louis von Grashoff）亦即海因德尔（Max Heindel）于1909年建立了玫瑰十字联合会。施泰纳是神智学社的瑞士及德国分社的领袖，他此前与神智学社的新首脑贝赞特决裂，1913年，他创建了人智学社（Anthroposophic Society），他将之定义为玫瑰十字传承中的一种现代变体。

[302]刘易斯年仅29岁便开始筹备他此后一生的事业：建立独立于共济会、神智学社以及任何其他组织的玫瑰十字修会。他的个人职业生涯也在发展之中：1912年起，他是美国绝缘器材公司的广

告部主管。在此期间他还写了一些论文,如《现代科学学校》(*The Modern School of Science*),刊登于美国好学学会(American Philomathic Association)的杂志《美国好学学会通报》(*American Philomathic Journey*)上。好学学会这样介绍刘易斯:纽约灵研学院前任主席,哥伦比亚科学会、大都会科学院主讲人,灵-法学社副主席。[①]

好学学会

刘易斯和好学学会(Philomathic Society)的关系一直是一个谜。这个组织本质上是学者的结社,是成立于19世纪初期众多研究组织中的一个。在共济会成员、农学家席尔维斯特公爵(Baron Augustin-François de Silveste)构想下,第一届好学学会于1788年12月在巴黎成立。托马斯(André Thomas)指出,[②]它是以某种形式继承法国大革命前共济会馆引以为光荣的研究精神的学术团体之一。好学是"知识之友"或"热爱学问"的意思,尤其指数学。学会的成员称作好学者,他们之间有一句口号——学习与友谊。他们的目标是将其团体发展成一个广阔的会场,它展现新知,并将其传播到整个学人世界,"通过真理和教诲,[303]那永持不断的光明的链锁"。在启蒙运动精神的启示之下,该学会大范围地进行宣传,在法国和其他国家建立通信网络。法国最伟大的科学家都是爱问者,如拉瓦锡、拉马克、拉普拉斯、莎普特(Chaptel)、盖-卢萨克(Gay-Lussac)、安培、巴斯德(Pasteur)和贝特洛(Berthelot)。

刘易斯与美国科学界交往频繁,他似乎也与法国好学学会有所

---

① *American Philomathic Journal*, vol. III, October 1912, p. 7. 美国好学学会总部位于纽约西34街45号。

② *La Société philomathique de Paris*, sous la direction d'André Thomas, Paris, PUF, 1990.

交际。第一部有关他的传记事实上就已提到,他的工作成果吸引了欧洲科学家,特别是玫瑰十字会士的注意。这本传记还说,他后来被选为法国凡尔登好学学会(Société philomatique de Verdun)的名誉成员,1904 年,他又成为法兰克玫瑰十字学院(Franco Ecole R. C.)[①]成员。同年,他被授予玫瑰十字修会的至尊(dignitaire suprême)头衔。这一惊人消息描述了刘易斯最初转向玫瑰十字的步伐,它似与通常的描述有所不同。在 1916 年后,这些团体就不再为人提及。然而,在一封 1926 年 5 月 14 日寄给法国炼金学会(Société alchimique de France)主席、《玫瑰十字会》杂志总编若利维-卡斯蒂洛(François Jollivet-Castelot)的信中,刘易斯说道:

> 我蒙允加入玫瑰十字兄弟会(F. R. C.),这份荣耀归于古老的法国凡尔登玫瑰十字学院成员的善意。

而就刘易斯本人而言,其子小刘易斯几次提到他的父亲曾是凡尔登好学学会的成员。我们还需补充,AMORC 在某些国家刚起步时也经常使用"爱问"这一名称,如在墨西哥,修会便以好学学会(Socedad Filomatica)之名隐藏其本来面目。

马丁派计划

刘易斯为玫瑰十字修会的复兴积极筹备之时,曾与内传学说界的几位知名人士有过接触。1913 年间,他与塞梅拉斯的秘书杜普莱保持通信。我们之前已经知道,[304]塞梅拉斯于开罗的"艾赛尼人圣殿(Temple d'Essénie)"会馆领导着马丁派,他宣称于 1902 年

---

① *The American Rosae Crucis*, "H. Spencer Lewis, FRC", vol. 1, no. 2, February 1916, p. 17. 刘易斯当时使用的业务名片上记录了他的一些社会头衔,其中就有"法国凡尔登好学学会"。据该团体 1899—1900 年所发简讯,此会为"法国孚日(Vosges)好学学会"的分支。

继承了东方玫瑰十字在希腊阿索斯山的一座修道院里留下的遗产。[①] 自 1911 年起,他给拉格热采等马丁派人士授以“壮志雄心玫瑰十字(aspirant R. C.)”衔级的接纳仪式。[②] 塞梅拉斯或杜普莱有没有在与刘易斯的通信中提到过玫瑰十字会运动,这点我们无从知晓,因为只有一封日期为 1913 年 7 月 23 日的信留存了下来。杜普莱在信中的语气显示出两人交往熟络。信函讨论的唯一主题便是马丁派运动:杜普莱向刘易斯阐明,他已经经由伦敦为他送去了马丁派的仪式,同时送去的还有“S. I. ”衔级和“自由受启示者”认证,借此,他有资格在美国成立马丁派会馆。这一计划要到 1934 年才真正实现,他得到了布兰莎(Victor Blanchard)和拉格热采的协助。

一位老妪的来访

1913 年 12 月,刘易斯向纽约灵研学院的会员表露出自己在美国创建玫瑰十字修会的意图。为此,他邀请他们参与一场即将在这个冬天举行的会议。以他作为绘图师和画家的卓越天赋,刘易斯设计了装帧豪华的会议章程,并于此后玫瑰十字修会复苏之时将之正式公布。这次会议有 12 人出席,然而无人参与其中,也无人签署章程。正如图卢兹玫瑰十字会士曾经告知的,1915 年以前,修会还无法在美国重见天日,然而 1914 年末,他便迎来了柳暗花明。

---

① 最近刊出一篇有关这位非常人物的文章,参 The Pantacle, September 2004。该刊物属于 TMO 澳大利亚辖区,另有一篇刊载于法国刊物上的文章:“Le Pantacle et le Lys”, revue *Pantacle*, No. 4, 1996, pp. 35 – 48。

② 1914 至 1918 战争年间,塞梅拉斯侨居法国,与帕普斯成为好友。帕普斯已经取得了玫瑰十字卡巴拉修会的领导权,他由此想用另一个组织来取代修会。这个修会实质是马丁修会的内部结社。在塞梅拉斯的帮助下,帕普斯想到使用东方玫瑰十字修会来取代修会。1916 年帕普斯去世,这一计划随之流产,而他的继承者之一的布兰莎则又想让计划实施。

这一年的秋天，班克斯－史黛茜突然重新造访刘易斯，两人此前曾在纽约灵研学院相识。数年以前，有人向她预言，她将遇到一位可与之共事玫瑰十字在美国复兴大业之人（参见第十七章），那么，此刻她是否已将刘易斯视作这一位了呢？无论如何，在 1914 年 11 月 25 日，也就是刘易斯的生日时，她第二次前往拜访，她给了他一支绚丽夺目的红色玫瑰、一个小箱子和一些档案文件，[305] 刘易斯在这些文件上认出了 1909 年在图卢兹曾经见过的玫瑰十字会徽记。两人于 1914 年 12 月 20 日决定协力合作，他们在纽约的《周日先驱报》（*Sunday Herald*）发表了一篇通告，邀请对玫瑰十字有兴趣的人共襄盛举。而与此同时，他们遇到了齐玛雷托（Thor Kiimalehto），刘易斯日后最亲密的伙伴之一。

AMORC 的诞生

1915 年 2 月 8 日晚间 8 点 30 分，标志古老神秘玫瑰十字修会形成的初始会议于纽约第五大道 80 号刘易斯办公室中举行。人们也将同一表述下修会的传统名称与其将来为人所熟知的首字母缩写组合起来，称之为 AMORC 玫瑰十字修会（Rosicrucian Order AMORC）。刘易斯将修会第一次会议的许多情况记录在了笔记本上，①通过它我们得知，出席会议者共有九人：刘易斯的第二任妻子马尔妲（Martha Lewis）、班克斯－史黛茜、齐玛雷托、科尔根（Colgen）、洛里亚（Loria）、布尔克（Burgen）、克罗斯曼（Crossman）、希尔斯（Col. Sears）以及刘易斯本人。他们组建了负责修会组织工作的委员会。

这次会议之后，刘易斯和齐玛雷托组织了文件《亚美利加一号

---

① 刘易斯曾撰文描述 AMORC 的第一次会议："The Authentic and Complete History of the Ancient and Mystical Order Rosae Crucis", revue *The American Rosae Crucis*, juillet 1916, vol. 1, no. 7, pp. 11－15。

宣言》(*American Pronunziamento Number One*)[①]的印制工作,这一文件正式宣告 AMORC 活动的开始。几日后,他们在《纽约环球报》(*New York Globe*)上刊登了一篇文章,紧接着,修会秘书齐玛雷托便收到了几百封关心并追寻玫瑰十字之人所寄来的信。来信者中有 75 人受到邀请,参加 1915 年 3 月 3 日在西 83 街西尾大街附近莱斯利酒店所召开的信息发布会。最后,80 名男女出席会议。其中不乏一些对修会目标感兴趣的共济会成员。作为会议成果,[306]50 人加入修会。此后,又有塞顿博士(Dr. Julia Seton)所主持的会议在帝国酒店举行。

1915 年 4 月 1 日星期四,大约 30 名积极成员会于纽约第七大街一处,该地此后将成为第一所 AMORC 玫瑰十字会馆。这次会议上,班克斯 - 史黛茜郑重地将她在印度之旅中得到的文件交给了刘易斯。修行政主体——最高议会形成,并在此后进行了大祭司和最高统帅的选举。[②] 班克斯 - 史黛茜表达的意愿得到了呼应,全体一致通过刘易斯当选。会议适时地签署了那份装帧精美的章程,即刘易斯在 1913 至 1914 年间那个冬天所设计的。这份签署日期为 1915 年 4 月 1 日的文件宣告了 AMORC 的诞生,以及确立了美国修会最高议会的正统性。需要着重指出的是,这个修会组织深深地烙

---

① 1915 年 3 月 19 日,刘易斯将该文件的一份副本赠送给了纽约公共图书馆,其文件夹写有标题:"美国玫瑰十字修会历史,原始文件,大祭司刘易斯注释,A. D. 1915。"文件夹中还有一篇刊于 2 月 24 日《环球报》的文章,文件名为"亚美利加一号宣言"。令人遗憾的是,不知哪天,有人在这部文件上大肆涂鸦,歪曲文义。所幸这部《宣言》的另一份副本在 AMORC 档案中得到妥善保存。

② 名词统帅(Imperator)出自拉丁语,意为"掌控之人",而其关联动词"imperare"意为"命令"或"勒令"。因而该处用语"最高统帅",在最高责任设定的意义上指的是掌控修会之人。从内传的视角来看,它也暗示了"领导权""自我掌控"的含义。玫瑰十字会运动中最高统帅的角色最早要追溯到雷纳图斯的著作:*The True and Perfect Preparation of the Philosophical Stone by the Fraternity of the Golden Rose - Cross and the Red Rose*, Breslau, 1710。

着其创始人的印记,然而它也是他的许多伙伴在他创业之初加以协助的成果。他们包括:马尔妲、齐玛雷托、松德斯(Alfred E. Saunders)、霍德比(William B. Hodby)、钱伯斯(George Robert Chambers)、林德施泰特(Conrad H. Lindstedt)、布拉萨德(Albert B. Brassard)等等。

第一所玫瑰十字会馆

刘易斯和他的伙伴们采用1777年玫瑰十字衔级作为等级体系(参见第十一章),最高统帅本人为每一级成员预备教示。第一所会馆设在了纽约第七大道的一处房产中,它能满足玫瑰十字圣殿的所有必需要求。刘易斯创作了一幅代表埃及景观的湿壁画,该壁画的四大基本方位有其象征意义,体现了修会的东方趣向。它总体的装饰风格灵感来自法老时代建筑。应当指出,18世纪引入玫瑰十字会运动和内传学说的埃及智慧(egyptosohia)在AMORC玫瑰十字修会找到了它的主要载体。事实上,埃及符号系统占据重要地位,[307]而古代埃及的关键人物之一的阿肯那吞之于修会,则可比海勒姆之于共济会的角色。

1915年5月13日星期四,被AMORC称作仪式会议的第一次"决议会"召开。所有成员接受了修会的第一等级的晋衔礼仪。第一个"跨过门槛"的是最高统帅的妻子马尔妲。对成员的教示在纽约会馆中进行,《玫瑰十字会启示》(*Rosicrucian Initiation*)的报告中说:

> 我们修会十二个衔级中的每一个都有其启示之夜,它有七到十个课程,通常每月两次,在圣殿进行教授。这些课程由每个会馆的祭司主讲,兄弟姐妹们则执簿而坐,记下有关记号、象征以及题材的笔记。课程的组成部分包括了原理和注解的学习,它们的根基则是古代教义,它也在世上最伟大的头脑成就

的新发现和发明之中持续更新。课程为砌砖会馆这一神圣形式(完全封闭并受保护)下的秘密授业,因而无人能知晓在此揭露的隐秘言说,除非他们是真正的成员并按期接受启示。①

课程很快就以写作的形式记录下来,便于在不同会馆中教授。再之后,它们则以专题文章的形式印刷成册,这样一来,因住地遥远而无法前来参加召集会议的成员也能学习。然而,成员只能在圣殿进行他们的晋衔礼仪。只有那些在会馆学习,[308]并至少进入修会第一衔级的人才会被认为是一名真正的玫瑰十字会士。

翌年起,修会发展迅猛,以至于他们需要创办一本杂志来向其成员通告修会的活动。为此,修会的第一份周刊《美国玫瑰十字》于1916年1月创刊。该杂志不仅探讨玫瑰十字会哲学,也触及占星学、本体论、内传学说、象征主义等学科,范围很广。随着成员数不断增多,新的会馆应运而生。1915年11月25日,最高议会签署了一份章程批准在匹兹堡(Pittsburgh)建立"宾夕法尼亚会馆"。1916年1月该会馆启动时,80多名成员在霍德比的指导下在此接受入会仪式。不久之后,会馆遍地开花,在费城、波士顿、威尔默丁(Wilmerding)、阿尔托纳(Altona)、罗切斯特(Rochester)、哈兰(Harlan)和底特律均有设立。

炼金术阐释

《美国玫瑰十字》1916年7月号刊登的一篇文章中称,当年6月22日,刘易斯集结了修会第四衔级成员及最高总会官员,在纽约会馆召开了一场特殊的集会。他要求他们参与一种特殊的神秘仪

① 首部资料手册:Rosicrucian Initiation, A Sealed Book of Instructions for Neophyte Initiates, AMORC, "The Temple Lectures", New York, 1917, p. 665。

典，而他本人要在此期间进行一场炼金术的炼制实验。《纽约世界报》的编辑代表维尔顿（Charles Welton）也受邀到场作见证。实验用到了一块锌片。经过一系列证明实验真实的流程，刘易斯将这块金属放在小盘子里，往里面添加了几种粉末，并将其置于火上。操作完成之时，人们看到这块锌片发生了变化，分析显示它已经变成了金子。

这位最高统帅真的用炼金粉末完成了炼制过程吗？使用科学流程无法证实，也无法否认。而刘易斯此后表示，这场实验他只被允许演示一次，[309]不论何种情况都不能将之重复。这场炼金术变化在美国媒体界造就了一次震动。《纽约世界报》在 1916 年 6 月 28 日和 7 月 2 日连续刊登两篇文章，汇报了他的奇特阐释。鲁萨克（Maria Russak）的《通道》（*The Channel – An international quarterly of occultism, spiritual philosophy of life, and science of superphysical facts*）杂志也在 1916 年的 10 月—11 月号上提到此事。维特曼斯则在其《玫瑰十字会的历史》中写到此事，该书于 1925 年艾迪亚尔出版社（Adyar）出版。

刘易斯：共济会成员

AMORC 汇集了形形色色的男女，正因如此，也有一些成员来自神智学社和共济会各分会。刘易斯亲密伙伴中有一人名叫松德斯，他就是共济会“所罗门王”会馆的成员。他从 1896 年起就是一名大师级共济会成员，并持有孟斐斯－密斯兰礼仪的第 33 和 95 衔级称号。他自称在英国居住期间，受孟斐斯－密斯兰礼总导师雅克尔（John Yarker，1833—1913）纳引而进入共济会。也有人说他是金黎明赫耳墨斯修会创始人之一马特尔斯的好友。刘易斯决定加入共济会，有可能就是受到松德斯的影响。1917 年，他在纽约西 24 街 46 号的 523 号诺玛会馆（the Normal Lodge）的共济会员大厅中被授予学徒和副手衔级，这一会馆即为松德斯所属的会馆。

然而,刘易斯和松德斯之间的一场争执让刘易斯的共济会生涯早早地结束。刘易斯对名誉问题看得非常认真,他发现自己的这位伙伴在1903年被迫出逃英国,起因是一桩桃色丑闻。[①] 他决定解除此人会员身份。然而事与愿违,野心家松德斯对自己从AMORC领导团体遭逐并不满意。从那天起,他便在师范会馆成员间散布谣言中伤他的昔日友人,以此维护自己的大师衔级地位。松德斯那由妒火点燃的谎言终被深入的调查戳穿,[310]会馆官方为自己被松德斯玩弄于股掌之间而感到遗憾。然而刘易斯忙于更重要的事,没空搭理这茬。

第一届玫瑰十字会议

修会的活动日渐丰富,会议、管理任务、仪式和启示课程接连不断。刘易斯保持这一步调直到年末,他感到自己无法继续从事职业行为,因而他决定完全献身于玫瑰十字的事业。

尽管面临巨大的财政困难,修会依然继续壮大,1917年,玫瑰十字会成员们组织了他们的第一次全国会议。这次活动自7月31日至8月4日在宾州的匹兹堡举行。修会宪章在此次会议中通过审查,并由最高议会决议采用。第一次全国性集会临近尾声,刘易斯对修会所完成的工作感到满意,并且自然而然地感觉到,玫瑰十字修会的活动进入了崭新的历史周期。

事实上,刘易斯认为修会的表现乃是由活动至休隐这一历史周期的主体,它每过108年出现和消失一次,尽管很难证明修会过去是否曾按着这一周期而运行。然而按照神智学加法,我们可以推定这一数字基本价值为九(1+0+8=9),妊娠及周期重生的想法为我

① 有关该事件可参看1903年7月15日的《伯明翰每日邮报》,该报文章指出,松德斯被指与其朋友的女儿,一位20岁年轻姑娘生下孩子,并支付其抚恤金。

们提供了有趣的一面。谢瓦利埃(Jean Chevalier)和吉尔布兰特(Alain Gheerbrant)指出:

> 九居自然数字之末,象征终末,同时又暗示起始,即为向另一层级转位。在显现之万物之数的末位,九开启了变化的各个阶段。它表达着周期的终末、行程的完结、环的闭合。①

这一满损循环的观念,[311]不正和《兄弟会传说》中,基利斯廷·罗森克鲁茨墓门上所宣告的"我将于120年后开启"的预示如出一辙?

① Jean Chevalier and Alain Geer Brant: *Dictionnaire des symboles, mythes, rves, coutumes, gestes, formes, figures, couleurs, nombers*, Paris, Robert Laffont, coll. "Bouquins", 1990, p. 665.

Ancient and Mystical Order

Rosae Crucis

I. The Imperator and Sovereign Pontiff R. C.

Hereby Grant to the Brothers and Sisters of

COPENHAGEN DANMARK

this

Charter

Empowering them to institute, maintain and conduct a REGULAR Lodge of the AMORC, to be known as

DANMARK GRAND LODGE

[illegible]

MASTER AND TERM OF OFFICE

SIGNATURE DATE SIGNATURE DATE

准予 AMORC 丹麦总会馆成立宪章,1920 年,AMORC 藏档。

第十九章　国际联盟

> 昨日收到来函,欣悉您将造访,接待您将会是我的荣幸,我会修士也将与您为伴。若您允许我提前知晓您的行程,我将为您安排参加我们最高衔级会议的季会。
>
> ——1928 年 7 月 12 日萨伏瓦致刘易斯信

[315]了解古老神秘玫瑰十字修会的起源后,我们要来探讨修会成立后所经历的重大事件,特别是那些见证了同一时代 AMORC 与其他启示团体关系的事件。

AMORC 起初的几年不仅像一切伟大计划那样显示出了高昂的激情,它也在努力将尝试变为现实。美国经历的经济大萧条是这一阶段最令人气馁之事。1917 年 4 月,美国卷入第一次世界大战。战争期间,一艘巨型德国远洋航船抛锚于纽约港,人们将之扣作战利品。这艘名叫最高统帅号(Imperator)的汉堡美洲航运公司的轮船引发了美国政府对 AMORC 的诸多莫须有的猜忌。头脑发热的政府官员猜想修会一定与德国人暗中接触,因为修会领导人的称号也叫“最高统帅”。在这种令人不快的误解的驱使下,政府搜查了修会的总部。最终,他们意识到自身的立场十分可笑,而作为这次事件的后果,一些重要文件由于政府干预行为而丢失,其中一份便是刘易斯在图卢兹所接受的《宣言》(*Pronunziamento*),[316]这一文件授予了他在美国创建玫瑰十字修会的权能。《宣言》是法国玫瑰十字会士、修会秘书齐玛雷托在 1916 年 10 月寄来的。

两年之后的 1918 年,AMORC 又遇上了一道难关,由于司库犯下不实之行,修会的财政状况变得困难。然而尽管障碍重重,修会成功的组织使其满足了越来越多男女会员的加入。1919 年 5 月,在修会成员、制造商里森纳(William Riesener)的帮助之下,组织的中心自纽约迁往旧金山。

当时许多公开发表的文章都能够证明,刘易斯经历了一段时期的低潮,甚至考虑过撤销所有管理机构。但这份犹疑并未持续很长时间,因为修会的壮大重新点燃了他的激情。AMORC 在世界其他地区开始了发展。1920 年 9 月,涂尔宁(Svend Turning,1894—1952)获许领导开设丹麦总会馆。丹麦首届玫瑰十字会议于 1920 年 9 月在哥本哈根弗里德里希斯贝区马里恩达尔斯维(Mariendalsvej,Frederiksberg district)的伊索尔圣殿(Isol Temple)召开。1921 年,印度科学院(Indian Academy Science)开设之后,在罗摩娑密(K. T. Ramasami)的领导下,印度也开展了玫瑰十字会运动。AMORC 同样也直接在墨西哥和爪哇(印度尼西亚)设会馆,还在英国设立了一处书记处。1921 年 5 月,《神秘三角》上刊登的一篇文章报道,居住在巴黎的成员要求修会在当地开设会馆,特别用于接待在法国中转的美国成员。1922 年,AMORC 在中国和俄罗斯也开设了会馆,荷兰成员普林茨 - 维塞尔(Mr. Prinz - Visser)在其中居功至伟,他曾在 AMORC 美国总部工作,后迁往中国(当时为“满洲”)的哈尔滨。[1] 而在这段时期中,最高统帅之子小刘易斯也加入修会成为会员。

鲁伊斯和 O. T. O.

刘易斯深知由于第一次世界大战,玫瑰十字会在欧洲的活动渐趋式微。[317]不过他可以肯定,一些成员在战乱中幸存了下来,毋庸置疑,正是出于这一原因,他尝试了多种途径重建作为全球范围

---

① 这是一个居住在哈尔滨的沙俄反共产主义逃亡者组建的重要社团。1926 年 11 月,共济会俄罗斯总会与中国总会合并。格里德涅夫(J. A. Gridneff)被任命为中国北方地区的大师傅,同时,卡夫卡(F. J. Kafka)领导着中国南方地区的活动。

实体组织的玫瑰十字会。1920年,刘易斯听说当年7月若干启示运动团体集结于瑞士苏黎世召开了一场会议,这是帕普斯于1908年所提出的想法的延续,会议议题是将不同传统的组织,结合为一个国际联盟。刘易斯从盐湖城(Salt Lake City)的一位共济会员汤姆森(Matthew McBlain Thomson)[①]处获知会议组织者之一鲁伊斯(Theodor Reuss,1885—1923,参见第十四章)的地址,当年12月28日他写信给鲁伊斯索要一份会议记录。接下去的六个月内刘易斯没有得到任何回音,直到次年,1921年6月19日,鲁伊斯来信告知刘易斯,事实上他已动念撤销苏黎世会议,因为汤姆森为他提供了一份赚大钱的差事。[②]

鲁伊斯是塞尔诺(Cerneau)共济会的孟斐斯-密斯兰礼仪与古老而公认之苏格兰礼仪修会的雅克尔的继承人,也是东方圣殿修会(Ordo Templis Orientis,O. T. O.)的首领,他尝试重新组织起这三大修会的国际活动。另一方面,人们针对鲁伊斯正统性的质疑声音与日俱增,[③]在苏黎世会议上遭受冷遇之后,鲁伊斯在刘易斯身上看到了将影响延伸至大西洋彼岸的契机。于是,正如我们在之前的章节

---

① 1919年7月,鲁伊斯为汤姆森颁发一张O. T. O. 证书,认证其为"统领大师傅将军及总统将军"。汤姆森是犹他国际共济会联盟的首领。在成功吸引诸如布里考德等人进入其组织后,他遇到了重大难题。1922年5月15日,他被盐湖城联邦法院判处邮电诈骗罪。他通过信件的方式出售共济会证书。有关此人,参 Isaac Blair Evans:*The Thomson Masonic Fraud, a Study in Clandenstine Masonry*, Salt Lake City, 1922。

② 布里考德杂志《天启年鉴》(*Les Annales initiatiques*)于1920年5月宣称苏黎世正筹办一场国际会议,将于当年7月17至19日举行,由苏格兰圣殿骑士行政总长和美国共济会联盟的统领大师傅将军汤姆森出任会议主席,会议目的是创建一个所有精神性共济会团体的实体,并建立全球共济会世界联盟。《天启年鉴》在其10月至12月的专栏中对该会议进行了总结。

③ "鲁伊斯事件"系列文章发表于共济会杂志《金合欢树》(*The Acacia*)1907年1月至6月号,文章涉及针对O. T. O. 首领出手高等共济会衔级的多项指控。

看到的,鲁伊斯宣称 O. T. O. 传统可追至 17 世纪的德国玫瑰十字会(参见第十四章)。他与刘易斯的通信中介绍称自己是一位玫瑰十字会士。[①] 最高统帅还没有意识到 O. T. O. 这一组织全部的本质,他相信了鲁伊斯,并至少在最初很短的几个月里也与他进行了合作。想来,刘易斯怎会质疑一位自称既为雅克尔继承者,又为帕普斯继承者之人的诚意呢?为巩固他们的联盟,鲁伊斯给了刘易斯一部宪章,授予其孟斐斯-密斯兰礼修会的第 33、第 90 和第 95 衔级,以及 O. T. O. 的第七衔级。档案中称,鲁伊斯使刘易斯成为“我们在瑞士、德国、奥地利的主权圣所的荣誉成员,[318]并代表了我们的主权:圣所与旧金山(加利福尼亚)*A*:. *M*:. *O*:. *R*:. *C*:. 之间的和睦之衡”。[②] 事实上,这只是一部荣誉宪章,因为刘易斯既没有加入孟斐斯-密斯兰礼修会,也没有加入 O. T. O. 。这份认证的目的是想让刘易斯成为 O. T. O. 在 AMORC 内的使节,有关的来往信件可以证实这一点。

TAWUC

刘易斯和鲁伊斯二人试图创立一个涵括全世界玫瑰十字会运动的机构,于是在 1921 年的 9 月,全球 AMORC 理事会,即 TAWUC(The AMORC World Universal Council)应运而生。然而,刘易斯似乎对于鲁伊斯还有所保留。他在 AMORC 的期刊上发表的有关新机构的文章中提到他的合伙人的只有寥寥几次。而且,两人的通信表明,直到确定鲁伊斯不再与克劳利接触之后,刘易斯才做出了明

---

① 刘易斯和鲁伊斯自 1920 年 12 月 20 日至 1922 年 6 月 12 日的通信见于 AMORC 档案。其中有 14 封鲁伊斯寄给刘易斯的信,和 8 封刘易斯寄给鲁伊斯的信。

② 该宪章的相片已有发表,*Rosicrucian Digest*, vol. 11, no. 10, Nov. 1933, p. 396。

确的表态。[①] 日后可知,刘易斯的疑心有所因由,因为不久后便可明显看出,他的合伙人与他有着不同的目标。鲁伊斯希望在TAWUC宪章的组织根本目标之中加入一条“传播圣化的灵知(gnostique)宗教,设立精神引导以及经济政治学、社会经济学出版的机构”,最高统帅对此相当警惕,他拒绝了这一请求。鲁伊斯随即提议在他将要在瑞士主持的一场会议上对宪章内容进行探讨。

从这一刻开始,美国与欧洲的合作分崩离析,刘易斯也开始辨识出他的通信人的真正意图。他意识到自己太快就做出了表态,并试图施以缓兵之计。鲁伊斯察觉到了刘易斯的抗拒,他开始制订新的提案,[319]他建议安排一场美国与德国玫瑰十字会士之间的会晤,并把它作为巴伐利亚小镇上阿默高(Oberammergau)之旅的一个环节,该镇自1634年起就因为镇上的耶稣受难表演而闻名遐迩。这位O. T. O. 的领导者实际上受雇于一家组织此类活动的事务所,而他希望最高统帅,在500名成员的陪同下,出席1922年5月的这次活动。刘易斯看穿了他只是想利用AMORC来赚钱,便从此与之裂席。1921年9月起,刘易斯不再回复鲁伊斯的任何来信,除了1922年的5月20日,那是最后一封信,两人的联系没有任何实际成果。无人过问TAWUC计划,它仅仅能够刺激一些历史学家的想象,让他们写出一些容易产生误导的文章。鲁伊斯很快归于寂静。在“去往永恒东方”的途中,鲁伊斯于1923年10月28日在慕尼黑

---

① 鲁伊斯在1921年9月12日的信中宣称他在O. T. O. 一事上已与克劳利断绝联系,并表示他和琼斯(Charles Stanfeld Jones,亦名阿察德,Achad)也切断了往来。此前,他曾于1921年5月10日为琼斯颁发证书以取代汤姆森做美国O. T. O. 的首领。刘易斯对克劳利毫无同情,他自1916年10月起便对他严词批评,斥其为“黑魔法师”。他说克劳利是冒名诈骗犯,并称他与AMORC没有任何关系,他还指出克劳利绝非玫瑰十字会士的隐秘首领,尽管他企图使别人相信。(“Some books not recommended, the Imperator reviews a few books” in The *American Rosae Crucis*, vol. 1, no. 10, Oct. 1916, pp. 22–23.)

去世。[1]

法国的玫瑰十字会

刘易斯为他的儿子小刘易斯越来越多地参与修会活动而感到高兴。小刘易斯于 1924 年当选为 AMORC 的最高秘书。另一方面，机构的发展再次面临需求，这一次他们会在佛罗里达的坦帕建立总部。

最高统帅的弟弟厄尔（Earle R. Lewis）是纽约大都会歌剧公司的财务员，1925 年内，他与雅盖（Maurice Jacquet，1886—1954）结为熟识。这位法国钢琴演奏家、指挥家和作曲家曾与其妻，著名竖琴演奏家阿玛卢 - 雅盖（Andrée Amalou - Jacquet）在美国共住过一段时间。[2] 雅盖乐意别人称呼他为米塞利尼公爵，他在纽约马克西姆剧院办音乐会。另外，这位音乐家也是一位共济会成员，并对玫瑰十字会运动十分感兴趣。[3] 因此，厄尔感到也许可以让雅盖和他的

---

① 这次的厄运想必也给刘易斯提了个醒，让他更为谨慎。然而刘易斯于此后的 1930 年在鲁伊斯的继承人之一特兰克尔身上又吃了一次相同的亏。特兰克尔所经营的泛智学院（Collegium Pansophicum）与海因德尔的修会素有不和。1927 年 4 月，佛尔拉特博士（Dr. Hugo Vollrath）为德国代表海因德尔，被指控对特兰克尔进行诽谤。

② 这位喜歌剧作曲家罕有人提及。他的作品有：《士兵》（*Le Poilu*）、《小打字员》（*La Petite Dactylo*）、《红桃 A》（*L'As de Coeur*）、《帕比隆》（*S. A. Papillon*）、《美扫达》（*Messaouda*）和《罗曼尼察》（*Romanitza*）。艺术学院秘书处任命他担任巴黎喜歌剧院出品的盛大节日的工作。他与热米埃在音乐宫（Odéon）共事了六个月。他获得了执导“夏洛特（Shylock，《威尼斯商人》角色）”的机会，拉博（H. Rabaud）负责该剧的音乐。

③ 雅盖于 1911 年 1 月 31 日受引进入巴黎的全球钦慕者（Les Admirateurs de l'univers）会馆。1913 年，他又称为了真诚雷南会（Earnest Renan）的一员。音乐宫剧院总监热米埃领导会馆期间，他成了该会的二级监视者（Deuxième Surveillant）。其成员有勒贝和茅普利。作为玫瑰十字等级成员，雅盖也拜访过全力分会。

哥哥碰面。最高统帅要在1925年11月到纽约出席一场会议，他借此时机约见雅盖。然而，雅盖在11月21日写信告知刘易斯，[320]他不得不在芝加哥举办音乐会，不过，雅盖在信末表示道："我是一位玫瑰十字会士。"①

尽管如此，二人最后还是见了面，雅盖迫切地表达了自己对于AMORC的热情。1926年中，雅盖邀请最高统帅与法国共济会的最高领导层进行接触，他的主要目的是要与茅普利（André Mauprey）结识，茅普利是戏剧作家，第33等级共济会成员，且为热米埃（Firmin Gémier）领导的全力分会（L'Effort dirigé）的成员。我们此后会发现，茅普利在AMORC的法国发展历程之中起到了重要的作用。

雅盖的愿望马上就要实现了，因为刘易斯正计划前往欧洲，他要去弄清一件奇怪的事情。他在1926年1月十分诡异地收到了一封鲁伊斯发出的来自瑞士巴塞尔的邀请函，可鲁伊斯在1923年就已经去世了。这次旅行也让刘易斯有缘得见AMORC的法国成员，他们无疑正筹备在法国发展修会。1926年5月起，得益于一位祖籍蒙特利尔的玫瑰十字会士卡拉翰（John Callaghan），最高统帅与法国炼金学会主席卡斯蒂洛取得了联系，卡斯蒂洛自1920年起便创办了一份讨论炼金术的刊物《玫瑰十字》（*Le Rose - Croix*）。当年5月底，卡斯蒂洛即成为AMORC的荣誉成员。②

法国之旅：1926

1926年8月11日，刘易斯一到达法国，便见到了玛莱尔贝先生

---

① 有文章将雅盖称为"法国玫瑰十字会士"：*The Mystic Triangle*：Feb. 1926, p. 16；"Brief Biographies of Prominent Rosicrucians by Fra Fidelis - no. 3：H. Maurice Jacquet", Aug. 1926, pp. 133 - 135, and in Oct. 1926, pp. 174 - 176。雅盖与刘易斯的所有通信都能在AMORC档案之中找到。

② 若利维-卡斯蒂洛在1926年5月28日的信中感谢了刘易斯对他冠以的荣誉。

和夫人(Monsieur and Madame Malherbe),此二位和莱维(Charles Lévy)一样是修会成员,而莱维此后则成了AMORC法国北部的总秘书。刘易斯还见了热米埃和萨伏瓦(Camille Savoire,1869—1951),其中,萨伏瓦是法国共济会最高领导层成员之一。他也是高级礼仪学院(Grand College of Rites)的总负责人,他正在尝试重启共济会玫瑰十字衔级的活动。他激动于让人凝聚的一切事物,[321]他对玫瑰十字会运动感兴趣,对于AMORC也显示出了别样的热情。他们在此次讨论后不久,又于该年9月举行了更为正式的会晤。也正是在这时,刘易斯在跟进活动的同时稍稍周游了这个国家。他前往图卢兹并在此见到了达尔美拉克(Ernest Dalmayrac),一位百科全书会馆(Loge L'Encyclopédique)玫瑰十字分会(chapitre Rose - Croix)的成员。[1] 我们可以在最高统帅的一个相册里看到这座位于图卢兹的房屋,相片有如下描述:*图卢兹的R:. C:. 总会*。

勒贝与国际联盟

刘易斯的一份旅行记录表明,有人引导他出席了图卢兹的一场神秘的机要会议。[2] 他在这座城市的活动究竟为何?这难以道明。正如他一贯所做,他把个人神秘经历和客观事实混杂在同一种叙述之中,用以遮盖确切意义。然而,他确实有可能参加了在图卢兹举行的一场聚集了不同背景的受启示者的会议。在某种天启的普世主义思想之下,他经常趋向于将玫瑰十字衔级的共济会成员,以及有着同样的兄弟情谊与和平理想的人们和他自己一样称作玫瑰十

---

① 达尔美拉克住在百合花路(Rue des Lys)3号。百科全书会馆是图卢兹最早的共济会馆之一,详参 *Deux siècle d'histoire de la R:. L:. L'Encyclopédique* (1787—1987)。这是由该会馆出版的一本纪念作品。

② 数篇文章对此会议作了描写,参"Our trop through Europe", revue *The Mystic Triangle*, d'octobre à décembre, 1926。

字会士。刘易斯留下的信息之中有一条揭示了此事。事实上,他指出图卢兹机要会议与会者中很大一部分都出席了第二周举行的国际联盟(Sociétédes Nationsabbr. S. D. N. /League of Nations,即国联)会议开幕式。① 国联是一个位于日内瓦的全球性组织,它是当今世界联合国的前身,该组织于第一次世界大战后即刻成立,它的作用是监督国家间的和平维系,并防止恐怖重演。最高统帅所言及的那次会议很有可能就是一场预备会议,它于 1926 年 8 月 26 日,日内瓦国联大会开幕前一周,在图卢兹的会馆中召开。事实上,在刘易斯法国之旅所遇到的诸多人物之中,[322]我们应当特别提到勒贝(André Lebey,1877—1938),②他是高等礼仪学院(Grand Orateur)的总讲师,也是国联在法国的倡导者之一。③

刘易斯参加了在图卢兹召开的筹备会议,我们也可以设想,他既然去了日内瓦,他一定也参加了国联领导人举办的会议。针对这一观点的反对者的批评,我们发现,在此后一封寄给美国驻日内瓦领事的信中,刘易斯指出玫瑰十字会和共济会的国际会议于 1926 年在日内瓦召开,与国联的秋季会议处在同时,他还表明自己曾参加过国联的其中一场会议。

---

① *Ibid.* ,décembre 1926,pp. 214 - 215.

② 勒贝在信件中用"耶拜尔(Yebel)"为笔名,他也是 1917 年至 1919 年塞纳 - 瓦兹省(Seine - et - Oise)的代表(议会成员)。勒贝身为巴黎大东方会馆的总讲师,是国际共济会联盟(Alliance Maçonnique International,AMI)的重要成员,该联盟在一场在国联和他的共济会信从者之间建立联系的共济会全体会议举行后,于 1921 年在日内瓦成立。有关这位人道主义者的传记可参 Denis Lefebvre:*André Lebey:Intellectual and Freemason of the IIIth Republic*,Paris,EDIMAF,1999。

③ 有关国联与共济会的关联,参 Georges Ollivier,"La Société des Nations",*Revue international des société secrètes*,no. 6,15 mars 1936,pp. 177 - 185. 该文报道了 1916 年 6 月 28 至 30 日在卡戴路(Rue Cadet)召开的一场会议上勒贝为国联所进行的调解。这场会议吸引了比利时、意大利、西班牙、阿根廷以及法国的共济会组织。

巴黎大东方社的接待

访问图卢兹之后,9 月初,刘易斯在尼斯稍作停留,并见到了茅普利,茅普利邀请刘易斯在他位于儒昂海湾(Golfe - Juan)的庄园中暂住几日。茅普利是欧洲戏剧学会的委员,他们共同讨论了 AMORC 和该会的合作可能。两会之间有着很强的亲缘关系,茅普利于是成了 AMORC 的法国使节。

刘易斯回到巴黎,萨伏瓦邀请他参加 9 月 20 日在法国大东方社第一圣殿举行的特别会议。这一典礼以总分会(Grand Chapter)盛装举行,这是为第 18 级亦即玫瑰十字衔级持有者所保留的仪式。身为学院总负责人,萨伏瓦领导会议职能。同时出席的还有总讲师勒贝和代表图卢兹百科全书会馆的达尔美拉克。《大东方社公告》(*Bulletin of the Grand Orient*)指出,会议期间,

> T:. Ill:. F:斯宾塞 · 刘易斯,第 33 等级会员,美国坦帕(佛罗里达)R:. C:. 之最高统帅,由其衔级,总分会为其授予荣誉。总负责人以高尚的话语欢迎,并热情接待了他,他感谢他的来访,并邀请他入席于东,通过在此处列席,[323]他将因使联盟所有分会代表统一的重要契机而光荣。

法国玫瑰十字会运动的开展

回美国前,刘易斯继续着他的欧洲访问。他造访巴塞尔的结果又如何呢? 他并未明说,不过他似乎是遇到了鲁伊斯的继任者,因为 1930 年,特兰克尔(Heinrich Tränker)再度实行起了他们共同构想的计划。这次同样陷入僵局后无果。

最高统帅回到坦帕,他与萨伏瓦依然保持联络,因为萨伏瓦表

达了以个人身份参与 AMORC 法国发展事业的愿望。[1] 然而，在 1928 年 7 月 12 日的一封信中，刘易斯提到萨伏瓦英语太差，要成为一名有益的合伙人恐怕有难度。

刘易斯似乎并不怎么有意于在法国共济会的中心处发展玫瑰十字会运动。有关这一点，雅盖对法国大东方社所渴求的“欧罗巴共济会信仰”表示同意和遗憾。尽管一些共济会员成为 AMORC 的成员，在法国创立的玫瑰十字会先锋团体仍是在共济会系统之外的。首个玫瑰十字会团体出现在巴黎，由莱维领导，第二个则出现在尼斯，由茅普利领导。尼斯的团体中有两位人物本身就相当杰出，他们是勒布伦（Dr Clément LeBrun，1863—1937）和格吕特（Dr Hans Grüter，1874—1953）。此二人在以后的日子里都会接到特别的使命。1933 年 11 月，刘易斯建议勒布伦继任已逝的迪恩（Charles Dana Dean）成为美国 AMORC 的大师傅。尽管已是七旬高龄，勒布伦还是离开了尼斯迁往圣何塞承担这一职责，直到 1937 年去世。格吕特则成了法国 AMORC 的大师傅。[2] 他的助手古埃斯东（Jeanne Guesdon，1884—1955）[324] 能说一口地道的英语，她于 1926 年居古巴时加入了修会。她在 1930 年永久地回到了法国，并成为一名不可多得的助手。尽管只有书记头衔，她却是法国 AMORC 的实际掌管者。

---

① 1926 年 11 月 22 日，萨伏瓦致信刘易斯：“我首先要对您作为主席封授我为玫瑰十字兄弟会名誉会员这一巨大荣誉表示感谢。我将尽我所能汲取必要的知识和资质，去完成这一头衔所驱迫的使命。”该信件见于 AMORC 档案，与诸位上文提及的共济会成员的信件在一起，其中包括古奥（Gabriel Gouaux）的信，法国大东方社第 33 等级成员兼秘书，还有波里（Francis Borrey）的信。

② 格吕特有略传刊于杂志，它由两部分组成：H. Jaccottet，“Le Dr. Hans Grüter，Grand Maître rosicrucien”，revue *Rose – Croix*，nos. 38 & 39，juin et septembre 1961，pp. 24 – 28 et 19 – 22。这位来自尼斯的牙医于 1930 年 5 月，由其友勒布伦助力而成为玫瑰十字会士，勒布伦此前也刚成为会士不久。格吕特也是一位第 31 等级的共济会成员，也是一名马丁派成员。

瑞里希和国际议会

1927 年 11 月，AMORC 离开了佛罗里达的坦帕，在加州的圣何塞建立总部，玫瑰十字园也自此登上历史舞台，这是一座全为古埃及风格的园林。1930 年，一座埃及博物馆在园内建成。该博物馆通过了国际博物馆议会（ICOM）和开罗埃及国家博物馆认证，大量人群为之吸引，前来参观，并且，它至今仍是美国西海岸同类型博物馆之最。1999 年 1 月，博物馆组织了一次大型展览“尼罗河女人”，美国主要电视媒体都对之作了相关报道。

20 世纪 30 年代初，AMORC 在全球范围内的成长昭示着它必须组建一个国际最高议会，这个世界议会要由世界各地修会的领导者组成，其中包括法国、丹麦、荷兰、加拿大、波多黎各、玻利维亚、澳大利亚、瑞典、英国、中国和卢森堡等国。议会成员中，一位俄罗斯画家瑞里希（Nicholas Roerich，1874—1947）赫然在列。从 1929 至 1940 年他与最高统帅之间的通信来看，他似乎是在 1929 年成为修会一员的，当时他获得了诺贝尔和平奖的提名。① 刘易斯本人则说，他是在 1929 年 10 月 17 日组约瑞里希博物馆落成仪式上结识瑞里希的。

瑞里希受任为使节，他接受了 AMORC 的一些使命。1934 年，他受美国政府委托，领导了一次横跨中国和蒙古的考察，探索

---

① 瑞里希与其妻艾莲娜（Elena）似自一战期间起便成了神智学社俄罗斯分会成员。艾莲娜曾将《隐秘教说》译为俄文。1920 年左右，瑞里希创立了首个阿格尼瑜伽（Agni Yoga）研究小组，这是一场“同化一切时代的哲学和宗教教说，并由此编写生存伦理符码的运动”。相对于禁欲主义，它更倡导行动的瑜伽。尽管瑞里希是隶属不同团体的成员，他具备自己的独立精神。他通往启示的道路写在了 1916 年至 1921 年四轮诗歌之中，并以“铭文”（*Pismena*）之名出版。

可以对抗美洲草原荒漠化的植物,[325]他在哈尔滨时驻足与几位玫瑰十字会同胞见了面。1934年11月18日和24日的《哈尔滨时报》(*Harbin Times*)报道了他的活动。其中一篇的题名为"瑞里希:伟大白色兄弟会——AMORC的使节"(*Nicholas Roerich - legate for the Great White Brotherhood - AMORC*),该文副标题为"学者瑞里希不为人知的真面目"(*The true face of the academic N. Roerich unveiled*)。有人怀疑他是被美国政府收买的共济会员。一些记者将瑞里希设计的和平旗帜(战时用以保护文化遗产的一种特殊旗帜)上装点的三个圆圈视作共济会的三要素。瑞里希则在同样的报刊做出反驳,他说自己是一位玫瑰十字会士,该会与共济会和政治无涉。尽管如此,这些报道以无可否认的方式表明瑞里希积极参与玫瑰十字会运动,就这点来说,它们依然值得关注。

波莱尔兄弟会

虽然AMORC的发展较为内向和独立,但他一直与内传学说界的人物保持着联络。1930年9月,刘易斯与波莱尔兄弟会(Polaires)的首领阿克玛尼(Cesare Accomani)亦即波提瓦(Zam Bhotiva)取得了联系。这一怪异的组织宣称受到"神秘东方之玫瑰十字启示中心"的指引。"中心"给了他们重建波莱尔兄弟会的使命,其目的是为在玫瑰与十字的记号下的灵之到来做预备工作。波莱尔人士认为时间将近,"火焰的责棍"将会打击地上的一些国家,而在此后一切都亟需重建,人们的自私、对黄金的渴望都将被摧毁。[1] 为证明这一宣告,他们使用"星辰力之神谕",使自己能与他们断言位

---

① 参 *Bulletin of the Polaires*, no. 1, 9th May 1930, p. 3. 更多有关该运动请参 Pierre Geyraud, *Les Société secrètes de Paris*, Émile - Paulefrères, Paris, 1938, pp. 56 - 66。

于喜马拉雅山的玫瑰十字中心直接沟通。[①] 他们在1908年获得了这门技术,其传授者为儒利恩神父(Le père Julien),罗马周边的一位隐修士。1929年起,神谕所发出的消息促使波提瓦建立一个团体,并命其名为“波莱尔”,意指圣山,原初传统中心象征之地。[326]该会首次会晤地点在巴黎黎塞留路(Rue Richelieu)的一家报社内。取自神谕的信息常把人逼进死胡同:1932年3月,波提瓦在经历了一次对蒙塞居尔(Montségur)的徒劳探寻之后,心灰意冷地离开了修会。马丁修会及共治会(l’Ordre martiniste et synarchique)的大师傅布兰莎取代了他的位置。

不知是否真是众望所归,波莱尔兄弟会起到了非常重要的作用,因为大部分法国奥秘学者,如盖农、玛格蕾(Maurice Magre)、沙伯苏、迪伏瓦(Fernand Divoire)、马奇斯－里维埃(Jean Marquès－Rivière)甚至坎塞里耶(Eugène Canseliet)全都出席了他们的会晤。因而该修会成了全球启示修会团体领导联盟(Federatio Universalis Dirigens Ordines Societatesque Initiationis),也就是通称的FUDOSI之中最主要的团体之一。

FUDOSI

第二次世界大战之前的几年,内传组织界处在巨大的迷茫之中。事实上,欧美地区有相当一部分运动团体盗用传统启示修会的符号、名称和仪式。此类事件引起了一些人的重视,其中包括开创比利时玫瑰十字会运动的丹汀(Émile Dantinne,1884—1969),他在1923年创立的玫瑰十字大学修会(l’Ordre de la Rose－Croix universitaire),又于1927年启动的第四最伟大的神秘赫耳墨斯修会(Or-

---

① 它与一种基于数学的占卜实践相关,参 Zam Bhotiva,“*Asia Mysteriosa, l’oracle de la Force astrale comme moyen de communication avec les Petites Lumières d’Orient*”,Paris,Dorbon－Aîné,1929. 盖农有一段时期对这种神谕非常痴迷。之后,他离开了波莱尔兄弟会,因为他认为这种喜马拉雅启示传递的信息根本渺小且卑微(参其作:*Le Voile d’Isis*,février 1931)。

dre hermétiste tétramégiste et mystique, O∴H∴T∴M∴)。[①] 佩拉丹1918年去世之后，丹汀自诩为其弟子。然而他宣称他的启示源流并非来自萨尔，而是来自“星辰(astrale)”玫瑰十字会。这些修会的哲学、仪式以及教说非常接近启蒙运动魔法。在此意义上，他就已经远离了拒绝此类实践的佩拉丹。

比利时的玫瑰十字会人士面临着海因德尔、施泰纳等人的追随者以及神智学者们的批评。这些声音大多来自马丁派人士和孟斐斯-密斯兰礼修会的成员。尽管最初受布里考德(Jean Bricaud)的主权圣所领导，[327]1933年以后，比利时玫瑰十字会渐渐独立。独立之后，他们试图和一个具有国际立场的组织产生联系，此时，维特曼斯方才与美国玫瑰十字会有所接触，于是在他的提议之下，丹汀的一位亲密的助手马林格尔(Jean Mallinger)在1933年1月11日致信刘易斯：

> 若能加入由您担任指导者和引路人的非凡之玫瑰十字修会，我们将会感到非常荣幸……能与AMORC活动进行合作，我们也会十分高兴。

此次接触过后，FUDOSI诞生了。这一结社的目的是将一切启示学会与修会联合起来，以保护它们免受当时出现的诸多非传统启示团体的干扰。其成立之后的1933年到1951年期间，它容纳了AMORC、玫瑰十字大学(Rose-Croix Universitaire)、四倍伟大者神秘赫耳墨斯修会、波莱尔兄弟会、共治主义马丁修会(Ordre martiniste synarchique)、传统派马丁修会(Ordremartiniste traditionnel)、卢森堡共治联合会(Union synarchique de Pologne)、玫瑰十字卡巴拉修会、统一诺斯替教会(Église gnostique universelle)、圣殿骑士研习社

---

① 我们在此使用该团体最常用的名字。最初丹汀创立该修会使用的名字是第三最伟大的赫耳墨斯修会，循此马林格尔创立了第四最伟大的赫耳墨斯修会，又称为第四最伟大暨神秘之赫耳墨斯修会，或毕达哥拉斯修会。

(Société d'études et de recherches templières)、十字花福音军团、百合雄鹰修会(Ordre du Lys et de l'Aigle)以及未名撒玛黎雅人修会(Ordre desSamaritains inconnus)等不同团体。共济会孟斐斯－密斯兰礼修会也曾加入过一段时间。①

FUDOSI 三角

FUDOSI 总部坐落于布鲁塞尔,由三巨头鼎立领导,他们是刘易斯、丹汀和布兰莎。他们每个人都代表了玫瑰十字会运动的一大分支:其一为美国(古老神秘玫瑰十字修会),其二为欧洲(玫瑰十字大学),其三为东方(波莱尔兄弟会)。[328] FUDOSI 内部,三人还具有天启之名,分别为萨尔阿尔登(Sâr Alden,刘易斯)、萨尔希洛尼莫斯(Sâr Hieronymus,丹汀)和萨尔耶希尔(Sâr Yésir,布兰莎)。联盟的首届集会于 1934 年 8 月在布鲁塞尔召开。刘易斯自 1934 年起为该团体积极活动,直至 1939 年去世。

尽管理想崇高,FUDOSI 的规划则太过乌托邦。首先,一些新近的比利时启示团体的根本目的是利用联盟,尝试以自己的想法掌管内传世界。比利时的运动是由马林格尔而非丹汀掌管的,联盟由如此多的不同修会组成,每一个都拥有不同的方式与哲学,然而他的性格与团体很不合拍。且此时,紧张的气氛笼罩欧洲,并最终令世界一端陷入了可怕的战争。据小刘易斯说,FUDOSI 的一位官员通过耍花招为自己取得了令他不可接受的位置,而此人一开始就强硬地宣称联盟内的所有修会团体须顺从他的个人观点,并以此作为自身发展及运作的方法。更为糟糕的是,此人对 AMORC 接纳黑人成员的情况表达了不满。② 尽管小刘易斯并未点明这些可耻见解是何人所发表,但我们很容易就能设想得到,这些言论来自马林格尔或丹汀本人。事实

---

① 他们并非同时都是成员。

② "What is the FUDOSI?" Rose－Croix, no. 128, hiver1983, p. 4.

上，由萨巴(Lucien Sabah)所公布的档案早已表明此二人抱有极端种族主义思想，他们支持"犹太－共济会"阴谋说，并将之与法国的维希政府一同视若圭臬。① 可以预见，这一态度遭到了 FUDOSI 成员们的强烈谴责。相应的，我们同样可以指出，刘易斯对于种族的观点一直以来都毫无瑕疵，在他眼里，种族没有高等卑劣之分。他在 1930 年出版的作品《灵魂大厦》(*Mansions of the Soul*)中说：

> 所有受造者的共同祖先缔造了全人类皆为兄弟姐妹的事实，他们来自同一创造者以及同一本质，具有同样的生命力和思维意识，与任何种族、信仰、[329]肤色以及其他人种区别之问题无关。②

在另一段文字中他又指出，

> 个人而言，我对那些所谓"黑人"种群怀有同情，因为他们所经历的一切苦难，正如犹太人在基督纪元最初的日子里，由于人们的偏见、狭隘和无知，承受着失去国土、失去归属和失去地位之痛。③

尽管如此，我们依然可以大体认为，FUDOSI 基本还是由高尚之人组成，他们热衷于兄弟情谊和精神品性，有着与刘易斯相当的度量和人道主义精神。另一方面，美国人的新颖、先锋态度，有的时候也冲击到了安于其传统的欧洲人。

FUDOSI 的工作在 1939 年到 1945 年之间由于战争而中断，到

---

① Lucien Sabah, *Une Police politique de Vichy: Le service des société secrètes*, Paris, Klincksieck, 1996, pp. 456 – 458.

② 选自《灵魂大厦》。

③ 选自："The Coloured Race", *Rosicrucian Forum*, octobre 1932, p. 61。在这本杂志中我们还能读到刘易斯有关该话题的其他文章："About My Jewish Attitude", février 1938, pp. 118 – 119; "The Karma of Jews", avril 1938, pp. 141 – 142; "The Aryan Supremacy", août 1939, pp. 24 – 25。

1946年才重新继续。小刘易斯出席了中断前的最后一次会议,其父于1939年8月2日与世长辞。尔后,小刘易斯继续为联盟效力,尽管马林格尔和他暗中对立。[①] 不过,外部条件一去不返。事实上,FUDOSI的成员修会取得了防止受到剽窃侵害的认证,联盟团体再无继续运行的绝对理由。因此,1951年8月14日,FUDOSI的成员决定中止联盟活动。

随着刘易斯的去世,玫瑰十字会运动历史翻开了新的一页,即便不谈他在AMORC的建立起到的巨大作用,以及他对内传学说界所产生的影响,他至少也是一位不拘一格的人物。我们应当铭记,他在美国西海岸创办了第一所天文馆和第一所埃及博物馆。早先若干年,他也是纽约设立个人广播电台的第一人,他的广播电台很大程度上专注于文化与哲学本质的节目。对于这点还应当补充,他绘制了大量内传与象征主题的画作,其中一些享有国家级赞誉。在他的一生中,他也是许多社团和慈善机构的成员,并以其人道主义精神为众人认可。[330]和所有非凡之人一样,他难免要遭受批评与中伤,[②]但他心怀伟大的热情和信念,毕其一生服务于玫瑰十字会的理想,玫瑰十字会的遗产之中包含着他的巨大贡献。

---

① 格吕特于1950年7月在马林格尔的影响之下,签署了一份批评刘易斯的文件,那时候他在一场大病后几乎失明。

② 在这些批评者中我们可举克莱默(Reuben Swinburne Clymer,1878—1966)为例,此人生命的一部分便是批评和恶意揶揄AMORC。他创造发明了FUDOSFI作为FUDOSI的替代品,FUDOSFI有着谢维龙(Constant Chevillon)等若干奥秘学者。谢维龙写了几部关于玫瑰十字会运动的著作。他伪装成颇具争议的兰道尔夫的继行者(参 John Patrick Deveney, *Pascal Beverly Randolph – A Nineteenth Century Black American Spiritualist, Rosicrucian and Sex Magician*, New York, SUNY Press, 1997, pp. 140 – 143)。他在1904年任自然与神圣科学国际学院的总监,该学院函授医学课程,其中包括"长生不老药""生命之水"和"生物原生质"(参 *American Medical Association Journal*, vol. 81, no. 24, 15th décembre 1923)。他曾数次因诈骗被起诉,他以生命之火的哲人的身份兜售医学文凭。克莱默本人则是从芝加哥独立医学院处买的医学文凭,这所学院专务文凭售卖。

巴黎玫瑰十字会馆

第二十章 当代

以古老的智慧面对新的时代。

[337]时间来到第二次世界大战之后，新任最高统帅小刘易斯再次组织起了 AMORC 的活动。在他的领导之下，AMORC 在世界大部分地区建有总会馆和分会馆，同时，他依照父亲的遗愿继续修订针对成员的教说。与此同时，他还写了非常多有关内传论和哲学的文章，以及两本巨著《己之圣所》(*The Sanctuary of Self*,1948)和《现代神秘文选》(*Essays of a Modern Mystic*,1962)。在他任期内，他周游世界，与各地修会成员和领导人见面，特别是在玫瑰十字世界大会(Rosicrucian Conventions)上。1987 年 1 月 12 日，在为修会服务 48 年后，小刘易斯与世长辞。他作为一个知书达理之人、富于灵感的哲人和伟大的人道主义者为世人所铭记。①

1987 年 1 月 23 日，小刘易斯去世之际，斯图亚特(Gary Stewart)被选为最高统帅。然而他不久后声明他尚未准备好承担起领导修会的任务，在一系列重大失误后，1990 年 4 月 12 日，大师傅全体通过，革除了他的地位和职责。他们又一致选举贝尔纳德(Christian Bernard)取代他的位置，这位当时的法语辖区大师傅将为世界范围内的修会尽职尽责。[338]在辖区服务 20 年后，他开始为整个世界贡献力量。在他的领导之下，修会团体更为国际化，而修会教说也得到了更进一步修订，以期符合人们不断变化着的态度与认知。

---

① 小刘易斯去世之际，《玫瑰十字》(*Rose - Croix*)杂志围绕这位杰出人物的一生和他的感悟刊登了大量特刊文章(n°145,prin - temps 1988)。

AMORC 教说

本书根本上为专门讲述玫瑰十字会运动的历史,故而无法再用更多篇幅深入有关 AMORC 教说的细节,我们只能指出,这部分内容在专论修会成员和十二等衔级的文字中有所表现。广义上说来,这些文章研究的主题同样是原初神秘传统,包括宇宙起源、时空之本质、事物法则、生命与意识、人类灵魂本质及其精神演进、死亡的神秘、死后生活与转世轮回、传统象征主义、数字科学等等。人们在这些研究领域添加了实验操作,用以掌握此类关键神秘技术,如心理创造(mental creation)、冥想、祈祷和精神炼金术。

AMORC 赞赏意识的自由,其教说特征绝非教条式的,也不带门户之见。它们是作为思考和冥想的基础而传授给成员的,其目的在于帮助成员精神展开的同时传播传统知识。在这个意义上,启示道路的终极目标就是到达玫瑰十字(Rose Cross)的境界。在这点上,"玫瑰十字会士(Rosicrucian)"和"玫瑰十字"两词的区分就非常重要,因为在 AMORC 看来,二者含义并不相同。事实上,[339]玫瑰十字会士指的是研习修会教义与哲学之人,而玫瑰十字描述的是完成了上述研习,并在判断与行为贤明的层面臻于完美之人。所有的玫瑰十字会士所冀求的正是这一智慧层面。

AMORC 在传授其成员成文教说的同时,还延续着一种口传传统,需进入修会会馆才能得闻。尽管它出现在诸如此类(所谓的)附属机构,然而并不强制执行,它强调修会仪式层面的重要性,并提供集体作业的环境,在这个意义上,它对玫瑰十字会士的发展形成了有益的补充。还应当说明,正是在这些会馆中,人们以最为传统的形式授予 AMORC 的入会仪式。也许有人会说,这些入会仪式为玫瑰十字会的使命画龙点睛。

还有必要提到 AMORC 自从 20 世纪初便开始在全世界范围内经营自己的大学"国际玫瑰十字大学(International Rosicrucian

University,RCUI)”。这所大学主要由精通专门知识领域的玫瑰十字会士组成,它为各门各类学科领域的研究的开展提供环境,其中有天文学、生态学、埃及学、计算机科学、医学、音乐、心理学、物理科学以及内传论传统。作为总则,该校研究的成果仅在修会成员中交流,不过RCUI也举办面向公众的学术会议和研讨课。玫瑰十字修会AMORC同样出版书籍,他们努力将其知识向更广泛的大众推广。

世界范围的AMORC

今日,玫瑰十字修会AMORC可见于世界各地,它由20大辖区组成,这些辖区按传统称为总会馆或管理局。大部分辖区覆盖说同一种语言的国家,而不拘于其国境。所有辖区都隶属于承载传统“最高总会”之名的更高机构。作为一个团体,修会由最高议会所领导,最高议会则由最高统帅以及所有国际修会大师傅组成,[340]其每个职位都由选举产生,并有五年的连任任期。议会进行常规会晤,以评估修会在辖区范围以及在国际范围内的活动。所有大师傅享有相同特权,没有一个总会馆可行使高于其他总会馆的支配权。

当代玫瑰十字文献

AMORC的格言是:“以最严格的独立性达到最伟大的宽容。”然而,与此格言相一致,当修会独立于一切宗教及政治体系,它在核心思想上便有了一种对于世界精神演进的思虑。出于这一原因,修会发布了一份题为“玫瑰十字兄弟会的立场”(*Positio Fraternitatis Rosae Crucis*)的宣言,从人道层面上陈述了它的立场。该文所署日期为2001年3月21日,由最高统帅贝尔纳德于2001年8月4日在瑞典哥腾堡(Gothenburg)的一场玫瑰十字会世界会议公布。该宣言同时以20种语言公布,在玫瑰十字会历史之中具有重要的意义。前三份玫瑰十字会宣言主要面向知识界、政界及宗教精英,而这部被人视为第四份宣言的《立场》却面向更广泛的人民大众。它向全世界一切探索人类命运及其未来的意义的人们发出呼吁。

AMORC在文章序言部分说明了《立场》发布的背后动因:

> 历史循环往复,它时常重演相同之事,只是通常将之放大。因而,前三份玫瑰十字会宣言出版将届四个世纪,我们看到全世界,特别是欧洲,正面对着前所未有的生存危机,它渗透于所有活动领域:政治、经济、科学、技术、宗教、道德、艺术等等。而且,我们的星球,或曰我们生存并延续所必需的外在物理环境,正遭到严重威胁,它是构成相对晚近的生态科学的重要部分。很明显,对于今天的人类而言,事情正变得糟糕。因而,[341]今日吾人之玫瑰十字,虔诚遵循我们的传统和理想,认为通过这本《立场》来为今日世界做见证十分有益。

尽管第四份玫瑰十字会宣言着重指出了人类在21世纪所面临的一些关键问题,然而它既非末世论文本,也非任何天启类文本。事实上,《立场》为世界总结出了一份现况报告,并且在玫瑰十字会人士看来,这份报告着重关注了对人类的中时段未来构成威胁的事物。他们认为,人类所面临的危机,也许来自被个人主义和物质主义所统治的当代社会。《立场》即对更伟大的人道主义与精神主义的一种呼唤。与此同时,宣言还坚持所有人类重生的必要性,无论是个人还是集体:

> 在历史的拐点之上,由于良知的交融、国际贸易的扩展、跨文化关系的发展、信息全球化以及如今在不同知识门类之间存在的学科交叉,人类的重生对我们而言似乎比任何时代都更可能达成,这场重生无论是在个人层面还是在集体层面都必然发生,然而,我们认为,它只能由享有优先地位的折中主义及其必

然结果——宽容来完成。

第四部玫瑰十字会宣言所表达的核心观点之中有一条对极权主义意识形态提出了完完全全的谴责(玫瑰十字会本身也是极权主义的受害者),并将基于单一个人教条的政治体系也列入了黑名单中。对于玫瑰十字会来说,如果民主仍然是最佳政治体制,"每个国家都将会形成这样的理念,他们会注重于一个统一政府的出现,它在支持之中联合,其组成人员则最长于领导国家的事务"。通过《立场》,人们平等地感到重申玫瑰十字人道主义本身的渴望。人们因而会读到:

> [342]所有人都是组成一个单一身躯的个体细胞,这一身躯由全人类所塑造。我们的人道主义理念与其原理相一致,它所说的是,所有人都应分享同等的权利、获得同样的尊重、享受同样的自由,无论他们出生于哪个国家,或者生活在何处。

精神领域方面,AMORC 通过《立场》提出了关于未来主要宗教的问题,它甚至提到,人们应当理解,这些宗教命中注定会走向消亡,而为一个普世化宗教让路。因而,第四份宣言可谓阐述了玫瑰十字会的真正精神学说:

> 它建基了,部分建立在对神的存在的信念上,他作为绝对智慧,创造宇宙,将万事万物囊括于内;另一部分则建立在对人是天主的肖像的这一确认之上。这样思考也许更好,神在创世中被揭示而为法则,人类可以学习、理解并崇敬他,以归于他更高的欢欣。

当然,这种精神人道主义看来有点乌托邦,然而这的的确确是 AMORC 所主张的,这让我们回想起柏拉图在《理想国》中视乌托邦为理想社会的形态。对此,我们并不感到意外,《立场》已经非常明确地在总结章的标题“玫瑰十字乌托邦”里提到了它，而该章节章首题词为“全人类和所有生命之神”。

《玫瑰十字兄弟会的立场》被纳入自17世纪以来发布的宣言的谱系。甚至可以说，它跨越了时间与空间，成了宣言谱系的延续。它理所当然成为玫瑰十字传统中不可或缺的部分，并在昨日与今日的玫瑰十字架之间架起了桥梁。自发布起，第四份宣言在各处都毫无例外地成为人们，特别是历史学家和内传学者们的讨论主题。在这些学者中我们特别要提到费弗尔，他这样评价《立场》：“它必定会一直是玫瑰十字会运动史上的意义重大的文件。”

[343]《兄弟会立场》发表之后的日子里，AMORC 继续通过面向大众领域的文章，为人类良心与心智的进化做着贡献。在这样的指导思想下，修会于2005年9月21日发表了《玫瑰十字的人类职责宣言》(*Rosicrucian Declaration of Human Duties*)。应指出的是，这篇文字是发表在报纸和主要杂志上的。我们可以从该宣言序言的以下片段管窥全文主旨：

> 21世纪伊始，我们看到，在许多国家，民主已经成为人们永久享有的财富，人们的公民权利的地位远高于他们作为人类义不容辞的职责，由此，两者之间的平衡，即使没被完全打破，也至少受到了相当的挑战。这种失衡令人担忧，它会增加或导致这些国家人类状况的恶化，因而我们颁布了这部人类的职责宣言，分享给所有和我们有着共同忧虑的人。

2008年10月，AMORC 向“世界公民”发出一封公开信。信中写道：

> 全球化的影响之下，任何国家，无论多大、多强，若不顾及其他国家，哪怕是个小国，都无法走向繁荣发达。在这样的情况下，世界就成为一个国度，一个人人应当为之欢欣鼓舞的国度。全人类的共同目的就是联合。“世界公民”这一概念将不再只是一种观点，而将成为涉及全人类共同利益的现实。

2012 年,修会发表了《玫瑰十字的精神生态请愿》(*Rosicrucian Plea for Spiritual Ecology*),AMORC 全球领袖贝尔纳德在巴西参议院,面对着广大市民和政、教界人士宣读了这部请愿书(2012 年 4 月 22 日、26 日)。这篇文字里着重指出:

> 我们的星球之所以存在,既不是概率所致,也不是各种条件的结合,它是普遍智慧所思考和执行的大计划中的一部分,而我们把这一普遍智慧称作神……地球是人类赖以居住的唯一星球,而它同样也是一种媒介,通过它,人类的灵魂将得以成为血肉(incarnate),[344]并实现精神的进化。

我们还应当注意到,在《兄弟会传说》(1614)发布 400 周年之际,AMORC 于 2014 年发布了它的第二份宣言——《兄弟会的呼吁》(*Appellatio Fraternitatis*)。这部宣言紧扣2001 年所发布的《兄弟会的立场》,强调应在精神、人性和生态层面给全人类以指引。

> 人类将会重生,将让位给在所有层面获得新生的新人类。

这篇文字由三部分组成:"精神的呼唤""人性的呼唤"和"生态的呼唤"。读至结论部分,人们或许会感到惊讶。

> 如果有先后次序的话,第一位的将会是生态。诚然,如果人类设法解决了所有经济问题和社会问题,然而与此同时,地球在这一过程中变得无法居住,或者让它的大部分居民无法居住,那到了那时,人类的生活还有何乐趣和愉悦可言?

显然,这些精到之见表明了 AMORC 的领导人对自然以及传统的"神 - 自然 - 人"三元结合给予了充分尊重的立场。

AMORC 的第三份宣言在 2016 年如期而至——《基利斯廷·罗森克鲁茨的新化学婚姻》(*The New Chymical Wedding of Christian Rosenkreutz*),该宣言标题让人不禁回想起 1616 年发布的《基利斯廷·罗森克鲁茨的化学婚姻》。第三份宣言与《立场》和《呼吁》有着相同的精神,形式却迥然不同,它有着炼金术的内涵,基本内容是基利斯廷·罗森克鲁茨的转世化身号称在 2015 年 3 月 20 日夜晚在巴黎做的一个梦。

> 上了床,还来不及默想刚刚过去的这颇有建设意义的一天,我就已经困了。我睡得很深,突然间,[345]我看见自己处在一个约三米高、数厘米厚的玻璃蛋之内。蛋的透亮度、匀称度都无可挑剔,它美丽异常,形制完美。我处在中央,宛若漂浮其中,感觉好得出奇。

全文七章为七个连续递进的台阶,每一阶都是启示传统的七星球体(日月金木水火土七星)之一的兆示徽记,通过此七阶,罗森克鲁茨与我们分享了有关人性之未来的“田园诗般的风景”。

> 谁不曾梦想一个更好的世界,即便它并不完美?在那个世界里,人人拥有美好生活,无论身在哪个国家。我们真想去做的话,梦想是可以实现的。

我们把目光投向 2016 年 10 月的斯特拉斯堡,一场由斯特拉斯堡大学、巴黎高等研究实践学院(l'École pratique des hautes études, EPHE)和阿尔萨斯人类科学校际研究院(la Maison interuniversitaire des sciences de l'Homme – Alsace, MISHA)共同举办的题为“斯特拉斯堡的炼金故事”的国际跨学科座谈会提到了 AMORC 的《新化学婚姻》,并对这部宣言在当代玫瑰十字运动史上的意义给予关注。

总的来说,AMORC 的领袖和会员表达了参与世界事务的渴望,因而它也越来越多地在互联网上表现自身的存在。修会为每一个大会馆建立专用网址,除此之外还添加了文献、视频和文摘可供浏览,这不仅让更多的人了解了玫瑰十字及其哲学,也对当今世界物质崇拜和个人主义作风表达了批判。

在本质层面，AMORC 忠于传统、历史，适应社会发展的意愿。AMORC 创始人刘易斯改革了玫瑰十字会的教说方式，他把小册子发到会员的手里，而今天，会员们更乐意在网上接收这些文件。与之类似，玫瑰十字会教说，如刘易斯希望的那样，不断地修订、丰富，也应当对国际玫瑰十字大学一直以来的工作提出特别鸣谢。毫无疑问，[346]正因为有了这样的活力，AMORC 才一直都是世界上最活跃的玫瑰十字运动团体。

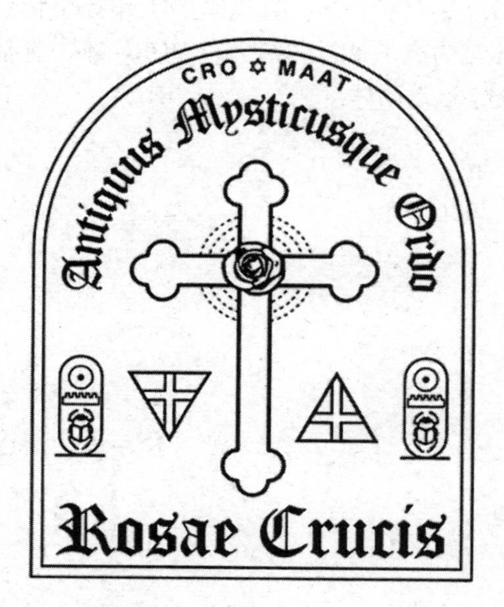

AMORC 会标,上书修会的拉丁文名。
十字架代表人的肉身,而玫瑰代表进化着的灵魂。

结　语

[349]我们已经走到了国际玫瑰十字会运动史的尽头。追寻三倍伟大者赫耳墨斯以及基利斯廷·罗森克鲁茨的足迹,我们可以清楚地知道本书无法穷尽对玫瑰十字会运动的研究。我们忠于最初的规划,首先尝试将玫瑰十字会运动置于内传学说的历史之下。这场从古埃及直到今日的旅行让我们看到了西方内传学说千百年来的发展历程。你会注意到,在大部分时期,埃及都被视作一种神秘原初传统的历史或神话性的标杆,而受启示者正试图将这一传统代代相传。

我们刚才讨论了现代玫瑰十字会运动最重要的一支——古老神秘玫瑰十字修会的诞生。我们并没有刻意追求展现其完整的历史,而是对其基本层面加以勾勒。成立近百年以来,AMORC 让玫瑰十字的火焰继续燃烧,同时通过将教说从奥秘论转移到成员个人以及精神潜力的发展,它更能适应当今世界。

[349]正如这部作品中所展示的,千百年以来,为创立玫瑰十字会运动而奋斗的人们不在少数。在他们将玫瑰与十字结姻的尝试中,有些人为灵魂之花那防备的荆棘所刺伤,你我皆食人间烟火,总不可能每一位都鲜明地了解自己的个人能力与弱点。然而,他们中的每一位都不同程度地为人类的提升做出了贡献,并且同时鼓励了他们的同时代人,让目光超越世界表象,设法探索神圣的在场。总而言之,这些探寻提出了他们对于玫瑰与十字之神秘的问询,也就是说,人类与受造物的因,正如其所曾是,今日依然至关重要。

年　表

该年表囊括了西方内传学说历史,以及不论正确与否的各种玫瑰十字会运动的重大日期。

-100	希腊-埃及炼金术诞生,门德斯的博洛斯是该学科最重要的代表人物。
c. 140	亚历山大里亚希腊人托勒密撰写《占星四书》,作品编撰了占星学的原理。
c. 260	新柏拉图主义者扬布利柯皈依迦勒底-埃及教仪,著有《埃及秘仪》(*The Mysteries of Egypt*)一书。
383	罗马皇帝狄奥多西一世颁布了一项法令抵制非基督教崇拜活动,这使得古代埃及宗教消亡。然而菲莱岛上的一个伊西斯神庙并未关闭,它直至6世纪中期仍在进行活动。
500	"巴利努斯"(希腊名:阿波罗尼乌斯)所著《创造秘书》问世,它包含了有关翠玉录和三倍伟大者赫耳墨斯的最早参考资料。
1000	11世纪末:《光之书》(*Sefer haBahir*)出版,此为有关来自西班牙的卡巴拉的第一部作品。
1100	12世纪:炼金术、占星术、魔法在西方出现。它以西班牙为渠道,从阿拉伯文翻译而来。
1200	犹太卡巴拉学者摩西出版了《光辉》。
1471	斐齐诺在翻译柏拉图之前编订了《赫耳墨斯集》的翻译。
1494	罗伊希林出版了《奇妙的言》,这是基督教卡巴拉的开创性著作,也是欧洲第一部专门研究卡巴拉的著作。

续表 1

1510	阿格里帕出版了《论奥秘哲学》,1510—1513。
1535	约阿希姆将托勒密的《占星四书》译为拉丁文。
1558	《光辉》在曼图阿(Mantua)出版,又于 1560 年在克雷莫纳出版。
1564	迪伊出版《神圣文字摩纳德》。
1589	胡泽于巴塞尔出版《帕纳克尔苏斯全集》(1589—1591)。第二版于 1603 年问世。
1602	泽兹纳出版了《化学讲坛》,一部六卷本炼金百科全书。
1604	施图迪翁出版《新瑙美特里亚》。
1608	海斯、赫尔采尔、维舍尔、安德雷等组就图宾根社团。
1610	第一份玫瑰十字会宣言《兄弟会传说》手稿在泰洛尔(Tyrol)流传。
1611	第一份付梓的有关玫瑰十字会的资料:哈泽迈尔的一篇题为"驳希波吕特 · 瓜里诺尼"(*Apologie contre Hippolyte Guarinoni*)的文章。
1614	卡索邦论《赫耳墨斯集》并非源自埃及。
1614	第一份玫瑰十字会宣言《兄弟会传说》于卡塞尔出版。
1615	第二份玫瑰十字会宣言《兄弟会自白》于卡塞尔出版。
1616	第三份玫瑰十字会宣言《基利斯廷 · 罗森克鲁茨的化学婚姻》于斯特拉斯堡出版。
1616	弗拉德出版《申辩篇》(*Apologia Commendiaria Fraternitatem de Rosa Cruce Suspicionis et Infamiae Maculis Aspersam Veritatis quasi Fluctibus abluens et abstergens*),此为哲人与玫瑰十字会运动论战之始。
1623	玫瑰十字会海报出现在了巴黎:"我们,玫瑰十字之首脑学院的代理人……"

续表 2

1623	纳乌德出版了《就玫瑰十字兄弟会历史之真实告法兰西》。
1630	摩尔缪斯出版了《自然之至秘》(*Arcana Secretissima*),其中提到了黄金与玫瑰十字。
1638	第一份有关玫瑰十字会运动与共济会之间联系的资料:佩尔斯(Perth)在爱丁堡所出版的一部诗歌。
1641	科门斯基(夸美纽斯)出版了《光之道》,书中出现了玫瑰十字会宣言主题的内容。
1710	雷纳图斯出版了《自黄金与玫瑰十字修会,为兄弟会的哲人石所做的真实而充分之准备》,附录了兄弟会的规章与法则。
1717	伦敦总会及威斯敏斯特总会创立,此为共济会诞生之始。
1723	《安德森宪章》出版。
1736	拉姆塞《讨论篇》初版,此为苏格兰礼共济会之始。
1757	金玫瑰十字修会诞生,是为美茵河畔法兰克福的共济会团体。
1757	玫瑰十字骑士团衔级存在的最早证明:智慧与和谐之子会馆。
1777	毕肖夫斯韦德与沃尔纳改革古老体系金玫瑰十字会,参考了炼金术、埃及和艾赛尼派。
1783	梅斯默创建了和谐学会。
1784	卡里奥斯特罗在里昂创建了智慧凯旋社,这是埃及型共济会。
1784	菲拉列退斯组织大会在巴黎召开(1784—1787)。
1785	《16 及 17 世纪玫瑰十字会的秘密符号》在阿尔托纳出版,这是三份宣言之后最重要的玫瑰十字会文献。
1806	杜梅葛在图卢兹建立了沙漠之友,这是一个埃及礼修会。
1814	贝达里代兄弟创立了密斯兰礼修会(埃及型共济会,1814—1856)。
1838	密斯兰礼的反对者马尔各尼斯建立了孟斐斯礼修会。两会于 1881 年由加里巴尔迪(Giuseppe Garibaldi)组织合并。

续表 3

1842	鲍瓦－李顿出版《扎诺尼》,这是一本玫瑰十字会启示小说。
1847	福克斯姐妹在海德斯维尔的经历标志着美国唯灵论运动掀起。
1856	卡甸出版了《精神之书》,堪称唯灵论的手册。
1856	莱维出版了《高等魔法的仪式及教理》,这是奥秘论学说的发端。
1861	兰道尔夫创立玫瑰十字兄弟会。
1866	李特尔创立盎格鲁玫瑰十字会,即 S. R. I. A. 。
1866	昆比的弟子们发起了新思想运动。
1868	兰道尔夫创立赫耳墨斯卢克索兄弟会(赫卢会,1868—1874)。
1875	帕尔森(艾迪夫人)出版《经文之钥:科学与健康》,此为基督教科学的经典著作。
1875	奥尔科特和布拉瓦茨基创立神智学社。
1878	布瓦辛接纳佩拉丹进入图卢兹的玫瑰十字会。
1882	灵研会在伦敦成立。
1887	德瓜伊塔和佩拉丹创建玫瑰十字卡巴拉修会。
1887	马瑟尔斯、威斯特科特、伍德福德和伍德曼创立金黎明赫耳墨斯修会(1887—1888)。
1888	布拉瓦茨基的秘书哈茨曼创立内传玫瑰十字。
1889	帕普斯创刊《天启》为马丁修会官方杂志。
1889	巴黎国际唯灵论大会。
1891	佩拉丹离开玫瑰十字卡巴拉修会,创立圣殿与圣杯之天主教玫瑰十字修会(Ordre de la Rose－Croix catholique de Temple et du Graal)。
1892	巴黎举办第一届玫瑰十字沙龙。
1909	刘易斯于图卢兹接受玫瑰十字修会纳引。
1909	神智学者海因德尔创立玫瑰十字联合会。

续表 4

1912	贝赞特、鲁萨克和维吉伍德于伦敦创立玫瑰十字圣殿修会。
1913	施泰纳与神智学社决裂,创立人智学社。
1915	刘易斯创立 A. M. O. R. C.(古老神秘玫瑰十字修会)。
1915	瓦伊特创立玫瑰十字团友会。
1915	塞梅拉斯和鲁钦(Maria Routchine)创建百合雄鹰修会。
1919	海因德尔的玫瑰十字联合会的一位领导莱讷(Jan Leene,即里肯博夫)创立水之纽带(Aquarius Bond),后又成立摩尼修会(The Order of Manichaeans),之后则成为玫瑰十字会与金玫瑰十字读书会(Lectorium Rosicrucianum and the Golden Rose Cross)。
1920	特兰克尔于柏林创立泛智学院(Collegium Pansophicum)。
1923	丹汀创立玫瑰十字大学。
1929	马林格尔、丹汀和勒拉尔什(Léon Lelarge)建立起了四倍伟大者赫耳墨斯修会。
1930	波提瓦(阿克玛尼)创立波莱尔兄弟会。
1934	丹汀、布兰莎和刘易斯于布鲁塞尔创立 F. U. D. O. S. I. ,即全球启示修会团体领导联盟。
1940	8 月 13 日,维希政府制定法令禁止并解散神秘团体。
1949	古埃斯东领导下,法国 AMORC 正式起步(二战后重新开始活动)。
2001	第四份玫瑰十字会宣言《玫瑰十字兄弟会的立场》发布。
2005	《玫瑰十字之人类职责宣言》发布。
2008	《致世界公民全体信》发布。
2012	贝尔纳德代表全球 AMORC 修会出席巴西议会,并宣读《玫瑰十字的精神生态请愿》。
2014	《玫瑰十字兄弟会的呼吁》发布。
2016	《基利斯廷·罗森克鲁茨的新化学婚姻》发布。

专题书目

为方便读者阅读，我们挑选了一份专题书目。我们下面开具的书目无意达到穷尽，它只是为想深入了解各方面知识的读者所列的选单。为避免连篇累牍，我们在这份书单里不会列出奥秘文献本身，只会推荐关于它们的研究著作，读者可在注释中读到它们的引文。除少数一些例外，我们偏重选用法文书籍。

I – Ouvrages généraux（通论）

CORSETTI, Jean-Paul, *Histoire de l'ésotérisme et des sciences occultes*, Paris, Larousse, 1992, 343 p.

FAIVRE, Antoine, *Accès de l'ésotérisme occidental*, Paris, Gallimard, 1986, réédition en 2 vol. : 1996, vol. I, 377 p., vol. II, 437 p. (*Access to Western Esotericism*, Albany, State University of New York Press, 1994).

–, *L'Ésotérisme*, Paris, PUF, coll. « Que sais-je ? », 1992, 124 p., rééd. : 1994.

GODWIN, Joscelyn, *The Theosophical Enlightenment*, Albany, State University of New York Press, 1994, 448 p., ill.

GUÉNON, René, *Aperçus sur l'initiation*, Paris, Éditions traditionnelles, 1986, 303 p.

HORNUNG, Éric, *L'Égypte ésotérique, le savoir occulte des Égyptiens et son influence en Occident*, Monaco, Éditions du Rocher, 2002, 274 p. (*Das esoterische Ægyptens*, Munich, 1999).

LENGLET DU FRESNOY, *Histoire de la philosophie hermétique*, Paris, 1742.

RIFFARD, Pierre, *Dictionnaire de l'ésotérisme*, Paris, Payot, 1983, 387 p., ill.

–, *L'Ésotérisme : Qu'est-ce que l'ésotérisme ? Anthologie de l'ésotérisme occidental*, Paris, Robert Laffont, coll. « Bouquins », 1990, 1016 p.

–, *L'Occultisme : textes et recherches*, Paris, Librairie Larousse, coll. « Idéologies et Sociétés », 1981, 191 p., ill.

SERVIER, Jean (publié sous la direction de), *Dictionnaire critique de l'ésotérisme*, Paris, PUF, 1998, 1449 p.

THORNDIKE, Lynn, *A History of Magic and the Experimental Science*, New York, Colombia, University Press, 1984 (1re éd. : 1923-1958), 8 vol. : vol. I, 835 p., vol. II, 1036 p., vol. III, 827 p., vol. IV, 767 p., vol. V, 695 p., vol. VI, 766 p., vol. VII, 695 p., vol. VIII, 808 p.

CAILLET, Albert-Louis, *Manuel bibliographique des sciences psychiques ou occultes*, Paris, Dorbon, 1912, 3 vol. : vol. I, « A à D », 531 p., vol. II, « E à L », 533 p., vol. III, « M à Z », 766 p.

II – Alchimie (炼金术)

Alchimie (collectif), Paris, Albin Michel, coll. « Cahiers de l'hermétisme », 1978, 221 p., ill., rééd. : 1995.

Alchimie. Textes alchimiques allemands, traduits et présentés par Bernard Gorceix, Paris, Fayard, coll. « L'Espace intérieur », 1980, 238 p.

Alchimie et philosophie à la Renaissance, actes du colloque de Tours (4-7 décembre 1991), sous la direction de Jean Margolin et Sylvain Matton, Paris, Vrin, 1993, 478 p.

ALLEAU, René, *Aspects de l'alchimie traditionnelle*, Paris, Éditions de Minuit, 1970, 238 p. (1re éd. : 1953).

Aspects de la tradition alchimique au XVIIe siècle, actes du colloque international de l'université de Reims-Champagne-Ardennes (28-29 novembre 1996), sous la direction de Frank Greiner, revue *Chrysopœia*, Paris, Archè, 1998.

BERTHELOT, Marcellin, *Collection des anciens alchimistes grecs*, Paris, Steinheil, 1887-1888, 3 vol. : vol. I, 268 p., vol. II, 242 p., vol. III, 429 p., ill.

–, *Introduction à la chimie des anciens du Moyen Âge*, Paris, Librairie des sciences et des arts, 1893, 3 vol. : vol. I, « Essai sur la transmission de la science antique au Moyen Âge », 453 p., vol. II, « L'alchimie syriaque », 408 p., vol. III, « L'alchimie arabe », 255 p.

–, *Les Origines de l'alchimie*, Paris, Librairie des sciences et des arts, 1938, 445 p.

BONARDEL, Françoise, *Philosopher par le feu, anthologie de textes alchimiques occidentaux*, Paris, Le Seuil, 1995, 471 p.

–, *Philosophie de l'alchimie : grand œuvre et modernité*, Paris, PUF, 1993, 706 p.

DOBBS, Betty J. T., *Les Fondements de l'alchimie de Newton*, introduction de Sévrin Batfroi, Paris, Trédaniel, 1981, 303 p., ill., (*The Foundations of Newton's Alchemy or the Hunting of the Greene Lyon*, Cambridge, 1975).

DUVEEN, D. I., *Bibliotheca Alchemica et Chemica : An Annotated Catalogue of Printed Books on Alchemy, Chemistry and Cognate Subjects in the Library of Denis I. Duveen*, Londres, E. Weil, 1949, 699 p., ill., rééd. : Utrecht, H.E.S. Publishers, 1986.

ELIADE, Mircea, *Forgerons et alchimistes*, Paris, Flammarion, 1977, 188 p. (1re éd. : 1956).

FAIVRE, Antoine, *Toison et alchimie*, Paris, Archè, 1990, 174 p., ill.

FERGUSON, John, *Bibliotheca Chemica. A Bibliography of Books on Alchemy, Chemistry, and Pharmaceutics*, Londres, Academic and Bibliographic Publications, 1954, 2 vol. : vol. I, 487 p., vol. II, 798 p., fac-similé : Londres, Starker Brothers, s. d. (1re éd. : 1906).

GARCIA-FONT, Juan, *Histoire de l'alchimie en Espagne*, traduit par Vieillard-Baron, Paris, Dervy, 1980, 369 p.

GORCEIX, Bernard, *Alchimie*, Paris, Fayard, 1980, 238 p.

HALLEUX, Robert, « La Réception de l'alchimie arabe en Occident », *Histoire des sciences arabes*, tome III, Paris, Le Seuil, 1998.

–, *Les Textes alchimiques*, Turnhout (Belgique), Brépols, coll. « Typologie des sources du Moyen Âge occidental », n° 32, 1979, 153 p.

HERMÈS TRISMÉGISTE, *La Table d'Émeraude*, préface de Didier Khan, Paris, Les Belles Lettres, 1995, 136 p., ill.

Histoire des sciences arabes, sous la direction de Rashed Roshdi, Paris, Le Seuil, 1998, 2 vol. : vol. I, 376 p., vol. II, 422 p.

HUDRY, Françoise, « *De Secretis Nature* du PS. – Apollonius de Tyane, traduction latine par Hugues de Santala du *Kitab Sirr Al-Haliqa* », revue *Chrysopœia*, Paris, Archè, 1997-1999.

JOLY, Bernard, *Rationalité de l'alchimie au XVIIe siècle*, Paris, Vrin, 1992, 408 p.

JUNG, C. G., *Psychologie et alchimie*, Paris, Buchet / Chastel, 1970, 705 p., ill.

KAHN, Didier, *Hermès Trismégiste. La « Table d'Émeraude » et sa tradition alchimique*, Paris, Les Belles Lettres, coll. « Aux sources de la Tradition », 1994, 137 p., ill.

LORY, Pierre, *Alchimie et mystique en terre d'islam*, Lagrasse, Verdier, coll. « Islam Sindbad », 1989, 184 p.

PERIFANO, Alfredo, *L'Alchimie à la cour de Côme Ier de Médicis, savoirs, culture et politique*, Paris, Honoré Champion, 1997.

PRITCHARD, Alan, *Alchemy. A Bibliography of English Language Writings*, Londres, Routledge et Kegan Paul, 1980, 439 p.

ROOB, Alexander, *Alchimie et mystique, le musée hermétique*, Köln, Lisboa, London, New York et Paris, Taschen, 1997, 711 p., ill.

ROSSI, Paolo, *Francis Bacon : from magic to science*, Londres, Routledge et Kegan Paul, 1968, 280 p.

RUSKA, Julius, *Tabula Smaragdina. Ein Beitrag zur Geschichte der hermetischen Literatur*, Heidelberg, C. Winter, 1926 (*Heidelberger Akten der Von-Portheim-Stiftung*, 16), 248 p.

VAN LENNEP, Jacques, *Alchimie, contribution à l'histoire de l'art alchimique*, Crédit commercial de Belgique, distribution : Dervy-Livres, 1985, 502 p., ill.

III – Kabbale, astrologie (卡巴拉和占星学)

FAIVRE, Antoine et BARBAULT, André, *Astrologie*, Paris, Albin Michel, coll. « Cahiers de l'Hermétisme », 1985, 314 p., ill.

BOTTERO, J., « L'astrologie mésopotamienne : l'astrologie dans son plus vieil état », *Les astres. Les astres et les mythes. La description du ciel*, actes du colloque international de Montpellier (23-25 mars 1995), sous la direction de Béatrice Bakhouche, Alain Moreau et Jean-Claude Turpin, Montpellier, 1996, 2 vol. : vol. I, p. 159-182.

CASARIL, Guy, *Rabbi Siméon Bar Jochai et la Cabbale*, Paris, Le Seuil, coll. « Maîtres spirituels », 1961, 187 p., ill.

DREVEILLON, Hervé, *Lire et écrire l'avenir : l'astrologie dans la France du Grand Siècle (1610-1715)*, Paris, Champvallon, 1996, 282 p.

GOETSCHEL, Roland, *La Kabbale*, Paris, PUF, coll. « Que sais-je ? », 1985, 126 p.

HALBRAONN, Jacques, *Le Monde juif et l'astrologie, histoire d'un vieux couple*, suivi d'un essai de Paul Fenton, préface de Juan Vernet, Milan, Archè, 1985, 433 p., ill. (1re éd. : 1979).

HAYOUN, Maurice-Ruben, *Le Zohar aux origines de la mystique juive*, Paris, Noesis, 1999, 406 p.

HUTIN, Serge, *Histoire de l'astrologie*, Paris, Marabout, 1970, 189 p., ill.

IDEL, Moshe, *Cabale, nouvelles perspectives*, traduit par Charles Mopsich, Paris, Éditions du Cerf, 1998, 553 p. (*Cabala*, New Haven et Londres, New Perspectives, 1988).

–, *L'Expérience mystique d'Abraham Abulafia*, Paris, Éditions du Cerf, 1998, 238 p. (*The Mystical Experience of Abraham Abulafia*, Albany, State University of New York Press, 1988).

Kabbalistes chrétiens (collectif), Paris, Albin Michel, coll. « Cahiers de l'Hermétisme », 1979, 314 p., ill.

SCHOLEM, Gershom, *Les Grands Courants de la mystique juive*, Paris, Payot, 1960 et 1983, 432 p. (*Major Trends in Jewish Mysticism*, New York, 1961).

–, *La Kabbale et sa symbolique*, Paris, Payot, 1989, 223 p.

SECRET, François, *Les Kabbalistes chrétiens de la Renaissance*, Paris, Arma Artis et Milan, Archè, 1985, 395 p., ill., rééd. augmentée (1re éd. : Paris, Dunod, 1964).

ZAMBELLI, Paola, *The Speculum Astronomiæ and its Enigma : Astrology, Theology and Science in Albertus Magnus and his Contemporaries*, Dordrecht-Boston-London, 1992, 352 p.

–, « Teorie su astrologia, magia e alchimia (1348-1586) nelle interpretazioni recenti », *Rinascimento*, IIs, 27, 1987, p. 95-119.

IV – Hermétisme（赫耳墨斯秘教）

AGRIPPA, Henri Corneille, *La Magie naturelle*, traduction et commentaires du premier livre de *La Philosophie occulte* par Jean Servier, Paris, Berg, 1982, 218 p.

–, *La Magie céleste*, traduction et commentaires du deuxième livre de *La Philosophie occulte* par Jean Servier, Paris, Berg, 1982, 228 p.

–, *La Magie cérémonielle*, traduction et commentaires du troisième livre de *La Philosophie occulte* par Jean Servier, Paris, Berg, 1982, 248 p.

Béhar, Pierre, *Les Langues occultes de la Renaissance*, Paris, Desjonquères, 1996, 348 p., ill.

Bonardel, Françoise, *L'Hermétisme*, Paris, PUF, coll. « Que sais-je ? », 1985, 127 p., rééd. revue et augmentée sous le titre *La Voie hermétique*, Paris, Dervy, 2002, 188 p.

Festugière, André-Jean, *Hermétisme et mystique païenne*, Paris, Aubier-Montaigne, 1967, 333 p., ill.

–, *La Révélation d'Hermès Trismégiste*, Paris, Les Belles Lettres, 1981, 3 vol. : vol. I, « L'astrologie et les sciences occultes », 441 p., vol. II, « Le dieu cosmique », 610 p., vol. III, « Les doctrines de l'âme », 314 p. et « Le dieu inconnu de la gnose », 319 p., ill. (1re éd. : 1949-1954).

Garin, Eugenio, *Hermétisme et Renaissance*, Paris, Allia, 2001, 93 p., (1re éd. : 1988).

–, *Le Zodiaque de la vie, polémiques anti-astrologiques à la Renaissance*, Paris, Les Belles Lettres, 1991, 173 p. (1re éd. : 1983).

Godwin, Joscelyn, *Athanasius Kircher, un homme de la Renaissance à la quête du savoir perdu*, Paris, J.-J. Pauvert, 1980, 96 p., ill.

–, *Robert Fludd, philosophe hermétique et arpenteur des deux mondes*, traduit par Sylvain Matton, Paris, J.-J. Pauvert, 1980, 96 p., ill.

Hermès Trismégiste, *Corpus Hermeticum : Poïmandres, Traités II-XVII, Asclepius*, fragments extraits de *Stobée I-XXIX*, textes établis et traduits par A. D. Nock et A.-J. Festugière, Paris, Les Belles Lettres, 1954-1960, 4 vol. : vol. I, 195 p., vol.II, 208 p., vol. III, 93 p., vol. IV, 150 p.

Mahé, Jean-Pierre, *Hermès en Haute-Égypte*, t. I, *Les Textes hermétiques de Nag Hammadi et leurs parallèles grecs et latins*, t. II, *Le Fragment du discours parfait et les définitions hermétiques arméniennes*, Québec, Presses de l'université de Laval, 1978-1982.

Nauert, Charles G. Jr, *Agrippa et la crise de la pensée à la Renaissance*, Paris, Dervy, 2001, 350 p. (*Agrippa and the crisis of Renaissance thought*, 1965).

Présence d'Hermès Trismégiste (collectif), présenté par Antoine Faivre, Paris, Albin Michel, coll. « Cahiers de l'Hermétisme », 1988, 235 p.

Ritter, Hellmut, « Picatrix, ein arabisches Handbuch hellenistischer Magie », *Vorträge der Bibliothek Warburg*, Teubner, 1923, p. 94-124.

Walker, Daniel-Pickering, *La Magie spirituelle et angélique de Ficin à Campanella,* Paris, Albin Michel, 1988, 246 p. (*Spiritual and Demonic Magic. From Ficino to Campanella,* Londres, 1958).

Yates, Frances Amelia, *Collected Essays,* Londres, Routledge et Kegan Paul, 3 vol. : vol. I, « Lull and Bruno », 1982, 279 p., ill., vol. II, « Renaissance and Reform : the italian contribution », 1983, 273 p., ill., vol. III : « Ideas and ideals in the north european Renaissance », 1984, 356 p., ill.

–, *Giordano Bruno et la tradition hermétique,* avant-propos par Antoine Faivre, Paris, Dervy, 1988 et 1996, 558 p. (*Giordano Bruno and the Hermetic Tradition,* Chicago-Londres, 1964).

–, *La Philosophie occulte à l'époque élisabethaine,* Paris, Dervy, 1987, 277 p. (*The Occult Philosophy in the Elizabethan Age,* Londres, 1979).

V – Rosicrucianisme et paracelsisme
(玫瑰十字运动与帕纳克尔苏斯主义)

Arnold, Paul, *Histoire des Rose-Croix et les origines de la franc-maçonnerie,* Paris, Mercure de France, 1990, 408 p.

–, *La Rose-Croix et ses rapports avec la franc-maçonnerie. Essai de synthèse historique,* Paris, maisonneuve, 1970, 259 p.

Braun, Lucien, *Paracelse,* Genève, Slatkine, coll. « Fleuron », 1993, 256 p., ill. (1re éd. : 1988).

Chacornac, Paul, *Le Comte de Saint-Germain,* Paris, Éditions traditionnelles, 1947, 300 p.

Cimelia Rhodostaurotica. Die Rosenkreuzer im Spiegel der zwischen 1610 und 1660 entstandenen Handschriften und Drucke, catalogue de l'exposition de la B.H.P. (novembre 1994), présenté par Joseph R. Ritman, Franz A. Janssen et Carlos Gilly, Amsterdam, In de Pelikaan, coll. « Bibliotheca Philosophica Hermetica », 1995, 191 p., ill.

Comenius, *La Grande Didactique,* Paris, Klincksieck, coll. « Philosophie de l'éducation », 1992, 284 p.

Craven, J. B., *Count Michael Maier, doctor of philosophy and medecine, alchemist, rosicrucian, mystic : life and writing,* Kirkwoll, W. Pearce and Son, 1968, 165 p.

DANTINNE, Émile, « De l'origine islamique de la Rose-Croix », revue *Inconnues*, n° 4, 1950.

DARMON, Jean-Charles, « Quelques enjeux épistémologiques de la querelle entre Gassendi et Fludd : les clairs-obscurs de l'Âme du Monde », *Aspects de la tradition alchimique au XVIIe siècle*, actes du colloque international de l'université de Reims-Champagne-Ardennes (28-29 novembre 1996), sous la direction de Frank Greiner, revue *Chrysopœia*, Paris, Archè, 1998.

EDIGHOFFER, Roland, *Les Rose-Croix*, Paris, PUF, coll. « Que sais-je ? », 1982 et 1992, 126 p.

–, *Les Rose-Croix et la crise de la conscience européenne au XVIIe siècle*, Paris, Dervy, 1998, 315 p.

–, *Rose-Croix et société idéale selon Johann Valentin Andreæ*, Paris, Arma Artis, 1982, 2 vol. : vol. I, 1982, 461 p., vol. II, 1987, 376 p., ill.

FAIVRE, Antoine, « Les Manifestes et la Tradition », *Mystiques, théosophes et illuminés au Siècle des lumières*, Hildesheim-New York, Olms, 1976.

Fama Fraternitatis,– mit einer Einführung über die Entstehung und Überlieferung der Manifeste der Rosenkreuzer von Carlos Gilly, Haarlem, Rozekruis Pers, 1998, 110 p.

GILLY, Carlos, *Adam Haslmayr, der erste Verkünder der Manifeste der Rosenkreuzer*, Amsterdam, In de Pelikaan, 1994, 296 p., ill.

GORCEIX, Bernard, *La Bible des Rose-Croix, traduction et commentaire des trois premiers écrits rosicruciens (1614-1615-1616)*, Paris, PUF, 1970, 125 p.

JAMA, Sophie, *La Nuit de songes de René Descartes*, Paris, Aubier, 1998, 430 p.

KRIEGEL, Blandine, « L'Utopie démocratique de Francis Bacon à George Lucas », *La Revue des deux mondes*, avril 2000, p. 19-33.

LE DŒUFF, Michèle et LLASERA, Margaret, *La Nouvelle Atlantide*, Paris, Payot, 1983, 222 p.

LEWIS, Ralph Maxwell, *Mission cosmique accomplie*, Éditions rosicruciennes, 1971, 227 p., ill. (*Cosmic Mission fulfilled*, San Jose, 1966).

MCINTOCH, Christopher, *La Rose-Croix dévoilée, histoire, mythes et rituels d'une société secrète*, Paris, Dervy, 1980, 212 p., ill. (*The Rosy Cross unveiled…*, Wellingborough, 1980).

MILLER, Max, UHLAND, Robert , *Images de la vie souabe*, à la demande de la Commission pour la connaissance historique du Pays de Bade-Wurtemberg, Stuttgart, W. Kohlhammer, 1957.

PAGEL, Walter, *Paracelse, introduction à la médecine philosophique de la Renaissance*, Paris, Arthaud, 1963, 405 p., ill. (*Paracelsus : an Introduction to Philosophical Medicine in the Era of the Renaissance*, Bâle et New York, S. Karger, 1958 et 1982).

Paracelse (collectif), textes de L. Braun, K. Goldmammer, P. Deghaye, E. W. Kämmerer, B. Gorceix, et bibliographie par R. Dilg-Frank, Paris, Albin Michel, coll. « Cahiers de l'Hermétisme », 1980, 280 p.

PERSIGOUT, G, *Rosicrucianisme et cartésianisme*, Paris, Éditions de la Paix, 1938.

PEUCKERT, Will-Erich, *Die Rosenkreutz, zur Geschichte einer Reformation*, Berlin, E. Schmidt Verlag, 1973, 408 p.

PRÉVOT, Jean, *L'Utopie éducative, Comenius*, postface de Jean Piaget, Paris, Belin, 1981, 286 p., ill.

REGHINI, Arturo, *Cagliostro, documents et études*, Milan, Archè, 1987, 165 p.

SÉDIR, *Histoire des Rose-Croix*, Paris, Librairie du XIXe siècle, 1910, 212 p. et Bihorel, Bibliothèque des Amitiés spirituelles, 1932, 359 p.

SNOEK, Govert Homme Siert, *La Rose-Croix aux Pays-Bas, une inventorisation*, Utrecht, 1998, (*De Rozenkruisers in Nederland, en inventaristie*).

Symboles secrets des rosicruciens des XVIe et XVIIe siècles, Le Tremblay-Omonville, Diffusion Rosicrucienne, 1997, 59 p. (1re éd. : Altona, 1785 et 1788).

TOUSSAINT, Serge, *Faut-il brûler les Rose-Croix ? La nouvelle inquisition*, Paris, LPM, 2000, 215 p.

WEHR, Gerhard, *Johann Valentin Andreae, die Bruderschaft der Rosenkreuzer*, Munich, Diederichs, 1995.

YATES, Frances Amelia, *La Lumière des Rose-Croix*, Paris, Retz, 1985, 287 p., ill. (*The Rosicrucian Enlightenment*, Londres, 1972).

VI – Franc – Maçonnerie(共济会)

BONNEVILLE, Nicolas, *La Maçonnerie écossaise comparée avec les trois professions et le secret des templiers du XIVe siècle*, Paris, C. Volland, 1788, 2 parties in-8° : 134 p. et 172 p.

DACHEZ, Roger, *Des maçons opératifs aux francs-maçons spéculatifs, les origines de l'ordre*, Paris, EDIMAF, 2001, 127 p.

–, « Essai sur l'origine du grade de maître », revue *Renaissance traditionnelle*, nos 91-92, juillet-octobre 1992, p. 218-232.

Encyclopédie de la franc-maçonnerie, sous la direction d'Éric Saunier, Paris, Livre de poche, 2000, 982 p., ill.

FERRER-BENIMELI, José A., *Les Archives secrètes du Vatican et de la franc-maçonnerie, histoire d'une condamnation pontificale*, Paris, Dervy, 1989, 908 p.

GOBLET D'ALVIELLA, Eugène Félicien Albert, *Des origines du grade de maître dans la franc-maçonnerie*, Paris, Trédaniel, 1983, 99 p.

LE FORESTIER, René, *La Franc-Maçonnerie templière et occultiste aux XVIIIe et XIXe siècles*, édité par Antoine Faivre avec *addenda* et notes, préface d'Antoine Faivre, introduction d'Alec Mellor, Paris, Aubier-Nauwelaerts, 1970, 1116 p., ill., rééd. : La Table d'Émeraude, Paris, 1989.

LIGOU, Daniel, *Dictionnaire universel de la franc-maçonnerie : hommes illustres, pays, rites, symboles*, sous la direction de Daniel Ligou, Daniel Beresniak et Marion Prachin, Paris, Navarre-Prisme, 1974, 1398 p.

MAINGUY, Irène, *Les Initiations et l'initiation maçonnique*, Paris, Éditions maçonniques de France, 2000, 120 p.

–, *La Symbolique maçonnique du troisième millénaire*, Paris, Dervy, 2001, 490 p.

MOLLIER, Pierre, « Le grade maçonnique de Rose-Croix et le christianisme : enjeux et pouvoir des symboles », revue *Politica Hermetica*, n° 11, 1997, p. 85-118.

NAUDON, Paul, *La Franc-Maçonnerie*, Paris, PUF, coll. « Que sais-je ? », 1963, 128 p.

–, *Les Origines religieuses et corporatives de la franc-maçonnerie*, Paris, Dervy, coll. « Histoire et Tradition », 1979, 348 p. (1re éd. : 1972).

PIQUET, Michel, « Le Grade de Rose-Croix : les sources du *Nec plus Ultra* », revue *Renaissance traditionnelle*, n° 110-111, juillet 1997, p. 159-195.

PORSET, Charles, *Franc-Maçonnerie et religions dans l'Europe des Lumières*, avec la collaboration de Cécile Revauger, Paris, Horizon chimérique, 1998, 216 p.

–, *Les Philalèthes et les convents de Paris. Une politique de la folie*, Paris-Genève, Honoré Champion, 1996, 776 p.

RAGON, Jean-Marie, *Franc-Maçonnerie, ordre chapitral, nouveau grade de Rose-Croix*, Paris, Collignon libraire-éditeur, 1860, 88 p.

Régulateur des chevaliers maçons ou les quatre ordres supérieurs, Rouvray, Éditions du Prieuré, 1993, 397 p. (1re éd : 1801).

ROUSSE-LACORDAIRE, Jérôme, *Rome et les francs-maçons : histoire d'un conflit*, Paris, Berg, 1996.

Les Textes fondateurs de la tradition maçonnique (1390-1760), traduits et présentés par Patrick Négrier, préface d'H. Tort-Nougues, Paris, Grasset, 1995, 381 p.

TOURNIAC, Jean, *Symbolisme maçonnique et tradition chrétienne*, Paris, Dervy, coll. « Histoire et Tradition », 1982, 276 p. (1re éd. : 1965).

VII – Théosophie et illuminisme（神智学与天启主义）

Aspects de l'illuminisme au XVIIIe siècle (collectif), édité par Robert Amadou, Paris, H. Roudil, nos II-III-IV des *Cahiers de la Tour Saint-Jacques*, 226 p., ill.

AYRAULT, Roger, *La Genèse du romantisme allemand*, Paris, Aubier, 4 vol. : vol. I, 1961, 361 p., vol. II, 1961, 782 p., vol. III, 1969, 572 p., vol. IV, 1976, 573 p.

CELLIER, Léon, *Fabre d'Olivet. Contribution à l'étude des aspects religieux du romantisme*, Paris, Nizet, 1953, 448 p.

DEGHAY, Pierre, *La Naissance de Dieu ou la doctrine de Jacob Boehme*, Paris, Albin Michel, coll. « Spiritualités Vivantes », 1985, 302 p.

FAIVRE, Antoine, *Eckartshausen et la théosophie chrétienne*, Paris, Klincksieck, 1969, 788 p., ill.

–, *L'Ésotérisme au XVIIIe siècle en France et en Allemagne*, Paris, Seghers, coll. « La Table d'Émeraude », 1973, 224 p., ill., traduction espagnole : Madrid, EDAF, 1976.

–, *Kirchberger et l'illuminisme du XVIIIe siècle*, La Haye, Nijhoff, coll. « Archives internationales d'histoire des idées », n° 16, 1965, 284 p., ill.

–, *Mystiques, théosophes et illuminés au Siècle des lumières*, Hildesheim, G. Olms, coll. « Studien und Materialen zur Geschichte der Philosophie », 20, 1976, 263 p.

–, *Philosophie de la nature, physique sacrée et théosophie – XVIIIe et XIXe siècles*, Paris, Albin Michel, 1996, 346 p.

Gorceix, Bernard, *Johann Georg Gichtel, théosophe d'Amsterdam*, Paris, L'Âge d'homme, coll. « Delphica », 1974, 174 p.

Hutin, Serge, *Les Disciples anglais de Jacob Boehme*, Paris, Denoël, coll. « La Tour Saint-Jacques », 1960, 332 p.

Jacob Boehme (collectif), Paris, Albin Michel, coll. « Cahiers de l'Hermétisme », 1977, 236 p.

Koyré, Alexandre, *La Philosophie de Jacob Boehme*, Paris, J. Vrin, 1980, 525 p. (1re éd. : 1929).

Martines de Pasqually, *Traité sur la réintégration des êtres*, préface de Robert Amadou, Le Tremblay-Omonville, Diffusion Rosicrucienne, 1995, 473 p.

Meillassoux-Le Cerf, Micheline, *Dom Pernety et les Illuminés d'Avignon*, suivi de la transcription intégrale de la Sainte Parole, Archè, 1992, 455 p.

Mercier-Faivre, Anne-Marie, *Un supplément* à L'Encyclopédie, « Le Monde primitif » *d'Antoine Court de Gébelin*, Paris, Honoré Champion, 1999, 506 p.

Van Rijnberk, Gérard, *Un thaumaturge au XVIIIe siècle : Martines de Pasqually. Sa vie, son œuvre, son ordre*, 2 vol. : vol. I, Paris, Alcan, 1935, 225 p., vol. II, Lyon, Derain-Radet, 1938, 185 p.

VIII – Magnétisme et occultisme de la Belle Époque
（磁性学说和美好年代的奥秘学说）

Beaufils, Christophe, *Joséphin Péladan (1858-1918), essai sur une maladie du lyrisme*, Paris, 1998, Jérôme Millon, 514 p., ill.

CAILLET, Albert-Louis, *Traitement mental, culture spirituelle, la santé et l'harmonie dans la vie humaine*, Paris, Vigot frères, 1922, 399 p.

DA SILVA, Jean, *Le Salon de la Rose+Croix (1892-1897)*, Paris, Syros-Alternatives, 1991, 128 p., ill.

GALTIER, Gérard, *Franc-Maçonnerie égyptienne, Rose-Croix et néo-chevalerie. Les fils de Cagliostro*, Monaco, Éditions du Rocher, 1989, 474 p.

GUÉNON, René, *Théosophisme, histoire d'une pseudo-religion*, Paris, Didier et Richard, 1939, 376 p.

JAMES, Marie-France, *Ésotérisme et christianisme. Autour de René Guénon*, préface de Jacques-Albert Cuttat, Paris, Nouvelles Éditions latines, 1981, 480 p.

–, *Ésotérisme, occultisme, franc-maçonnerie et christianisme aux XIXe et XXe siècles. Explorations bio-bibliographiques*, Paris, Nouvelles Éditions latines, 1981, 268 p.

LAURANT, Jean-Pierre, *L'Ésotérisme chrétien en France au XIXe siècle*, Lausanne, L'Âge d'homme, 1992.

MÉHEUST, Bertrand, *Somnambulisme et médiumnité*, 2 vol. : vol. I, « Le défi du magnétisme », 620 p., vol. II, « Le choc des sciences psychiques », 598 p., Le Plessis-Robinson, Institut Synthélabo, coll. « Les empêcheurs de penser en rond », 1999.

MESMER, Franz-Anton, *Le Magnétisme animal*, œuvres publiées par Robert Amadou, Paris, Payot, 1971, 407 p.

MICHELET, Victor-Émile, *Les Compagnons de la hiérophanie, souvenirs du mouvement hermétiste à la fin du XIXe siècle*, Paris, Dorbon-Aîné, s.d., 140 p.

PAPUS, *Compte-rendu complet des travaux du congrès et du convent maçonnique spiritualiste*, Paris, Librairie Hermétique, 1910, 279 p.

–, *Traité élémentaire de sciences occultes*, Paris, 1903.

PINCUS-WITTEN, Robert, *Occult Symbolism in France, Joséphin Péladan and the Salons de la Rose-Croix*, New York, Garland, 1976, 291 p., ill.

RICHARD-NAFARRE, Noël, *Helena Petrovna Blavatsky ou la réponse du sphinx*, Paris, François de Villac, 1991, 639 p.

ROUSSILLON, René, *Du baquet de Mesmer au « baquet » de S. Freud, une archéologie du cadre et de la pratique psychanalytique*, Paris, PUF, 1992, 232 p.

SAUNIER, Jean, *La Synarchie*, Paris, C.A.L., 1971, 287 p.

IX – Ésotérisme, art et littérature(内传论、艺术和文学)

ARNOLD, Paul, *Ésotérisme de Shakespeare*, Paris, Mercure de France, 1955, 280 p.

CANTOR, Georg, *La Confession de foi de Francis Bacon, La résurrection du divin Quirinus Francis Bacon* et *Le Recueil de Rawley*, 1896, rééd. : *La Théorie Bacon-Shakespeare*, sous la direction d'Erick Porge, Grec, 1997.

CHAILLEY, Jacques, *La Flûte enchantée, opéra maçonnique*, Paris, Robert Laffont, coll. « Diapason », 1968 et 1982, 367 p., ill.

CHASTEL, André, *Art et humanisme à Florence au temps de Laurent le Magnifique – Études sur la Renaissance et l'humanisme platonicien*, Paris, PUF, 1982, 580 p.

–, *Marsile Ficin et l'art*, Genève, Droz, 1954 et 1996, 228 p., ill.

COTTE, Roger, *La musique maçonnique et ses musiciens*, Paris, Borrego, 1991, 231 p.

DONNELLY, Ignatius, *Greta Cryptogram : Francis Bacon's cipher in the so-called Shakespeare Plays*, 1888, 997 p.

Égyptomania, l'Égypte dans l'art occidental – 1730-1930 (collectif), Paris, Réunion des musées nationaux, 605 p., ill.

FAIVRE, Antoine et TRISTAN, Frédéric, *Goethe*, Paris, Albin Michel, coll. « Cahiers de l'Hermétisme », 1980, 263 p.

GODWIN, Joscelyn, *L'Ésotérisme musical en France (1750-1950)*, Paris, Albin Michel, coll. « Bibliothèque de l'Hermétisme », 1991, 272 p.

–, *Music, Mysticism and Magic. A Sourcebook*, Londres-New York, Arkana-Routledge et Kegan Paul, 349 p.

KANTER, Robert et AMADOU, Robert, *Anthologie littéraire de l'occultisme*, Paris, R. Julliard, 1950 et Seghers, 1975, 326 p.

MERCIER, Alain, *Les Sources ésotériques et occultes de la poésie symboliste (1870-1914)*, Paris, Nizet, 2 vol. : vol. I, « Le symbolisme français », 1969, 286 p., vol. II, « Le symbolisme européen », 1974, 253 p.

MONNEYRON, Frédéric, *L'Androgyne dans la littérature*, actes du colloque de Cerisy-la-Salle (26 juin-7 juillet 1986), Paris, Albin Michel, coll. « Cahiers de l'Hermétisme », 1990, 157 p.

RICHER, Jean, *Gérard de Nerval et les doctrines ésotériques*, Paris, Le Griffon d'Or, 1947, 216 p., ill., version augmentée : *Nerval, expérience vécue et tradition ésotérique*, Paris, Trédaniel, 1987, 399 p.

SPECKMAN, A. H. W., *Bacon is Shakespeare*, 1916.

TERRASSON, Abbé, *Séthos, histoire ou vie tirée des monuments, anecdotes de l'Ancienne Égypte, trad. d'un manuscrit grec*, nouvelle édition revue et corrigée, précédée d'une notice historique et littéraire sur la vie et les ouvrages de l'abbé Terrasson, Paris, d'Hautel, 1813, 3 vol. : vol. I, 195 + 202 p., vol. II, 204 + 204 p., vol. III, 200 + 196 p. (1re éd. : 1731).

VAN LENNEP, Jacques, *Art et alchimie : étude de l'iconographie hermétique et de ses influences*, Bruxelles, Meddens, coll. « Art et Savoir », 1966, 292 p., ill.

VIATTE, Auguste, *Les Sources occultes du romantisme : illuminisme-théosophie (1770-1820)*, Paris, Champion, 1928, 2 vol. : vol. I, « Le préromantisme », 331 p., vol. II, « La génération de l'Empire », 332 p.

X – Spiritualité et religion(精神学说和宗教)

BENZ, Ernst, *Les Sources mystiques de la philosophie romantique allemande*, Paris, J. Vrin, 1968, 155 p. (*The Mystical Sources of German Philosophy*, Pickwick, 1983).

BERNARD, Christian, *Sous les aupices de la Rose-Croix, qu'il en soit ainsi !*, Le Tremblay-Omonville, Diffusion Rosicrucienne, 1996, 173 p.

CORBIN, Henry, *En islam iranien, aspects rituels et philosophiques*, Paris, Gallimard, coll. « Bibliothèque des Idées », 1971-1972, 4 vol. : vol. I, « Le shî'isme duodécimain », 332 p., vol. II, « Sohrawardî et les platoniciens de Perse », 384 p., vol. III, « Les Fidèles d'amour. Shî'isme et soufisme », 358 p., vol. IV, « L'école shaykkie, le Douzième Imâm », 567 p.

–, *L'Imagination créatrice dans le soufisme d'Ibn Arabî*, Paris, Flammarion, coll. « Idées et Recherches », 1977, 328 p., ill., 1re éd. : 1958, éd. anglaise : *Creative Imagination in the Sufism of Ibn Arabî*, Princeton University Press, 1969, 406 p.

DEGHAYE, Pierre, *De Paracelse à Thomas Mann*, Paris, Dervy, 2000, 535 p.

ELIADE, Mircea, *Le Sacré et le Profane*, Paris, Gallimard, 1965, 185 p.

ELIADE, Mircea et PETTAZZONI, Raffaele, *L'histoire des religions a-t-elle un sens ?*, Paris, Éditions du Cerf, 1994, 310 p.

GANDILLAC, Maurice de, *Genèse de la modernité, les douze siècles où se fit notre Europe – De la cité de Dieu à la Nouvelle Atlantide*, Paris, Éditions du Cerf, 670 p.

GORCEIX, Bernard, *Les Amis de Dieu en Allemagne au siècle de Maître Eckhart*, Paris, Albin Michel, coll. « Spiritualités vivantes », 1984, 302 p.

–, *Flambée et agonie. Mystiques du XVIIe siècle allemand*, Sisteron, Présence, coll. « Le Soleil dans le cœur », 1977, 358 p.

–, *La Mystique de Valentin Weigel (1533-1588) et les origines de la théosophie allemande*, université de Lille, Service de reproduction des thèses, 1970, 500 p.

GRÜNBERG, Paul, *Philipp Jakob Spener*, vol. I-II-III, Göttingen, 1893-1906, rééd. : Hildesheim, 1987.

JAMES, William, *Les Formes multiples de l'expérience religieuse, essai de psychologie descriptive*, préface de Bertrand Meheust, Chambéry, Exergue, 2001, 486 p.

KOEPP, Wilhelm, *Johann Arndt und sein « Wahres Christentum »*, Berlin, 1959.

KOYRÉ, Alexandre, *Du monde clos à l'univers infini*, Paris, Gallimard, 1973, 349 p.

–, *Mystiques, spirituels, alchimistes du XVIe siècle allemand*, Paris, Armand Colin, 1955, 116 p., rééd. : Paris, Gallimard, 1971.

LARRÉ, Christian, *L'Héritage spirituel de l'Ancienne Égypte*, Le Tremblay-Omonville, Diffusion Rosicrucienne, 1998, 256 p.

LUBAC, Henri de, *La Postérité spirituelle de Joachim de Flore*, Paris, Lethielleux, coll. « Le Sycomore », 2 vol. : vol. I, « De Joachim à Schelling », 1979, 414 p., vol. II, « De Saint-Simon à nos jours », 1981, 508 p.

OTTO, Rudolf, *Le Sacré*, Paris, Payot, 1949, 235 p.

Les Piétismes à l'âge classique, crise, conversion, institutions (collectif), sous la direction d'Anne Lagny, Villeneuve-d'Ascq, Presses universitaires du Septentrion, 2001, 380 p.

UNDERHILL, Evelyn, *Mysticisme*, Le Tremblay-Omonville, Diffusion rosicrucienne, 1994, 814 p.

XI – Revues（期刊）

A.R.I.E.S. (Association pour la recherche et l'information sur l'ésotérisme), 1985-2000 : Paris, La Table d'Émeraude et Brill, academic Publishers,

2001-2002 : semestrielle, dirigée par Roland Edighoffer, Jacques Fabry et Antoine Faivre.

American Rosæ Crucis (The), 1916-1920, mensuelle, revue de l'AMORC pour les pays de langue anglaise.

Ambix – The Journal of the Society for the Study of Alchemy and Early Chemistry, 1937-2002, trimestrielle, Cambridge, Hoffer Printers.

Cahiers de l'université Saint-Jean de Jérusalem (Centre international d'études spirituelles comparées), 1975-1985, Paris, Berg International.

Cahiers du Groupe d'études spirituelles comparées (G.E.S.C.), 1992-2002, annuelle, fait suite à l'U.S.J.J.

Chrysopœia, revue publiée par la Société d'étude de l'histoire de l'alchimie, dirigée par Sylvain Matton, 1987-2002.

Études traditionnelles, 1937-1972, bimensuelle.

Initiation (L'), 1re série : 1889-1914, publication de l'Ordre martiniste de Papus, mensuelle ; nouvelle série par Philippe Encausse : 1952-2002, trimestrielle.

Mystic Triangle (The), 1925-1929, mensuelle, revue de l'AMORC pour les pays de langue anglaise.

Pantacle, 1993-2002, annuelle, revue de l'Ordre martiniste traditionnel.

Politica Hermetica, 1987-2002, annuelle, L'Âge d'homme.

Renaissance traditionnelle, 1970-2002, trimestrielle, revue d'études maçonniques et symboliques.

Rose-Croix, 1952-2002, trimestrielle, revue de l'AMORC pour les pays de langue française.

Rosicrucian Digest, 1929-2002, mensuelle jusqu'en 1991, puis trimestrielle, revue de l'AMORC pour les pays de langue anglaise.

Triangle (The), 1921-1925, mensuelle, revue de l'AMORC pour les pays de langue anglaise.

Voile d'Isis (Le), 1890-1933, mensuelle, devenue *Le Voile d'Isis – Études traditionnelles*, 1934-1936.

图书在版编目（CIP）数据

自然科学史与玫瑰/（法）雷比瑟著；朱亚栋译.--北京：华夏出版社，2019.9

（西方传统：经典与解释）

ISBN 978-7-5080-9168-6

Ⅰ.①自… Ⅱ.①雷… ②朱… Ⅲ.①自然科学史－世界 Ⅳ.①N091

中国版本图书馆 CIP 数据核字(2017)第 067614 号

自然科学史与玫瑰

作　　者	[法]雷比瑟
译　　者	朱亚栋
责任编辑	王霄翎　刘雨潇
责任印制	刘　洋
出版发行	华夏出版社
经　　销	新华书店
印　　装	北京汇林印务有限公司
版　　次	2019 年 9 月北京第 1 版 2019 年 9 月北京第 1 次印刷
开　　本	880×1230　1/32
印　　张	11.875
字　　数	308 千字
定　　价	89.00 元

华夏出版社　地址:北京市东直门外香河园北里 4 号　邮编:100028
网址:www.hxph.com.cn　电话:(010)64663331(转)

若发现本版图书有印装质量问题，请与我社营销中心联系调换。

西方传统：经典与解释

Classici et Commentarii

HERMES

刘小枫◎主编

古今丛编

克尔凯郭尔 [美]江思图 著
货币哲学 [德]西美尔 著
孟德斯鸠的自由主义哲学 [美]潘戈 著
莫尔及其乌托邦 [德]考茨基 著
试论古今革命 [法]夏多布里昂 著
但丁：皈依的诗学 [美]弗里切罗 著
在西方的目光下 [英]康拉德 著
大学与博雅教育 董成龙 编
探究哲学与信仰 [美]郝岚 著
民主的本性 [法]马南 著
梅尔维尔的政治哲学 李小均 编/译
席勒美学的哲学背景 [美]维塞尔 著
果戈里与鬼 [俄]梅列日科夫斯基 著
自传性反思 [美]沃格林 著
黑格尔与普世秩序 [美]希克斯 等著
新的方式与制度 [美]曼斯菲尔德 著
科耶夫的新拉丁帝国 [法]科耶夫 等著
《利维坦》附录 [英]霍布斯 著
或此或彼（上、下） [丹麦]基尔克果 著
海德格尔式的现代神学 刘小枫 选编
双重束缚 [法]基拉尔 著
古今之争中的核心问题 [德]迈尔 著
论永恒的智慧 [德]苏索 著
宗教经验种种 [美]詹姆斯 著
尼采反卢梭 [美]凯斯·安塞尔-皮尔逊 著
舍勒思想评述 [美]弗林斯 著
诗与哲学之争 [美]罗森 著
神圣与世俗 [罗]伊利亚德 著
但丁的圣约书 [美]霍金斯 著

古典学丛编

论王政 [古罗马]金嘴狄翁 著
论希罗多德 [古罗马]卢里叶 著
探究希腊人的灵魂 [美]戴维斯 著
尤利安文选 马勇 编/译
论月面 [古罗马]普鲁塔克 著
雅典谐剧与逻各斯 [美]奥里根 著
菜园哲人伊壁鸠鲁 罗晓颖 选编
《劳作与时日》笺释 吴雅凌 撰
希腊古风时期的真理大师 [法]德蒂安 著
古罗马的教育 [英]葛怀恩 著
古典学与现代性 刘小枫 编
表演文化与雅典民主政制
[英]戈尔德希尔、奥斯本 编
西方古典文献学发凡 刘小枫 编
古典语文学常谈 [德]克拉夫特 著
古希腊文学常谈 [英]多佛 等著
撒路斯特与政治史学 刘小枫 编
希罗多德的王霸之辨 吴小锋 编/译
第二代智术师 [英]安德森 著
英雄诗系笺释 [古希腊]荷马 著
统治的热望 [美]福特 著
论埃及神学与哲学 [古希腊]普鲁塔克 著
凯撒的剑与笔 李世祥 编/译
伊壁鸠鲁主义的政治哲学
[意]詹姆斯·尼古拉斯 著
修昔底德笔下的人性 [美]欧文 著
修昔底德笔下的演说 [美]斯塔特 著
古希腊政治理论 [美]格雷纳 著
神谱笺释 吴雅凌 撰
赫西俄德：神话之艺
[法]居代·德·拉孔波 等著
赫拉克勒斯之盾笺释 罗逍然 译笺
《埃涅阿斯纪》章义 王承教 选编
维吉尔的帝国 [美]阿德勒 著
塔西佗的政治史学 曾维术 编

古希腊诗歌丛编

古希腊早期诉歌诗人 [英]鲍勒 著

诗歌与城邦 [美]费拉格、纳吉 主编

阿尔戈英雄纪（上、下）
[古希腊]阿波罗尼俄斯 著

俄耳甫斯教祷歌 吴雅凌 编译

俄耳甫斯教辑语 吴雅凌 编译

古希腊肃剧注疏集

希腊肃剧与政治哲学 [美]阿伦斯多夫 著

古希腊礼法

希腊人的正义观 [英]哈夫洛克 著

廊下派集

廊下派的神和宇宙 [墨]里卡多·萨勒斯 编

廊下派的城邦观 [英]斯科菲尔德 著

希伯莱圣经历代注疏

希腊化世界中的犹太人 [英]威廉逊 著

第一亚当和第二亚当 [德]朋霍费尔 著

新约历代经解

属灵的寓意 [古罗马]俄里根 著

基督教与古典传统

保罗与马克安 [德]文森 著

加尔文与现代政治的基础 [美]汉考克 著

无执之道 [德]文森 著

恐惧与战栗 [丹麦]基尔克果 著

托尔斯泰与陀思妥耶夫斯基
[俄]梅列日科夫斯基 著

论宗教大法官的传说 [俄]罗赞诺夫 著

海德格尔与有限性思想（重订版）
刘小枫 选编

上帝国的信息 [德]拉加茨 著

基督教理论与现代 [德]特洛尔奇 著

亚历山大的克雷芒 [意]塞尔瓦托·利拉 著

中世纪的心灵之旅 [意]圣·波纳文图拉 著

德意志古典传统丛编

彭忒西勒亚 [德]克莱斯特 著

穆佐书简 [奥]里尔克 著

纪念苏格拉底——哈曼文选 刘新利 选编

夜颂中的革命和宗教 [德]诺瓦利斯 著

大革命与诗话小说 [德]诺瓦利斯 著

黑格尔的观念论 [美]皮平 著

浪漫派风格——施勒格尔批评文集 [德]施勒格尔 著

美国宪政与古典传统

美国1787年宪法讲疏 [美]阿纳斯塔普罗 著

世界史与古典传统

西方古代的天下观 刘小枫 编

从普遍历史到历史主义 刘小枫 编

启蒙研究丛编

浪漫的律令 [美]拜泽尔 著

现实与理性 [法]科维纲 著

论古人的智慧 [英]培根 著

托兰德与激进启蒙 刘小枫 编

图书馆里的古今之战 [英]斯威夫特 著

政治史学丛编

自然科学史与玫瑰 [法]雷比瑟 著

荷马注疏集

不为人知的奥德修斯 [美]诺特维克 著

模仿荷马 [美]丹尼斯·麦克唐纳 著

品达注疏集

幽暗的诱惑 [美]汉密尔顿 著

欧里庇得斯集

自由与僭越 罗峰 编译

阿里斯托芬集

《阿卡奈人》笺释 [古希腊]阿里斯托芬 著

色诺芬注疏集

居鲁士的教育 [古希腊]色诺芬 著

色诺芬的《会饮》 [古希腊]色诺芬 著

柏拉图注疏集

立法与德性——柏拉图《法义》探微 林志猛 编

柏拉图的灵魂学 [加]罗宾逊 著

柏拉图书简 彭磊 译注

克力同章句 程志敏 郑兴凤 撰

哲学的奥德赛——《王制》引论 [美]郝兰 著
爱欲与启蒙的迷醉 [美]贝尔格 著
为哲学的写作技艺一辩 [美]伯格 著
柏拉图式的迷宫——《斐多》义疏 [美]伯格 著
哲学如何成为苏格拉底式的 [美]朗佩特 著
苏格拉底与希琵阿斯 王江涛 编译
理想国 [古希腊]柏拉图 著
谁来教育老师 刘小枫 编
立法者的神学 林志猛 编
柏拉图对话中的神 [法]薇依 著
厄庇诺米斯 [古希腊]柏拉图 著
智慧与幸福 程志敏 选编
论柏拉图对话 [德]施莱尔马赫 著
柏拉图《美诺》疏证 [美]克莱因 著
政治哲学的悖论 [美]郝岚 著
神话诗人柏拉图 张文涛 选编
阿尔喀比亚德 [古希腊]柏拉图 著
叙拉古的雅典异乡人 彭磊 选编
阿威罗伊论《王制》 [阿拉伯]阿威罗伊 著
《王制》要义 刘小枫 选编
柏拉图的《会饮》 [古希腊]柏拉图 等著
苏格拉底的申辩（修订版） [古希腊]柏拉图 著
苏格拉底与政治共同体 [美]尼柯尔斯 著
政制与美德——柏拉图《法义》疏解 [美]潘戈 著
《法义》导读 [法]卡斯代尔·布舒奇 著
论真理的本质 [德]海德格尔 著
哲人的无知 [德]费勃 著
米诺斯 [古希腊]柏拉图 著

亚里士多德注疏集

亚里士多德《政治学》中的教诲 [美]潘戈 著
品格的技艺 [美]加佛 著
亚里士多德哲学的基本概念 [德]海德格尔 著
《政治学》疏证 [意]托马斯·阿奎那 著
尼各马可伦理学义疏 [美]伯格 著
哲学之诗 [美]戴维斯 著
对亚里士多德的现象学解释 [德]海德格尔 著
城邦与自然——亚里士多德与现代性 刘小枫 编
论诗术中篇义疏 [阿拉伯]阿威罗伊 著
哲学的政治 [美]戴维斯 著

普鲁塔克集

普鲁塔克的《对比列传》 [英]达夫 著
普鲁塔克的实践伦理学 [比利时]胡芙 著

阿尔法拉比集

政治制度与政治箴言 阿尔法拉比 著

马基雅维利集

君主及其战争技艺 娄林 选编

莎士比亚绎读

莎士比亚的历史剧 [英]蒂利亚德 著
莎士比亚戏剧与政治哲学 彭磊 选编
莎士比亚的政治盛典 [美]阿鲁里斯/苏利文 编
丹麦王子与马基雅维利 罗峰 选编

洛克集

上帝、洛克与平等 [美]沃尔德伦 著

卢梭集

论哲学生活的幸福 [德]迈尔 著
致博蒙书 [法]卢梭 著
政治制度论 [法]卢梭 著
哲学的自传 [美]戴维斯 著
文学与道德杂篇 [法]卢梭 著
设计论证 [美]吉尔丁 著
卢梭的自然状态 [美]普拉特纳 等著
卢梭的榜样人生 [美]凯利 著

莱辛注疏集

汉堡剧评 [德]莱辛 著
关于悲剧的通信 [德]莱辛 著
《智者纳坦》（研究版） [德]莱辛 等著
启蒙运动的内在问题 [美]维塞尔 著
莱辛剧作七种 [德]莱辛 著
历史与启示——莱辛神学文选 [德]莱辛 著
论人类的教育 [德]莱辛 著

尼采注疏集

何为尼采的扎拉图斯特拉 [德]迈尔 著

尼采引论 [德]施特格迈尔 著
尼采与基督教 刘小枫 编
尼采眼中的苏格拉底 [美]丹豪瑟 著
尼采的使命 [美]朗佩特 著
尼采与现时代 [美] 朗佩特 著
动物与超人之间的绳索 [德]A.彼珀 著

施特劳斯集

论僭政（重订本） [美]施特劳斯 [法]科耶夫 著
苏格拉底问题与现代性（增订本）
犹太哲人与启蒙（增订本）
霍布斯的宗教批判
斯宾诺莎的宗教批判
门德尔松与莱辛
哲学与律法——论迈蒙尼德及其先驱
迫害与写作艺术
柏拉图式政治哲学研究
论柏拉图的《会饮》
柏拉图《法义》的论辩与情节
什么是政治哲学
古典政治理性主义的重生（重订本）
回归古典政治哲学——施特劳斯通信集
苏格拉底与阿里斯托芬

***

施特劳斯的持久重要性 [美]朗佩特 著
论源初遗忘 [美]维克利 著
政治哲学与启示宗教的挑战 [德]迈尔 著
阅读施特劳斯 [美]斯密什 著
施特劳斯与流亡政治学 [美]谢帕德 著
隐匿的对话 [德]迈尔 著
驯服欲望 [法]科耶夫 等著

施米特集

宪法专政 [美]罗斯托 著
施米特对自由主义的批判 [美]约翰·麦考米克 著

伯纳德特集

古典诗学之路（第二版） [美]伯格 编
弓与琴（重订本） [美]伯纳德特 著
神圣的罪业 [美]伯纳德特 著

布鲁姆集

巨人与侏儒（1960-1990）
人应该如何生活——柏拉图《王制》释义
爱的设计——卢梭与浪漫派
爱的戏剧——莎士比亚与自然
爱的阶梯——柏拉图的《会饮》
伊索克拉底的政治哲学

沃格林集

自传体反思录 [美]沃格林 著

大学素质教育读本

古典诗文绎读 西学卷·古代编（上、下）
古典诗文绎读 西学卷·现代编（上、下）

中国传统：经典与解释
Classici et Commentarii
刘小枫 陈少明◎主编

《孔丛子》训读及研究 / 雷欣翰 撰
论语说义 / [清]宋翔凤 撰
周易古经注解考辨 / 李炳海 著
浮山文集 / [明]方以智 著
药地炮庄 / [明]方以智 著
药地炮庄笺释·总论篇 / [明]方以智 著
青原志略 / [明]方以智 编
冬灰录 / [明]方以智 著
冬炼三时传旧火 / 邢益海 编
《毛诗》郑王比义发微 / 史应勇 著
宋人经筵诗讲义四种 / [宋]张纲 等撰
道德真经藏室纂微篇 / [宋]陈景元 撰
道德真经四子古道集解 / [金]寇才质 撰
皇清经解提要 / [清]沈豫 撰
经学通论 / [清]皮锡瑞 著
松阳讲义 / [清]陆陇其 著

起凤书院答问 / [清]姚永朴 撰
周礼疑义辨证 / 陈衍 撰
《铎书》校注 / 孙尚扬 肖清和 等校注
韩愈志 / 钱基博 著
论语辑释 / 陈大齐 著
《庄子·天下篇》注疏四种 / 张丰乾 编
荀子的辩说 / 陈文洁 著
古学经子 / 王锦民 著
经学以自治 / 刘少虎 著
从公羊学论《春秋》的性质 / 阮芝生 撰

编修 [博雅读本]

凯若斯：古希腊语文读本 [全二册]
古希腊语文学述要
雅努斯：古典拉丁语文读本
古典拉丁语文学述要
危微精一：政治法学原理九讲
琴瑟友之：钢琴与古典乐色十讲

译著

普罗塔戈拉（详注本）
柏拉图四书

刘小枫集

民主与政治德性
昭告幽微
以美为鉴
古典学与古今之争 [增订本]
这一代人的怕和爱 [第三版]
沉重的肉身 [珍藏版]
圣灵降临的叙事 [增订本]
罪与欠
儒教与民族国家
拣尽寒枝
施特劳斯的路标
重启古典诗学
设计共和
现代人及其敌人
海德格尔与中国
共和与经纶
现代性与现代中国
现代性社会理论绪论
诗化哲学 [重订本]
拯救与逍遥 [修订本]
走向十字架上的真
西学断章

经典与解释辑刊

1 柏拉图的哲学戏剧
2 经典与解释的张力
3 康德与启蒙
4 荷尔德林的新神话
5 古典传统与自由教育
6 卢梭的苏格拉底主义
7 赫尔墨斯的计谋
8 苏格拉底问题
9 美德可教吗
10 马基雅维利的喜剧
11 回想托克维尔
12 阅读的德性
13 色诺芬的品味
14 政治哲学中的摩西
15 诗学解诂
16 柏拉图的真伪
17 修昔底德的春秋笔法
18 血气与政治
19 索福克勒斯与雅典启蒙
20 犹太教中的柏拉图门徒
21 莎士比亚笔下的王者
22 政治哲学中的莎士比亚
23 政治生活的限度与满足
24 雅典民主的谐剧
25 维柯与古今之争
26 霍布斯的修辞
27 埃斯库罗斯的神义论
28 施莱尔马赫的柏拉图
29 奥林匹亚的荣耀
30 笛卡尔的精灵
31 柏拉图与天人政治
32 海德格尔的政治时刻
33 荷马笔下的伦理
34 格劳秀斯与国际正义
35 西塞罗的苏格拉底
36 基尔克果的苏格拉底
37《理想国》的内与外
38 诗艺与政治
39 律法与政治哲学
40 古今之间的但丁
41 拉伯雷与赫尔墨斯秘学
42 柏拉图与古典乐教
43 孟德斯鸠论政制衰败
44 博丹论主权
45 道伯与比较古典学
46 伊索寓言中的伦理
47 斯威夫特与启蒙
48 赫西俄德的世界
49 洛克的自然法辩难
50 斯宾格勒与西方的没落
51 地缘政治学的历史片段
52 施米特论战争与政治
53 普鲁塔克与罗马政治
54 罗马的建国叙述